냉동공조시스템의 자동제어기초

정석권 * 정영미 공저

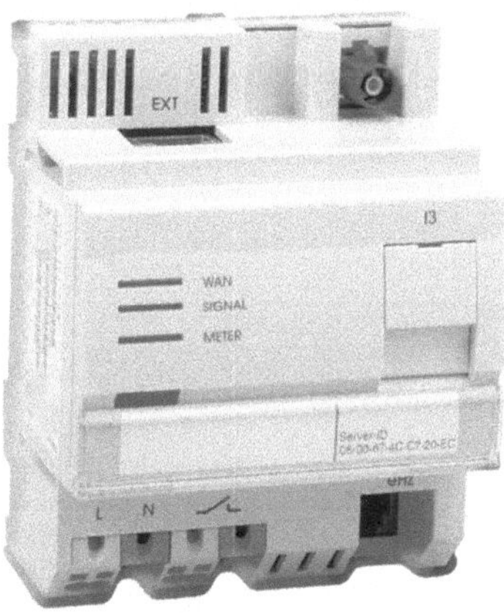

도서출판 GS인터비전

머 리 말

자동제어 역사의 기원은 18세기 후반까지 거슬러 올라가 James Watt가 발명한 증기기관용 조속기(governer)가 그 원조로 알려져 있다. 자동제어는 이후 다양한 산업 분야에 응용되었으며 오늘날에 있어서는 각종 공장의 자동화 설비나 산업 플랜트뿐만 아니라 우리의 일상생활과 매우 밀접한 각종 장치들에게도 필수적인 기술로 자리매김하고 있다. 20세기 이후 발전을 거듭하고 있는 메카트로닉스와 파워일렉트로닉스 기술 또한 이 자동제어 분야가 그 한 축을 담당하고 있음은 주지의 사실이다. 특히 최근의 디지털 기술의 급속한 발전과 더불어 인간 생활에서 뿐만 아니라 산업 전 분야에서도 고성능 및 인간의 지능이 가미된 스마트한 고기능의 자동화된 제어시스템이 널리 사용되고 있다.

한편 온실 가스로 인한 지구 온난화 현상과 맞물려 지구 환경 보호와 에너지 절약에 대한 관심이 그 어느 때 보다도 고조되고 있다. 특히 우리나라의 경우, 여름철 냉방 및 겨울철 난방 부하 증가로 인해 전력의 안정적 수급이 국가적 현안으로까지 대두되고 있는 실정이다. 일반적으로 각종 건물에서 사용되는 에너지의 50~60%는 송풍기나 냉동기 구동과 관련한 공조 분야에서 소비되므로 이 분야의 에너지 절약이 가능한 고효율 제어가 주목받고 있다. 또한 최근 우리 주변에서는 초대형 고층 건물의 증가, 지하 공간의 확장, 거주 공간에서의 쾌적성 추구 등과 맞물려 공조 수요는 지속적으로 증가하는 추세에 있다. 점증하는 공조 수요를 충족시키면서도 에너지 절약을 통해 지구 환경을 보호하고 지속 가능한 발전을 도모해야 할 책무가 이 분야를 담당하는 엔지니어들에게 주어져 있다. 이 상충하는 두 문제를 어떻게 지혜롭게 풀어갈 것인가에 대한 해답의 하나가 자동제어 기술의 적극적인 활용에 있다고 본다. 그 예로 인버터를 장착한 가변속 압축기를 갖는 공조시스템의 경우, 기존의 고정속 압축기 시스템에 비해 대략 30% 정도의 에너지 절약이 가능하다. 고성능 공작기계의 경우에도 공작 대상물 및 공작기계의 적절한 온도 유지를 위해 오일쿨러의 장착이 필수적이다. 최근 공작기계의 고속, 고정밀화 추세에 부응하여 오일쿨러의 보다 정밀한 온도제어가 필수적으로 요구되고 있다.

이처럼 냉동공조시스템과 관련한 자동제어의 중요성과 그 효과를 충분히 인지하면서도 정작 이 기술을 냉동공조시스템에 적용하고자 할 경우에는 여러 가지 난관에 부딪히게 된다. 참고할 수 있는 자동제어 관련 전문 서적은 다수 출간되어 있지만 대상이 전기나 기계의 특정 분야에 치우쳐 있거나, 내용이 지나치게 수학적이어서 냉동공조시스템의 자동제어를 온전히 이해하기에는 역부족임을 많은 이들이 공감하고 있는 실정이다. 이 책은 이러한 문제를 조금이나마 해결하고자 대학 과정에서 냉동공조공학 자동제어를 이수하는 학부생이나 기계공학 또는 전기공학을 대학에서 이수하고 산업 현장에서 냉동공조시스템의 제어계 설계 업무를 담당하는 엔지니어를 대상으로 자동제어의 기초 이론을 쉽게 이해할 수 있도록 집필하고자 하였다. 쉽게 집필하려는 당초 의도와는 달리 일정 부분의 공업수학 이론은 피하기 어려운 측면이 있었다. 이는 현장에서 가장 널리 사용되고 있는 PID (비례·적분·미분)제어 로직 설계조차도 대부분 제어대상의 수학적 모델링에 기반하고 있으며 수학적 모델링과 모델의 동특성 해석에 일정 부분 공업수학 이론의 적용이 불가피한 측면이 있었기 때문이다. 이 문제는 대학에서 가르치는 공업수학 정도의 지식이면 충분할 것이므로 이 점 독자들의 노력과 인내가 필요하다고 본다.

이 책은 집필에 있어 다음과 같은 특징을 가지고 있다. 첫째로 이 책은 자동제어에 있어서 가장 기본이 되고 널리 응용될 수 있는 선형 제어 시스템의 피드백제어 전반을 다룬다. 서론에서 자동제어는 시퀀스제어와 피드백제어로 크게 구분됨을 설명하고 있지만, 실제 현장에서는 이 두 가지 기술이 상호 복합적으로 혼용되어 완전한 자동제어를 수행하고 있다. 하지만 이 책의 내용은 피드백제어 설계에 한정되어 있음을 유념할 필요가 있다. 이는 제한된 지면에 상이한 두 제어의 내용을 모두 기술하기에는 한계가 있으며 설계 이론과 접근 방법 또한 각기 다르기 때문이기도 하다. 둘째로 이 책은 전달함수 모델에 기반한 고전제어 설계 기법에 대해서만 기술한다. 현대제어는 상태공간에서 선형대수학적 지식을 활용한 다양한 설계법들이 체계적으로 개발되어 있지만 이는 본 교재의 범위를 넘어 선 것으로 타 전문서적을 참고하기 바란다. 셋째로 이 책은 냉동공조시스템 분야의 자동제어가 이해될 수 있도록 관련 내용을 추가하고 마지막 장을 할애하여 실제 적용 사례를 통해 학습할 수 있도록 배려하였다. 제어시스템의 설계를 위한 필수 요소인, 제어에 관한 수학적인 기초 지식, 제어대상의 수학적 모델링, 제어 시스템의 특성 해석 및 제어계 설계 기법 등은 책의 전반부에서 통일적으로 다루어 냉동공조시스템 이외의 분야에 대한 자동제어 기초 이론 입문서로도 부족함이 없도록 하였다. 최종 단원에서만 오일쿨러시스템 제어계의 설계 예를 통하여 전반부에서 배운 내용을 응용하여 관련 전공자들이 쉽게 설계 전반의 흐름을 익힐 수 있도록 하였다. 마지막으로 Matlab과 LabVIEW에 관한 사용 예를 적절히 내용 속에 삽입하여 설계 과정에서의 각종 응답들을 통해 제어의 최종 결과를 예측 가능하게 하였고, 실험 시 이론을 검증하는 과정에서의 많은 어려움과 시행착오를 줄일 수 있는 방안을 제시하였다.

이러한 저자들의 노력에도 불구하고 저자들의 지식과 실무 경험 부족으로 완전하게 설명되지 못한 부분들과 잘못 기술된 부분들에 대해서는 독자 여러분들의 관심어린 질책과 지적, 충고를 겸허히 받아들여 지속적으로 오류들을 수정 보완해 갈 것임을 약속드리며 이 한권의 책이 냉동공조시스템의 자동제어 분야에 입문하려는 독자 또는 이 분야에서 일하고 있는 독자들에게 조금이나마 도움이 되었으면 한다. 끝으로 이 책이 나오기 까지 Matlab을 이용한 시뮬레이션 및 각종 자료 정리를 도맡아 해준 실험실의 석사 과정생 홍기학군에게 심심한 사의를 표한다. 아울러 이 책이 세상에 나올 수 있도록 물심양면으로 힘써준 GS인터비전 관계자들에게도 깊은 사의를 표하는 바이다.

2013. 8

대표저자 정석권

차 례

1

CHAPTER

자동제어의 개념

1.1 서론

제어란 영어의 '컨트롤(control)'에 해당하는 단어로써 '조절하다', '억제하다' 등의 의미를 가지고 있으며, 제어공학으로서의 의미는 '기계, 기구 또는 생산 설비 등의 각종 장치에 있어서 그 동작이나 상태를 필요에 따라 가감 조절하는 것'을 뜻한다. 사전적 정의로는 『어떤 **목적**에 적합하도록 **대상**에게 필요한 **조작**을 가하는 것』을 제어라고 하고 조작 행위의 주체에 따라 수동제어와 자동제어로 크게 구분한다. 수동제어는 조작의 주체가 인간인 경우이며 자동제어(automatic control)는 기계나 전기 및 전자장치가 조작의 주체인 경우를 말한다.

자동제어라는 용어의 사용 역사는 그다지 오래되지 않았지만 자동제어의 개념은 기원전부터 있어 왔다. 자동제어의 현상을 공업에 적극 이용한 최초의 시도는 1788년 James Watt가 원심식 조속기(flyball governor)를 증기기관의 속도제어에 적용한 것으로 보는 것이 지배적이며, 이것이 자동제어의 시초로 알려져 있다.

앞에서 언급한 것처럼 자동제어가 언제부터 시작되었는지 확실한 역사적 근거를 찾기는 힘들다. 다만 J. Watt가 증기기관에 플라이 볼 조속기를 사용한 것이 자동제어의 처음이라고 볼 수 있으나, 이는 조속기를 사용했을 따름이고 조속기와 원동기 사이의 상호 간섭 작용을 규명하지는 못하였다. 이후 J. C. Maxwell이 조속기 시스템의 연구를 거듭하던 중에 시스템의 안정성 판별에 대한 의문을 가졌고 이에 대해 E. J. Routh가 그 해를 제시하였다. 더 나아가 A. Hurwitz가 이 안정성 이론을 체계화하였는데 이것이 바로 Routh-Hurwitz 안정성 판별법이다.

안정성 판별에 대한 또 하나의 중요한 연구는 1932년 미국의 Bell 전화 연구소에서 근무하던 H. Nyquist가 피드백 루프를 가진 증폭기 회로의 안정에 관한 연구 도중 발표하게 된 주파수 영역에서의 안정성 판별법인 Nyquist 안정성 판별법이다.

이후 H. W. Bode의 Bode 선도의 제안, Ziegler-Nichols 등의 PID 파라미터의 최적 조정 및 Evans의 근궤적법 등의 연구 발표를 거치면서 1960년대 초에 고전적 제어이론의 체계화가 이루어졌다.

고전적 제어이론의 완결 단계 이전인 1950년대에 들어서면서 현대제어 이론에 관한 연구가 시작되었고, 1960년대에 Kalman이 상태공간 표현을 제시하면서부터 현대제어의 중추적인 역할을 해 온 LQ제어, LQG/LTR제어가 1980년대에 꽃을 피우게 되었다. 그런데 1980년대에 들어와 디지털 컴퓨터(digital computer)의 발달과 더불어 최적제어의 응용이 활발해지면서부터 제어계의 강인(robust)성에 대한 문제가 대두되기 시작하였다. 1981년 Zames가 강인성에 주목한 H_∞제어 이론을 제안하고, Glover와 Doyle이 두 개의 리카티방정식(Riccati equation)을 통하여 H_∞ 제어기의 해를 구할 수 있음을 발표함에 따라 H_∞제어의 실용화에 대한 연구가 활발히 진행되었다. 그리고 H_∞제어 이론에 기반을 두고 더욱 진보된 제어계 설계 기법인 μ-해석/설계법(μ-synthesis) 및 LMI(linear matrix inequality) 설계법이 출현하여 현재 연구가 활발히 진행되고 있는 중이다.

1.2 자동제어의 필요성

제어대상에 대해 희망하는 출력이 연속적으로 나오도록 함에 있어 인간이 직접 참여하게 된다면 이것은 매우 힘들고 번거로운 일이 될 것이며 때로는 고도의 숙련이 요구될 것이다. 그리고 아무리 숙련된 인간일지라도 24시간 한 곳에 주의력을 집중시킬 수는 없다. 또한 위험한 장소에서의 작업은 인간이 감당하기 매우 힘들다.

이러한 점을 해결하기 위해 자동제어계가 필요하다. 종전에는 단순히 인간이 행하는 수동제어를 자동제어계가 대신하는 것으로 만족하였으나, 오늘날과 같이 디지털 기술이 매우 발달된 시점에서는 숙련된 조작 기술자에 의해 조작되는 제어계의 성능 이상을 발휘할 수 있는 자동제어계가 요구된다.

또한, 다음과 같은 관점에서 자동제어는 현대 산업에 필요 불가결한 존재로 등장하고 있다.

① 생산 능률의 향상

② 품질 향상과 균일화

③ 인간의 손이 미치지 못하는 작업에 대한 가능성

요약하면, 위험한 작업, 단조롭고 반복적인 작업, 인간 능력 이상의 정밀도와 생산 속도를 요구하는 작업 등에 자동제어계가 요구된다고 할 수 있다.

1.3 자동제어계의 구성

넓은 의미에서의 자동제어는 자동판매기와 같이 미리 정해진 순서에 따라 작업이 순차적으로 이루어지는 시퀀스제어(sequence control)도 포함하고 있지만, 일반적으로 자동제어계라고 하면 피드백제어계를 대표적으로 말하게 되고, 이 책에서도 특별히 구별하지 않는 한 피드백제어계를 대상으로 기술하기로 한다.

그림 1-1은 피드백제어계(feedback control system)의 한 예를 나타낸 것으로 증기에 의한 온도제어계이다. 그림 1-1(b), (c)는 이에 대한 블록선도를 나타낸 것으로 화살표는 신호가 흐르는 방향을 표시한다.

- **제어대상**(controlled system)은 기계계, 프로세스계 등에서 제어되는 전체 또는 일부분을 말한다.
- **제어장치**(control device)는 제어를 수행하기 위하여 제어대상에 부가되는 장치를 말한다.
- **조절부**는 제어장치의 핵심이라고 할 수 있는 부분으로서 기준입력 신호와 검출부의 출력 신호를 바탕으로 제어계가 소정의 동작에 필요한 신호를 만들어 조작부로 보낸다. 경우에 따라서는 제어기(controller)로 불리기도 한다.
- **조작부**는 조절부로부터 받은 신호를 제어대상에 가해질 수 있는 에너지원으로 변환하는 부분을 말한다.
- **검출부**(detecting device)는 주로 제어대상으로부터 제어량을 검출하여 피드백 신호를 만드는 계측 부분이다.
- **비교부**(comparator)는 기준입력과 피드백 신호를 비교하여 오차 신호를 발생시키는 부분이다.
- **제어기**(controller)는 조절부를 말하는 것으로, 경우에 따라서는 조절부와 조작부를 포함하여 부르기도 한다.

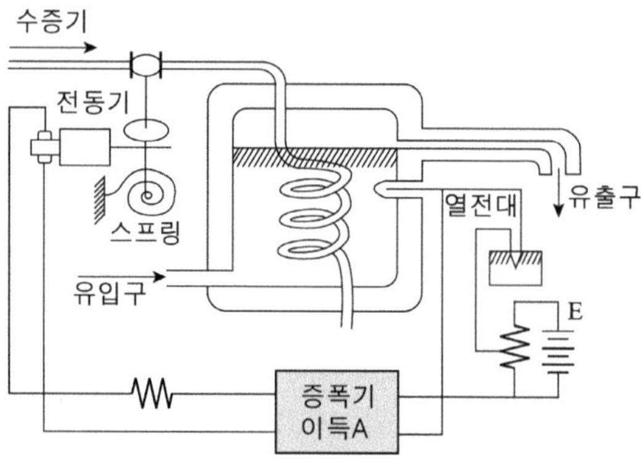

(a)

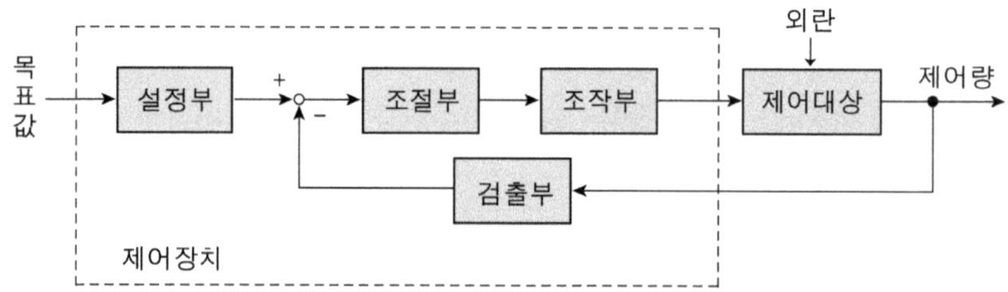

(b)

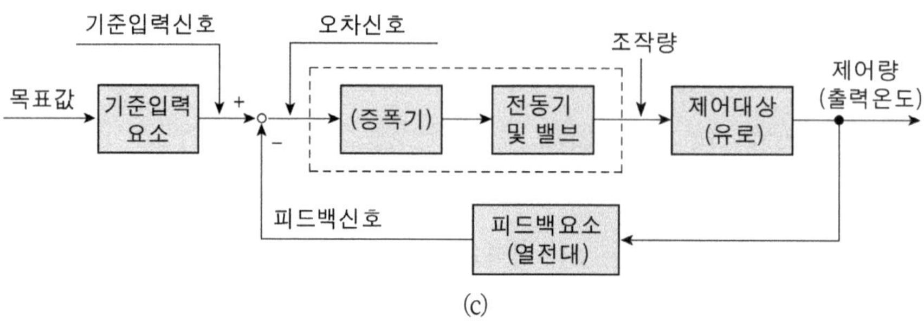

(c)

그림 1-1 피드백제어계의 일반적인 구성

- **제어량**(controlled variable)은 제어대상에 속하는 것 중에서 제어의 목적이 되는 양이다. 이것은 직접 측정 또는 제어되는 직접 제어량(directly controlled variable)과 직접 제어량과 일정한 관계를 갖는 간접 제어량(indirectly controlled variable)으로 나누어진다.
- **목표값**(command)은 제어계의 입력, 즉 제어량이 소정의 값을 만족하도록 목표를 세운 외부에서 주어지는 값을 말하며, 목표값이 일정할 때 특히 이를 설정값이라고 한다.
- **기준입력**(reference input)은 제어계를 동작시키는 기준으로서 직접 그 폐루프에 가해지는 입력 신호로 목표값에 대하여 일정한 관계를 가진다. 기준입력 요소가 없는 경우에는 목표값과 일치하므로 기준입력이 목표값으로 될 때가 많다.
- **피드백 신호**(feedback signal)는 제어 동작을 유발하는 신호로서 계측기(검출기)에 의해 계측되어 피드백 되는 신호이다.
- **오차신호**(error signal)는 제어 동작을 유발하는 신호로서 기준입력 신호와 피드백 신호와의 차에 의하여 발생하는 신호이다.
- **제어편차**(controlled deviation)는 목표값과 제어량과의 차를 말하며, 기준입력과 목표값이 동일할 때는 오차신호와 같다.
- **제어신호**(control signal)는 제어기의 출력을 말한다.
- **조작량**(manipulated variable)은 제어를 수행하기 위하여 제어대상에 가해지는 양으로서 제어량을 지배한다.
- **외란**(disturbance)은 제어계의 상태를 교란시키는 외적 작용으로 목표값이 아닌 입력을 말한다.

자동제어계에 따라서는 목표값과 기준입력 신호가 동일한 양으로 되어 있다든가 또는 제어동작 신호와 조작량이 일치한 경우도 있다. 한편 피드백 경로에 아무런 요소도 없이 제어량이 그대로 피드백 신호로 되는 것도 있으며, 이 경우의 폐루프를 직결 피드백(unity feedback)이라 부른다. 직결 피드백계의 특징은 제어편차 신호와 제어동작 신호(제어신호)가 동일한 양으로 되는 것이다.

1.4 자동제어의 분류

1.4.1 신호의 특성 및 에너지원에 의한 분류

제어계를 분류하는 데는 여러 가지 기준이 있을 수 있다. 먼저 신호의 종류, 특성 및 사용되는 에너지원에 따라 다음과 같이 분류할 수 있다.

(1) 목표값에 의한 분류

1) 정치제어

목표값이 시간에 대해서 일정한 값을 취하는 경우의 제어로서 자동 조정(automatic regulation)이라고도 한다.

예로서는 발전소의 자동 전압 조정, 보일러의 자동 압력 조정, 터빈의 속도제어 등 자동제어계에서 가장 많이 볼 수 있는 제어 형태이다.

2) 추치제어

목표값이 시간에 따라서 변하는 경우로서 자동 추종(follow up control)이라고도 하며 다음의 세 가지가 있다.

① **추종제어** : 목표값이 시간에 대한 미지 함수인 경우이다. 그 예로서는 대공포의 포신 제어(fire control), 자동평형계기, 자동 아날로그 선반 등이 있다. 이들에 있어서 목표값은 포신 제어에서는 적기의 위치이고, 자동평형계기에서는 측정할 물리량이며 자동 아날로그 선반에서는 절삭해야 할 물체의 모형이다. 그리고 이들에 추종하도록 제어해야 할 제어량은 각각 대공포의 포신 방향, 계기 지침의 위치 및 바이트의 위치이다.

② **프로그램제어** : 목표값이 시간에 대한 기지 함수인 경우이다. 즉 목표값이 시간적으로 미리 정해진 대로 변화하고 제어량이 이것에 일치되도록 제어가 행하여진다. 예를 들면 열처리로의 온도제어, 열차의 무인 운전 등이 이에 속한다고 할 수 있다.

③ **비율제어** : 목표값이 다른 어떤 양에 비례하는 경우이다. 이는 결국 목표값이

시간에 대한 미지 함수가 되므로 추종제어의 변형이라 볼 수 있다. 보일러의 자동 연소 제어 및 암모니아의 합성 프로세스 제어 등이 대표적인 예이다.

(2) 에너지원에 의한 분류

자동제어계의 제어 요소는 조절부와 조작부로 구분할 수 있으며, 이 조작부는 조절기로부터의 미약한 제어신호를 받아 직접 제어대상에 작용될 수 있는 조작량을 만들어내는 역할을 하는 장치이다. 이것은 대개 외부로부터 별도의 에너지원을 필요로 한다. 이 에너지원에 따라서 자동제어를 다음과 같이 분류할 수 있다.

1) 자력제어

보조 동력을 별도로 요하지 않고 조절기로부터의 제어신호의 에너지 자체를 이용하는 제어로서 자동감압밸브 등이 그 예이다.

2) 타력제어

조작부를 움직이는 데 별도로 보조 동력을 이용하고 있는 제어로서, 자력제어에 비하여 구조가 복잡하고 가격이 비싸지만 정보처리, 조작력, 조작 속도 면에서 자력제어보다 우수한 장점이 있다. 보통 공기, 유압, 전기 등의 보조 동력을 사용하고 위치서보, 노의 온도제어 등이 이에 속한다.

① 전기식 제어(electric control)

② 유압식 제어(hydraulic control)

③ 공기식 제어(pneumatic control)

(3) 제어량에 의한 분류

제어량의 종류에 의하여 프로세스제어와 서보기구, 자동 조정으로 나누고 있다.

1) 프로세스제어(process control)

제어량이 프로세스의 상태인 제어를 말한다. 일반적으로 어떤 장치를 이용하여 무엇을 만드는 방법, 장치 또는 장치계를 프로세스(process)라 한다. 따라서 자동제어의 대상이 되는 프로세스의 상태는 다음과 같은 것들이 있다.

① 환경 조건의 제어 : 온도, 압력, 점도 등

② 물질 및 에너지량의 제어 : 유량, 유량비, 전력 등

2) 서보기구(servo mechanism)

제어량이 기계적인 위치 또는 속도인 제어를 말한다. 아날로그 자동 공작기계, 동력장치의 자동 속도 조정, 자동 조타장치, 대공포의 포신 제어, 미사일의 유도 기구 등은 서보기구에 의해 발달된 분야이다.

3) 자동 조정(automatic regulation)

제어량이 주로 전압, 전류, 주파수, 회전 속도, 힘 등 전기적, 기계적 양을 제어하는 것으로, 응답 속도가 대단히 빨라야 하는 것이 특징이다. 정전압 장치, 발전기의 조속기 등이 여기에 속한다.

(4) 제어동작에 의한 분류

자동제어 장치에서 어떤 동작 신호에 따라 조작량을 제어대상에 주고, 제어편차를 감소시킬 때 이를 제어동작이라고 한다. 이러한 제어동작에 의하여 분류하면 다음과 같이 된다.

1) 연속 제어(continuous control)

제어동작 신호가 연속적인 제어를 말하며, 대부분의 기계계의 경우는 여기에 해당된다.

2) 불연속 제어(uncontinuous control)

조작량이 연속적이 아닌 제어동작으로서 2위치 제어(on-off control), 샘플값 제어(sampled data control) 등이 그 대표적인 예이다. 이상의 것 이외에 결합제어라는 것이 있는데, 이는 2개 이상의 제어계가 결합되어 이들 사이에 상호 간섭이 있을 때 이들 제어계를 합해서 말한다.

1.4.2 제어대상의 특성에 따른 분류

제어대상은 제어대상의 수학적 모델링 시에 표현되는 미분방정식의 형태에 따라

분포 파라미터계(distributed parameter, 편미분 방정식으로 표현되는 계)와 집중파리미터계(lumped parameter, 상미분 방정식으로 표현되는 계)로 구분될 수 있다.

집중 파라미터계 중에서도 파라미터 또는 입력 신호가 통계학적인 관점에서 기술되는 확률계(stochastic system)와 결정론적인 관점에서 기술되는 확정계(deterministic system)로 구분할 수 있다. 확정계 중에서도 기술된 방정식이 모든 시간 영역에 대해 정의되는 연속계(continuous system)와 일정한 시간에 대해서만 정의되는 이산계(discrete system)로 구분할 수 있다.

연속계 중에서도 기술된 방정식이 선형으로 표현되는 선형계(linear system)와 비선형방정식으로 표현되는 비선형계(non-linear system)로 구분할 수 있다. 실제의 제어대상은 거의 모두가 비선형 특성을 포함하고 있지만 동작 영역 범위 내에서 비선형성을 무시하고 선형계로 모델링하여 현재 널리 개발되어 있는 선형제어 이론을 적용하는 것이 대부분의 경우이다. 달리 비선형계에 대해서는 기술함수(describing function)법이나 입·출력 선형화(input-output linearization)등을 이용하여 준 선형화(quasi-linearization)를 한 후 선형계에서 개발된 설계 기법을 이용하여 비선형제어계를 설계할 수도 있다. 선형제어계에 대한 제어계 설계 이론은 널리 개발되어있으나, 비선형계는 기술함수법, 위상평면법(phase plane method), 섭동법(perturbation

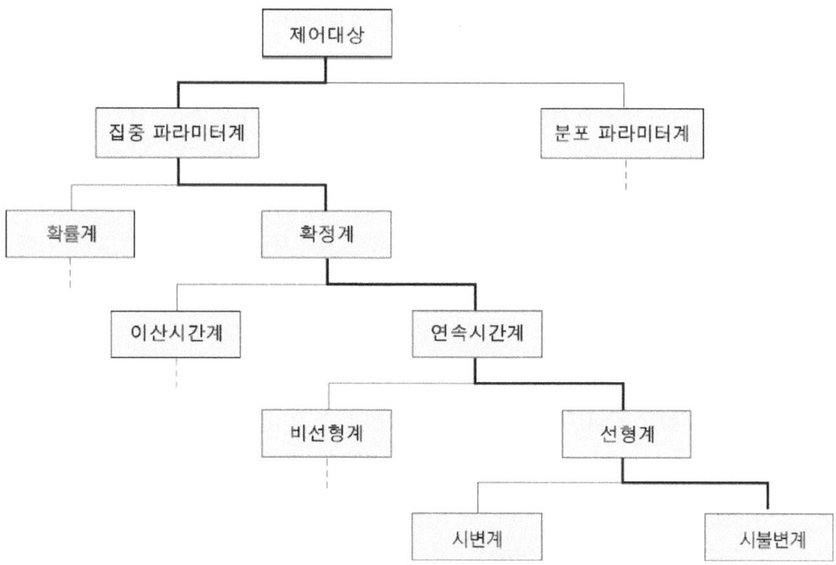

그림 1-2 제어대상의 특성에 따른 분류

method) 및 슬라이딩모드법(sliding mode method) 정도가 고작이다. 선형계에서도 파라미터의 값이 시간에 대해 불변인 시불변계(time invariant system)와 로켓의 질량과 같이 시간에 따라 파라미터의 값이 변화하는 시변계(time varying system)로 구분할 수 있다. 이러한 분류를 그림으로 표시하면 그림 1-2와 같다.

1.4.3 제어 이론의 시대적 관점에 따른 분류

제어 이론을 크게 나눌 경우는 고전제어와 현대제어로 구분하는 것이 통상적인 분류법이다. 고전제어는 전달함수 표현을 기반으로 하고 있으며, 현대제어는 상태공간 표현을 기반으로 하고 있다.

(1) 고전제어(classic control)

고전제어는 시대적 관점에서 보면 오래된 제어 이론이기는 하지만 현재에도 산업현장에서 널리 적용되고 있다. 고전제어 이론은 제어대상의 모델링에 있어서 선형미분방정식으로 표현되는 식에 라플라스 변환을 행해서 얻어지는 전달함수가 그 중심 개념이었기 때문에 1입력 1출력 시불변 선형시스템(single input single output time invariant linear system)이 주(主)가 되었다. 따라서 취급되는 변수도 입력과 출력변수에 국한된다. 그리고 이용되어져 온 제어기는 PID 제어기(PID controller) 또는 진지상 보상기(lead-lag compensator)와 같이 그 구조가 미리 정해져 있다.

그리고 제어기 설계 기법으로는 Ziegler-Nichols의 PID 제어기의 파라미터 최적 선정법, Evans의 근궤적법, Nyquist 선도 및 Bode 선도법 등이 이용되었다. 이러한 설계 기법들을 이용하여 주어진 시간 영역에서의 설계사양(정상편차, 상승시간, 정정시간, 오버슈트 등) 또는 주파수 영역에서의 설계사양(게인여유와 위상여유)을 만족하도록 시행착오적인 방법을 통하여 제어기를 설계하고 나아가 설계된 제어기의 파라미터 값을 결정하였다.

(2) 현대제어(modern control)

현대제어는 1950년대 Pontryagin의 최대원리 및 Bellman의 동적계획법 등의 발표로 시작되었으나, 본격적인 연구는 1960년대 초 Kalman이 제어대상으로 하는 시스템을 상태라는 개념을 도입하여 표현하는 상태공간 표현법을 제창함으로써 활발히 이루어졌다고 볼 수 있다.

상태공간 표현법은 종전의 전달함수 표현법이 입력변수와 출력변수만으로 시스템을 표현한 데 비하여 이 표현법은 각각의 시각에 시스템의 내부 상태를 표현하는 상태를 변수로 도입함으로써 시스템의 내부 구조까지도 명확히 해석하는 것이 가능하게 되었을 뿐만 아니라 다변수 시변시스템(multivariable time varying system) 및 비선형시스템(nonlinear system)까지도 취급이 가능하게 되었다.

최근까지 현대제어의 중심적 역할을 해온 것이 최적제어(optimal control)인데, 최적제어라 함은 미리 주어진 평가함수를 최소로 하는 제어 기법으로써, 주어진 평가함수는 ISE(integral square error), IAE(integral absolute error), ITSE(integral time square error), ITAE(integral time absolute error), 최소 에너지, 최소 연료, 최단 시간, 상태와 제어 입력의 2차형식(quadratic form)등이 있는데, 이들 중 주가 된 제어 기법은 평가함수를 상태와 제어 입력의 2차형식으로 둔 LQ(linear quadratic) 제어로써 상태피드백이 그 기본이다.

상태피드백 제어 기법은 모든 상태를 모두 계측 가능하다는 가정 하에서 구성 가능하고, 그렇지 못할 경우에는 관측기(observer)를 이용하여야 한다. 또한 이 기법은 모델의 불확실에 대한 강인성에 대처할 수 있는 능력이 없기 때문에 시스템의 변동이나 외란 등에 만족스러운 성능을 발휘하지 못하였다. 그런데 1970년대 후반에 M.G. Safonov가 특이값(singular value) 개념을 도입함으로써 다변수 제어시스템에 대해서도 단일 입출력 시스템에서와 같이 안정도-강인성 문제를 고려할 수 있다는 연구를 발표함에 따라, LQ 제어 기법을 보완하는 한 방법으로 제안된 제어기 설계 기법이 LQG/LTR(linear quadratic gaussion control with loop transfer recovery)이다.

이 LQG/LTR 기법은 LQ 제어 이론과 Kalman filter 이론을 이용한 모델 기준 보상기(MBC ; model based compensator) 구조를 갖고 있다.

현대제어 이론은 최적제어 이외에도, 적응제어(adaptive control), 퍼지제어(Fuzzy control) 및 뉴럴 네트워크(newral network) 제어 기법 등이 있다.

1.4.4 입·출력 신호의 수에 따른 분류

제어대상의 입출력 신호의 개수에 따라서 다음과 같이 분류할 수 있다.

(1) 단일입력 단일출력계

제어대상의 입력 신호의 수가 하나이고, 출력 신호의 수도 하나인 시스템으로 SISO(single input single output) 시스템이라 한다.

(2) 단일입력 다출력계

제어대상의 입력 신호의 수가 하나이고, 출력 신호의 수가 다수인 시스템으로 SIMO(single input multi-output) 시스템이라 한다.

(3) 다입력 단일출력계

제어대상의 입력 신호의 수가 다수이고, 출력 신호의 수가 하나인 시스템으로 MISO(multi-input single output) 시스템이라 한다.

(4) 다입력 다출력계

제어대상의 입력 신호의 수가 다수이고, 출력 신호의 수도 다수인 시스템으로 MIMO(multi-input multi-output) 시스템이라 한다.

1.5 자동제어의 응용 분야

자동제어의 응용 예는 현대사회 어느 곳에서나 쉽게 찾아 볼 수 있으나, 산업분야에서 널리 사용되는 대표적인 응용 예를 열거하고 설명하고자 한다.

1.5.1 온도제어 시스템

제어량이 온도인 자동제어 시스템으로 그림 1-1(a)가 그 예이다. 설정한(희망하는) 온도와 계측한 온도를 비교하고 이 신호를 적절히 처리하여 노 내에 가해지는 열량을 가감시킨다. 이 때, 온도 계측에 이용되는 센서는 반도체 온도 센서 또는 열전대(thermo-couple)가 널리 이용되고 있다.

1.5.2 압력제어 시스템

그림 1-3은 용광로 내의 압력제어 시스템의 한 예를 나타낸 것이다. 노 내의 압력은 조절판의 개폐에 의해 조절된다. 노 내의 압력을 압력 센서가 측정하여 제어기로 보내면 제어기 내에서 설정 압력(기준 압력)과 비교하여 오차신호를 발생시키고 이 신호를 적절히 처리한 후 작동기를 구동하여 조절판을 제어한다.

1.5.3 속도제어 시스템

그림 1-4는 James Watt의 증기기관의 속도제어 시스템을 나타낸 것이다. 증기기관의 속도는 흡입되는 증기의 양에 따라 조절된다. 따라서, 속도제어를 하기 위해서는 속도를 계측하여야 하는데, 여기서는 증기기관의 회전과 직결된 속도조절기(speed governor)의

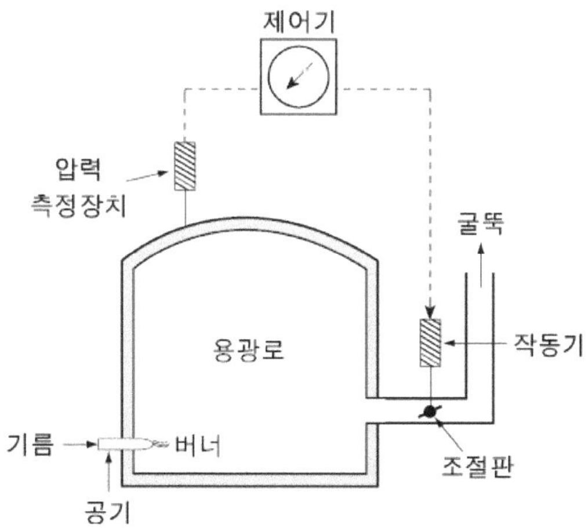

그림 1-3 용광로 내의 압력제어 시스템

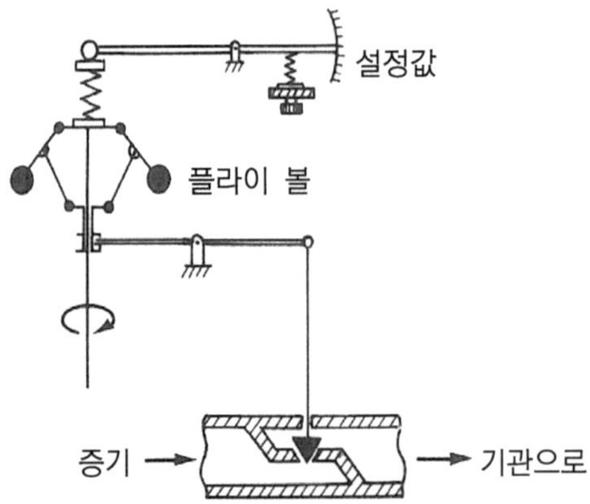

그림 1-4 기계식 조속기를 이용한 속도제어 시스템

플라이 볼(fly ball)의 원심력과 미리 조정되어 있는 스프링 장력과의 차이에 의해 회전 속도에 대응하는 밸브 변위가 결정된다.

즉, 실제 속도가 설정된 속도보다 빠르면, 플라이 볼의 큰 원심력에 의해 볼이 옆으로 벌어지면서 밸브를 닫게 하고, 따라서 유입되는 증기량은 감소하여 기관의 속도는 감소하게 된다. 결국 기관 속도가 감소함에 따라 볼의 위치는 다시 내려가 어느 평형점에 도달하게 된다.

반대의 경우에도 같은 원리로 동작한다. 아직도 이와 같은 기계식 조속기가 선박 등에 많이 이용되고 있으나, 점차 속도 계측 장치와 유공압, 전자식 또는 디지털 제어기로 교체되어 가고 있다.

1.5.4 증기터빈 발전기 제어 시스템

그림 1-5는 증기터빈과 발전기가 직렬로 연결된 발전시스템의 제어장치를 표시한 것으로 다변수 제어(MIMO) 시스템의 대표적인 예이다.

여기서 제어량은 온도, 압력, 산소 및 발전량 4가지이고, 제어입력(제어기의 출력)은 급수량, 연료, 공기 및 속도 4가지이다. 상세한 설명은 생략한다.

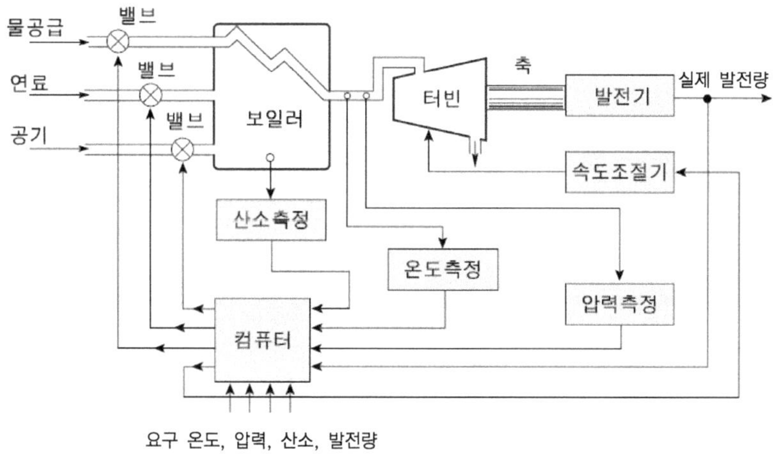

그림 1-5 증기터빈식 발전기 제어 시스템

연 습 문 제

1. 오토메이션의 개념을 간단히 설명하라.

2. 수동제어란 무엇인가?

3. 자동제어란 무엇인가?

4. 자동제어의 필요성을 말하라.

5. 피드백제어계의 구성을 보기를 들어 설명하라.

6. 제어동작에 따라 자동제어를 분류하고 설명하라.

7. 제어 이론의 시대적 관점에 따라 자동제어를 분류하고 설명하라.

8. 냉동공조시스템에 적용되고 있는 자동제어계를 조사하고 그 구성에 대해 설명하라.

2
CHAPTER

라플라스 변환

2.1 라플라스 변환
2.2 라플라스 역변환
2.3 라플라스 변환에 의한 미분방정식의 해법

2.1 라플라스 변환

공학에서 말하는 제어는 어떤 물리계의 출력이 우리가 원하는 상태가 되도록 그 물리계의 입력 또는 파라미터를 조정해 주는 것이다. 그러기 위해서는 입력과 출력 사이에 관계식이 성립되어야 하는데, 이 입출력 관계는 미분방정식으로 기술될 때가 많다. 따라서 제어 입력이나 제어계의 파라미터를 주어진 기준에 맞도록 결정하려면, 이 입출력 관계를 나타내는 미분방정식을 풀어서 그 해가 입력 또는 파라미터의 변화에 따라 어떻게 변하는가를 고찰하여야 한다. 그런데 선형 자동제어이론에서 다루는 대부분의 미분방정식은 라플라스 변환(Laplace transformation)이라고 하는 연산자법을 이용하면 해를 쉽게 구할 수 있게 된다.

라플라스 변환을 자동제어계의 해석에 이용하는 데에 있어서 그 이점을 들어보면 다음과 같다.

① 라플라스 변환을 이용하면 계통의 초기 조건이 자동적으로 일괄 취급된다.

② 불연속적인 입력인 경우에도 쉽게 취급할 수 있다.

③ 라플라스 변환을 행한 후에는 대수적 방법으로 연산할 수 있다

④ 주어진 입력에 대한 출력을 구하지 아니하여도 계통의 특성을 추정할 수 있다.

⑤ 복잡한 계통에 대하여 블록 선도 또는 신호 흐름 선도 등으로 계통 내에 신호의 흐름을 명확히 표시하는데 편리하다.

2.1.1 라플라스 변환의 정리

지금, 시간함수 $f(t)$를 $0 \le t \le \infty$에서 정의된 함수라고 하면, 이 $f(t)$에 e^{-st}를 곱하고 시간 t에 관하여 0에서 ∞까지 적분이 가능하다면, 이때 복소 변수 s (여기서 $s=\sigma+j\omega$)의 함수 $F(s)$는

$$F(s) = \int_0^{\infty} f(t)\, e^{-st}\, dt$$

가 된다. 이 함수 $F(s)$를 원함수 $f(t)$의 라플라스 변환식(Laplace transform)이

라 하고, 기호는 $\mathcal{L}[f(t)]$로 표시한다. 따라서

$$F(s) = \mathcal{L}[f(t)] = \int_0^\infty f(t)\, e^{-st}\, dt \tag{2.1}$$

이다. $f(t)$에 행한 이와 같은 연산을 라플라스 변환(Laplace transformation)이라 한다.

또 식 (2.1)과 역(반대)의 관계가 있는 복소수 s 영역에서의 적분

$$f(t) = \frac{1}{2\pi j}\int_{c-j\infty}^{c+j\infty} F(s)\, e^{st}\, ds \tag{2.2}$$

를 라플라스 역변환(inverse Laplace transform)이라 하고, 기호는 $\mathcal{L}^{-1}[F(s)]$로 표시한다. 따라서

$$f(t) = \mathcal{L}^{-1}[F(s)] = \frac{1}{2\pi j}\int_{c-j\infty}^{c+j\infty} F(s)\, e^{st}\, ds \tag{2.3}$$

여기서, 시간 영역의 원함수 $f(t)$는 소문자로, 그 변환식 $F(s)$는 같은 문자의 대문자로 표시하기도 하며, 원함수 $f(t)$는 $t < 0$에서는 0으로 한다.

자동제어계의 문제를 풀이할 때, 함수를 모두 시간영역 t의 함수로 취급하는 방법(t 영역에서 푸는 방법)과 복소수 영역 s의 함수로서 취급하는 방법(s 영역에서 푸는 방법)이 있는데, 이들은 모두 동일한 물리적 내용을 표시하고 있으므로 편리한 쪽을 택하면 된다.

자동제어 이론에서는 보통 s 영역에서 문제를 취급한다. 그 이유는 제어계를 전달함수로 표현하면 파라미터의 영향이 명료해지고, 또한 제어기 설계에 있어서는 어떠한 특성의 요소를 이용하면 좋은가를 쉽게 판별할 수 있기 때문이다.

2.1.2 기본 함수의 라플라스 변환

이 절에서는 많이 취급되는 기본적인 함수의 라플라스 변환을 구해보기로 하자.

(1) 상수 a 의 라플라스 변환

식 (2.1)의 정의에 의하면

$$\mathcal{L}[a] = \int_0^{\infty} a e^{-st}\, dt = \left[-\frac{ae^{-st}}{s} \right]_0^{\infty} = \frac{a}{s} \tag{2.4}$$

가 된다.

(2) 단위 계단 함수의 라플라스 변화

그림 2-1처럼 $t<0$ 에서 0이고 $t \geqq 0$에서 1만큼 계단 모양으로 변화하는 함수 즉,

$$f(t) = u(t) \quad \begin{cases} 0 & t<0 \\ 1 & t \geq 0 \end{cases} \tag{2.5}$$

인 함수 $f(t)$를 단위 계단 함수(unit step function)라 하고, 기호는 $u(t)$ 또는 1로 표시한다.

이 단위 계단 함수 $u(t)$의 라플라스 변환은 식 (2.1)을 적용하면,

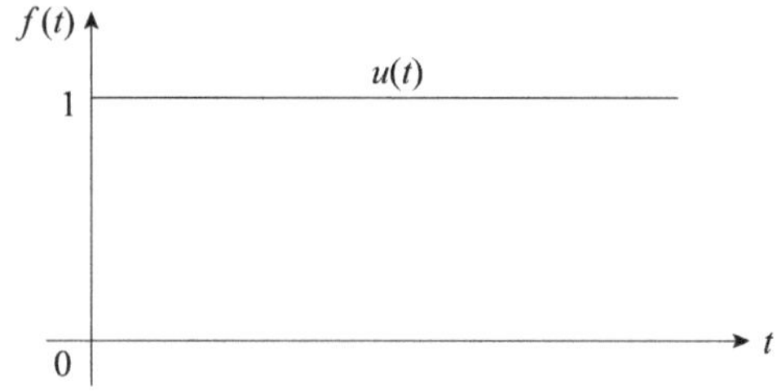

그림 2-1 단위 계단 함수

$$F(s) = \mathcal{L}[u(t)] = \int_0^\infty u(t) e^{-st}\, dt = \int_0^\infty 1 e^{-st}\, dt$$
$$= -\frac{1}{s}\left[e^{-st}\right]_0^\infty = -\frac{1}{s}\left(e^{-s\infty} - e^0\right) = \frac{1}{s} \quad (2.6)$$

가 된다. 따라서 단위 계단 함수의 라플라스 변환은 다음과 같다.

$$\boxed{\mathcal{L}[u(t)] = \frac{1}{s}} \quad (2.7)$$

(3) 램프 함수의 라플라스 변환

시간과 함께 일정 속도로 변화하는 함수를 경사 함수 또는 램프 함수(ramp function)라고 한다.

그림 2-2와 같은

$$f(t) = t\,u(t) \quad \begin{cases} 0 & t < 0 \\ t & t \geq 0 \end{cases} \quad (2.8)$$

인 함수 $f(t)$의 라플라스 변환은

$$F(s) = \mathcal{L}[t\,u(t)] = \int_0^\infty t e^{-st} dt \quad (2.9)$$

가 된다.

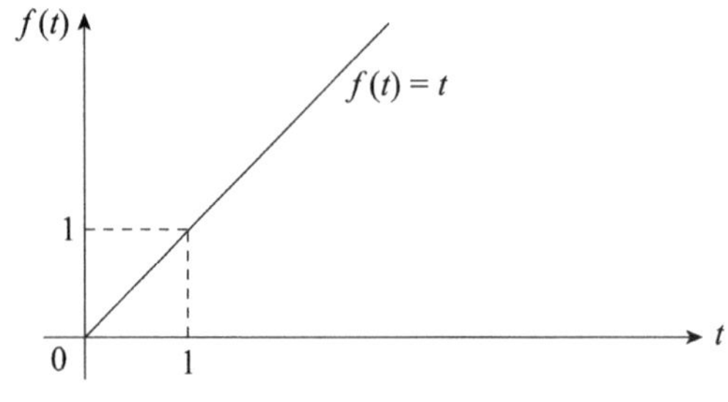

그림 2-2 경사 함수

부분 적분 공식: $\int udv = uv - \int vdu$ 적용 $u = t,\ dv = e^{-st}$ 라 두면 $du = dt,\ v = -\dfrac{1}{s}e^{-st}$

$$F(s) = \int_0^\infty t e^{-st}\, dt = \left[-\frac{1}{s}e^{-st}\, t\right]_0^\infty - \int_0^\infty \left(-\frac{1}{s}e^{-st}\right) dt$$

$$= 0 + \frac{1}{s}\int_0^\infty e^{-st}\, dt = \frac{1}{s^2} \tag{2.10}$$

가 된다. 따라서 단위 경사 함수 $f(t) = t\,u(t)$의 라플라스 변환은 다음과 같다.

$$\boxed{\mathcal{L}\,[t\,u(t)] = \frac{1}{s^2}} \tag{2.11}$$

(4) 단위 임펄스 함수의 라플라스 변환

그림 2-3과 같이 폭 ϵ, 높이 $\dfrac{1}{\epsilon}$이고 면적이 1인 피형에 대해서, $\epsilon \to 0$로 한 극한 파형을 단위 임펄스 함수(unit impulse function)라 하고, 기호는 $\delta(t)$로 표시한다. 즉,

$$f(t) = \delta(t) \quad \begin{cases} 0 & t \neq 0 \\ \infty & t = 0 \end{cases} \tag{2.12}$$

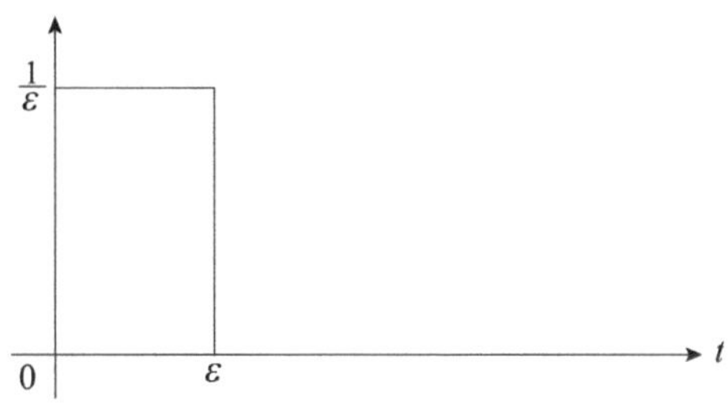

그림 2-3 단위 임펄스 함수

이며, $\int_{-\infty}^{\infty} \delta(t)\,dt = 1$ 인 성질을 갖는 함수이다.

이 단위 임펄스 함수에 대한 라플라스 변환은

$$F(s) = \mathcal{L}\,[\delta(t)] = \int_0^{\infty} \delta(t)\, e^{-st}\, dt \tag{2.13}$$

$$= \lim_{\epsilon \to 0} \frac{1}{\epsilon} \int_0^{\infty} [u(t) - u(t-\epsilon)]\, e^{-st}\, dt$$

$$= \lim_{\epsilon \to 0} \frac{1}{\epsilon} \left(\frac{1 - e^{-\epsilon s}}{s} \right) = 1$$

이 된다. 따라서, 단위 임펄스 함수 $f(t) = \delta(t)$ 의 라플라스 변환은 다음과 같다.

$$\boxed{\mathcal{L}\,[\delta(t)] = 1} \tag{2.14}$$

(5) 지수 함수의 라플라스 변환

그림 2-4와 같이 $t > 0$ 에서 e^{-at} 이고, $t < 0$ 에서 0인 지수 파형의 함수를 지수 함수라 하고, 지수 함수 $f(t)$ 는

$$f(t) = e^{-at}\, u(t) \quad \begin{cases} e^{-at} & t \geq 0 \\ 0 & t < 0 \end{cases} \tag{2.15}$$

로 표시된다. 이 지수 함수의 라플라스 변환은

$$\begin{aligned} F(s) &= \mathcal{L}\,[e^{-at} u(t)] = \int_0^{\infty} e^{-at} e^{-st}\, dt \\ &= \int_0^{\infty} e^{-(s+a)t}\, dt = \frac{-1}{s+a} \left[e^{-(s+a)t} \right]_0^{\infty} = \frac{1}{s+a} \end{aligned} \tag{2.16}$$

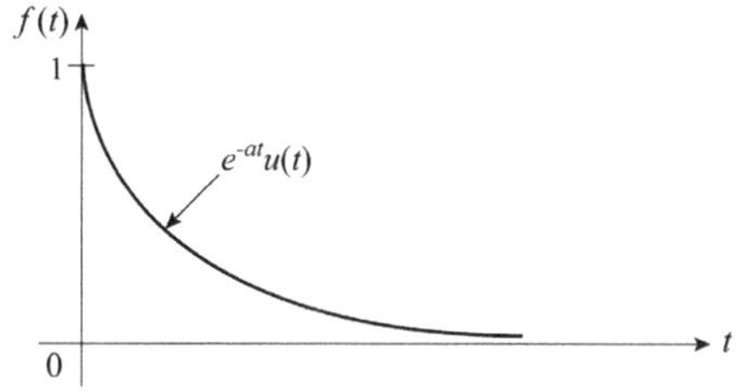

그림 2-4 지수 함수의 파형

가 된다. 따라서, 지수 함수 $f(t) = e^{-at}u(t)$의 라플라스 변환은 다음과 같다.

$$\mathcal{L}\left[e^{-at}u(t)\right] = \frac{1}{s+a} \tag{2.17}$$

(6) 정현파 함수의 라플라스 변환

그림 2-5(a)와 같이 $t < 0$에서 0이고, $t \geq 0$에서 연속적인 정현 함수 $f(t)$는

$$f(t) = \sin\omega t \quad \begin{cases} \sin\omega t & t \geq 0 \\ 0 & t < 0 \end{cases} \tag{2.18}$$

로 표시된다.

이 정현파 함수의 라플라스 변환을 구하기 위해, 우선 $\sin\omega t$를 지수 함수로 고치면 즉,

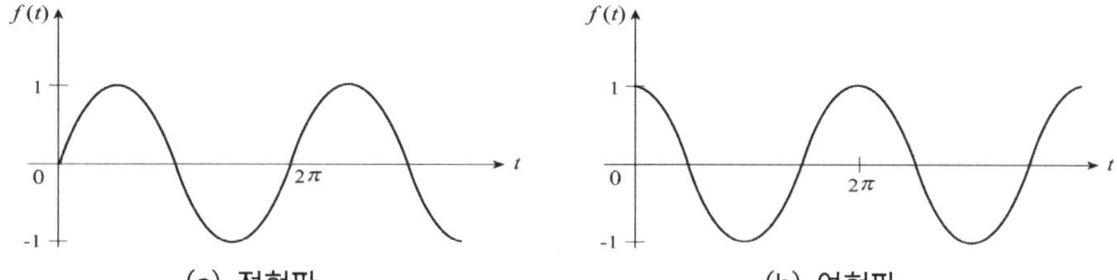

(a) 정현파 (b) 여현파

그림 2-5 정현파 및 여현파 함수의 파형

$$\begin{cases} e^{j\omega t} = \cos\omega t + j\sin\omega t \\ e^{-j\omega t} = \cos\omega t - j\sin\omega t \end{cases} \tag{2.19}$$

이므로

$$\begin{cases} \sin\omega t = \dfrac{1}{2j}(e^{j\omega t} - e^{-j\omega t}) \\ \cos\omega t = \dfrac{1}{2}(e^{j\omega t} + e^{-j\omega t}) \end{cases} \tag{2.20}$$

이다. 따라서, 정현 함수 $f(t) = \sin\omega t$의 라플라스 변환은 다음과 같다.

$$\begin{aligned} F(s) &= \mathcal{L}[\sin\omega t] = \int_0^\infty \sin\omega t\, e^{-st}dt \\ &= \int_0^\infty \frac{1}{2j}(e^{j\omega t} - e^{-j\omega t})e^{-st}dt \\ &= \frac{1}{2j}\left\{\int_0^\infty e^{-(s-j\omega)t}dt - \int_0^\infty e^{-(s+j\omega)t}dt\right\} \\ &= \frac{1}{2j}\left\{\frac{-1}{s-j\omega}e^{-(s-j\omega)t}\Big|_0^\infty - \frac{-1}{s+j\omega}e^{-(s+j\omega)t}\Big|_0^\infty\right\} \\ &= \frac{1}{2j}\left(\frac{1}{s-j\omega} - \frac{1}{s+j\omega}\right) = \frac{\omega}{s^2+\omega^2} \end{aligned} \tag{2.21}$$

$$\boxed{\mathcal{L}[\sin\omega t] = \frac{\omega}{s^2+\omega^2}} \tag{2.22}$$

그림 2-5(b)는 여현 함수이므로

$$f(t) = \cos\omega t \quad \begin{cases} \cos\omega t & t \geq 0 \\ 0 & t < 0 \end{cases} \tag{2.23}$$

로 표시되며, 이 여현 함수의 라플라스 변환은 다음과 같다.

$$\begin{aligned} F(s) &= \mathcal{L}[\cos\omega t] = \int_0^\infty \frac{1}{2}(e^{j\omega t} + e^{-j\omega t} e^{-st})\,dt \\ &= \frac{1}{2}\left\{\int_0^\infty e^{-(s-j\omega)t}\,dt + \int_0^\infty e^{-(s+j\omega)t}\,dt\right\} \\ &= \frac{1}{2}\left\{\frac{-1}{s-j\omega}e^{-(s-j\omega)t}\Big|_0^\infty + \frac{-1}{s+j\omega}e^{-(s+j\omega)t}\Big|_0^\infty\right\} \\ &= \frac{1}{2}\left(\frac{1}{s-j\omega} + \frac{1}{s+j\omega}\right) = \frac{s}{s^2+\omega^2} \end{aligned} \tag{2.24}$$

$$\mathcal{L}[\cos\omega t] = \frac{s}{s^2+\omega^2} \tag{2.25}$$

(7) 쌍곡선 함수의 라플라스 변환

쌍곡선 함수인 $\sinh\omega t$, $\cosh\omega t$의 지수함수는

$$\begin{cases} \sinh\omega t = \frac{1}{2}(e^{\omega t} - e^{-\omega t}) \\ \cosh\omega t = \frac{1}{2}(e^{\omega t} + e^{-\omega t}) \end{cases} \tag{2.26}$$

이므로, 이들에 대한 라플라스 변환은 다음과 같다.

$$\mathcal{L}[\sinh\omega t] = \frac{1}{2}\mathcal{L}[e^{\omega t} - e^{-\omega t}] = \frac{1}{2}\left(\frac{1}{s-\omega} - \frac{1}{s+\omega}\right)$$

$$\mathcal{L}[\sinh\omega t] = \frac{\omega}{s^2-\omega^2} \tag{2.27}$$

$$\mathcal{L}\left[\cosh\omega t\right] = \frac{1}{2}\mathcal{L}\left[e^{\omega t} + e^{-\omega t}\right] = \frac{1}{2}\left(\frac{1}{s-\omega} + \frac{1}{s+\omega}\right)$$

$$\boxed{\mathcal{L}\left[\cosh\omega t\right] = \frac{s}{s^2-\omega^2}} \tag{2.28}$$

2.1.3 라플라스 변환에 관한 여러 가지 정리

라플라스 변환은 여러 가지 일반적인 성질을 갖고 있기 때문에 주어진 시간함수의 라플라스 변환식을 아주 간단한 방법으로 구할 수 있는 경우가 많다. 라플라스 변환과 관련된 몇 가지 중요한 정리를 살펴보면 다음과 같다.

(1) 선형 정리

a가 상수이고 $f(t)$가 라플라스 변환이 가능한 함수라면

$$\mathcal{L}\left[af(t)\right] = a\mathcal{L}\left[f(t)\right] = aF(s) \tag{2.29}$$

시간 함수 $f_1(t)$, $f_2(t)$가 라플라스 변환이 가능하다면 중첩의 정리가 적용된다.

$$\begin{aligned}\mathcal{L}\left[f_1(t) \pm f_2(t)\right] &= \mathcal{L}\left[f_1(t)\right] \pm \mathcal{L}\left[f_2(t)\right] \\ &= F_1(s) \pm F_2(s)\end{aligned} \tag{2.30}$$

(2) 미분 정리

함수 $f(t)$의 라플라스 변환이 $F(s)$일 때, 그 함수의 미분 $\frac{d}{dt}f(t)$의 라플라스 변환은 다음과 같은 방법으로 한다.

$$\mathcal{L}\left[\frac{df(t)}{dt}\right] = \int_0^\infty \frac{df(t)}{dt}e^{-st}\,dt = \int_0^\infty df(t)e^{-st} \tag{2.31}$$

$F(s) = \int_0^\infty f(t) e^{-st} dt$ 에 부분 적분의 공식을 적용한다.

부분 적분 공식: $\int u\,dv = uv - \int v\,du$ 적용
$u = f(t),\ dv = e^{-st} dt$ 라 두면 $du = df(t),\ v = -\frac{1}{s} e^{-st}$

이상의 관계와 식 (2.31)에서

$$F(s) = \int_0^\infty f(t) e^{-st} dt = -\frac{1}{s} \left[f(t) e^{-st} \right]_0^\infty + \frac{1}{s} \int_0^\infty df(t) e^{-st} dt$$

$$= \frac{1}{s} f(0) + \frac{1}{s} \int_0^\infty \left(\frac{df(t)}{dt} \right) e^{-st} dt$$

$$= \frac{1}{s} f(0) + \frac{1}{s} \mathcal{L} \left[\frac{df(t)}{dt} \right] \tag{2.32}$$

시 (2.32)의 양변에 s 를 곱하여 정리하면

$$\boxed{\mathcal{L} \left[\frac{df(t)}{dt} \right] = s F(s) - f(0)}$$

가 된다. 여기서, 초기값 $f(0_+) = 0$이면,

$$\mathcal{L} \left[\frac{df(t)}{dt} \right] = s F(s) \tag{2.33}$$

가 된다.

(3) 적분 정리

적분 요소의 라플라스 변환도 도함수의 라플라스 변환과 같은 방법으로 하면 된다. $f(t)$의 부정적분 $\int f(t)dt$의 라플라스 변환은 다음과 같은 방법으로 한다.

$$\mathcal{L}\left[\int f(t)dt\right] = \int_0^\infty \left(\int f(t)dt\right)e^{-st}\,dt \tag{2.34}$$

부분 적분 공식: $\int u\,dv = uv - \int v\,du$ 적용
$u = \int f(t)\,dt,\ dv = e^{-st}dt$ 라 두면 $du = f(t)dt,\ v = -\frac{1}{s}e^{-st}$

이상의 관계를 식 (2.34) 에 대입하면

$$\begin{aligned}\mathcal{L}\left[\int f(t)\,dt\right] &= \int_0^\infty\left(\int f(t)\,dt\right)e^{-st}\,dt \\ &= \left[\int f(t)dt\left(-\frac{1}{s}e^{-st}\right)\right]_0^\infty - \int_0^\infty\left(-\frac{1}{s}e^{-st}\right)f(t)\,dt \\ &= \frac{f^{(-1)}(0)}{s} + \frac{1}{s}\int_0^\infty f(t)e^{-st}\,dt \\ &= \frac{f^{(-1)}(0)}{s} + \frac{1}{s}F(s)\end{aligned} \tag{2.35}$$

가 된다. 여기서, 초기값 $f^{(-1)}(0) = 0$이므로

$$\boxed{\mathcal{L}\left[\int f(t)\,dt\right] = \frac{1}{s}F(s)} \tag{2.36}$$

가 된다.

(4) 상사 정리(相似定理)

시간 함수 $f\left(\frac{t}{a}\right)$로 된 함수의 라플라스 변환은 다음과 같은 방법으로 한다.

$$\mathcal{L}\left[f\left(\frac{t}{a}\right)\right]=\int_0^\infty f\left(\frac{t}{a}\right)e^{-st}\,dt \tag{2.37}$$

식 (2.37)에서 $\frac{t}{a}=\tau$라 놓으면

$$t=a\tau, \qquad dt=ad\tau$$

이므로, 이상의 관계를 식 (2.37)에 대입하면

$$\begin{aligned}\mathcal{L}\left[f\left(\frac{t}{a}\right)\right]&=\int_0^\infty f(\tau)e^{-sa\tau}\,a\,d\tau\\&=aF(as)\end{aligned} \tag{2.38}$$

가 된다. 따라서, $f\left(\frac{t}{a}\right)$의 라플라스 변환은 다음과 같다.

$$\boxed{\mathcal{L}\left[f\left(\frac{t}{a}\right)\right]=aF(as) \qquad (a>0)} \tag{2.39}$$

(5) 시간 추이 정리

그림 2-6과 같이 $f(t-a)$는 $f(t)$와 같은 파형을 가지고 시간적으로 a만큼 뒤진 함수이다.

$t<0$에서 $f(t)=0$인 경우 $f(t-a)$의 라플라스 변환은 다음과 같은 방법으로 한

$$\mathcal{L}[f(t-a)]=\int_0^\infty f(t-a)e^{-st}\,dt \tag{2.40}$$

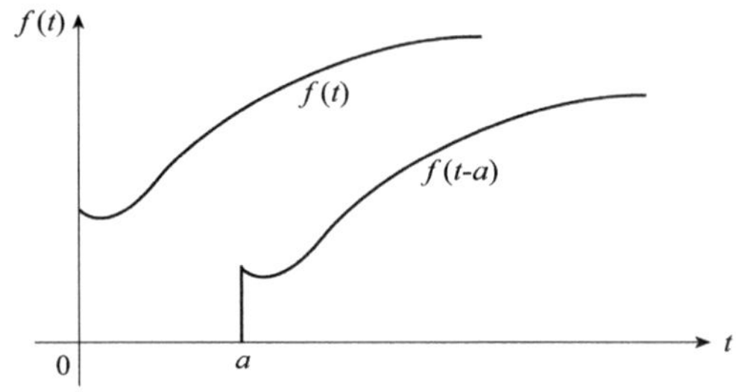

그림 2-6 $f(t-a)$의 파형

식 (2.40)에서 $t-a=\tau$ 라 놓으면

$$dt = d\tau,\ t = \tau + a$$

이므로, 이상의 관계를 식 (2.40)에 대입하면

$$\begin{aligned}\mathcal{L}[f(t-a)] &= \int_0^\infty f(\tau)\, e^{-s(\tau+a)}\, d\tau \\ &= e^{-as}\int_0^\infty f(\tau)\, e^{-s\tau} d\tau = e^{-as}F(s)\end{aligned} \tag{2.41}$$

가 된다. 따라서, $f(t-a)$의 라플라스 변환은 다음과 같다.

$$\boxed{\mathcal{L}[f(t-a)] = e^{-as}F(s)} \tag{2.42}$$

(6) 복소 추이 정리

복소 변수 $s > a$일 때, $\mathcal{L}[f(t)] = F(s)$이면 함수 $e^{at} f(t)$의 라플라스 변환은 다음과 같은 방법으로 한다.

$$\mathcal{L}\left[e^{at}f(t)\right] = \int_0^\infty f(t)e^{at}\,e^{-st}\,dt$$
$$= \int_0^\infty f(t)\,e^{-(s-a)t}\,dt = F(s-a) \tag{2.43}$$

가 된다. 즉, 변환식 $F(s)$에서 s 대신 $s-a$를 대입한 것은 원함수 $f(t)$에 e^{at}를 곱한 것과 같다.

$$\boxed{F(s-a) = \mathcal{L}\left[e^{at}f(t)\right]}$$

(7) 복소 미분 정리

복소 변수 s의 함수 $F(s)$ 즉, $\int_0^\infty f(t)e^{-st}\,dt = F(s)$를 s에 관해 미분하면

$$\frac{dF(s)}{ds} = \int_0^\infty f(t)(-te^{-st})\,dt = -\int_0^\infty tf(t)e^{-st}\,dt = -\mathcal{L}\left[tf(t)\right] \tag{2.44}$$

가 된다. 그러므로

$$\mathcal{L}\left[tf(t)\right] = -\frac{d}{ds}F(s) = (-1)^1\frac{d}{ds}F(s) \tag{2.45}$$

이다. 같은 방법으로

$$\boxed{\mathcal{L}\left[t^n f(t)\right] = (-1)^n\frac{d^n}{ds^n}F(s)} \tag{2.46}$$

가 된다.

(8) 복소 적분 정리

복소 변수 s의 함수 $F(s)$ 즉, $F(s)=\int_0^\infty f(t)e^{-st}$를 s에서 ∞까지 s에 대해 적분하면

$$\int_s^\infty F(s)\,ds = \int_s^\infty \left(\int_0^\infty f(t)e^{-st}dt\right)ds = \int_0^\infty f(t)\left(\int_s^\infty e^{-st}ds\right)dt \quad (2.47)$$

이 되고, 여기서

$$\int_s^\infty e^{-st}ds = \left[-\frac{1}{t}e^{-st}\right]_s^\infty = \frac{1}{t}e^{-st}$$

이므로, 이것을 식 (2.47)에 대입하면

$$\int_s^\infty F(s)\,ds = \int_0^\infty f(t)\frac{1}{t}e^{-st}dt = \mathcal{L}\left[\frac{f(t)}{t}\right] \quad (2.48)$$

가 된다.

$$\boxed{\mathcal{L}\left[\frac{f(t)}{t}\right] = \int_s^\infty F(s)\,ds} \quad (2.49)$$

(9) 초기값 정리

함수 $f(t)$의 라플라스 변환이 $F(s)$이고, $\lim_{s\to\infty} sF(s)$가 존재하면 함수 $f(t)$의 초기값은 미분 정리에 의하여 다음과 같이 구해진다.

즉, 초기값의 정리를 이해하면 s의 함수를 라플라스 변환하지 않아도 함수 $f(t)$의 초기값을 구할 수 있다.

$$\mathcal{L}\left[\frac{df(t)}{dt}\right] = sF(s) - f(0) \tag{2.50}$$

에서 s가 ∞로 접근하는 극한을 취하면

$$\lim_{s\to\infty}\int_0^\infty \frac{df(t)}{dt}e^{-st}dt = \lim_{s\to\infty} sF(s) - f(0) \tag{2.51}$$

이 되고, $\lim\limits_{s\to\infty} e^{-st} = 0$ 이므로, 식 (2.51)의 좌변은 0이 된다. 즉

$$0 = \lim_{s\to\infty} sF(s) - f(0)$$

그러므로 초기값 정리는 다음과 같다.

$$\boxed{f(0_+) = \lim_{t\to 0} f(t) = \lim_{s\to\infty} sF(s)} \tag{2.52}$$

(10) 최종값 정리

함수 $f(t)$의 라플라스 변환이 $F(s)$이고 $sF(s)$가 s평면의 허수축을 포함한 우반면에서 해석적이면, $f(t)$의 최종값은 미분 정리에 의하여 다음과 같은 방법으로 구한다.

$$\mathcal{L}\left[\frac{df(t)}{dt}\right] = sF(s) - f(0) \tag{2.53}$$

에서, s가 0에 접근하는 극한을 취하면

$$\lim_{s\to 0}\int_0^\infty \frac{df(t)}{dt}e^{-st}dt = \lim_{s\to 0} sF(s) - f(0) \tag{2.54}$$

이 되고, $\lim\limits_{s\to 0} e^{-st} = 1$이 되므로, 식 (2.54)의 좌변은

$$\lim_{s\to 0}\int_0^{\infty}\frac{df(t)}{dt}e^{-st}dt = \int_0^{\infty}\frac{df(t)}{dt}dt$$

$$= \lim_{t\to\infty}\int_0^{t}df(t) = \lim_{t\to\infty}f(t) - f(0) \tag{2.55}$$

가 된다. 식 (2.54)와 식 (2.55)를 같다고 두면

$$\lim_{t\to\infty}f(t) - f(0) = \lim_{s\to 0}sF(s) - f(0)$$

이므로, 최종값 정리는 다음과 같다.

$$\boxed{\lim_{t\to\infty}f(t) = \lim_{s\to 0}sF(s) = f(\infty)} \tag{2.56}$$

초기값 정리, 최종값 정리는 시간함수 $f(t)$의 초기값, 최종값을 직접 s함수의 극한값으로부터 구할 수 있으며, 계의 응답을 평가하는데 편리한 정리이다.

그런데 최종값을 적용할 때는 $sF(s)$의 극점이 s평면의 우측이나 허수축상에 있는지 여부를 확인한 후 적용하여야 한다. 만약 $sF(s)$의 모든 극점이 s평면의 좌측에 존재하지 않으면 최종값의 정리는 성립하지 않는다.

(11) 상승 정리

$t < 0$에서 0인 함수 $f_1(t)$, $f_2(t)$에 대한 합성적분은

$$h(t) = \int_0^{t}f_1(t-\tau)f_2(\tau)d\tau \tag{2.57}$$

를 $f_1(t)$, $f_2(t)$의 상승 적분(convolution integral)이라 한다. 이 상승적분 $h(t)$의 라플라스 변환은 다음과 같은 방법으로 구한다.

$$\mathcal{L}\,[h(t)] = \int_0^\infty \left\{ \int_0^t f_1(t-\tau) f_2(\tau)\, d\tau \right\} e^{-st}\, dt \tag{2.58}$$

식 (2.58)에서 $f_1(t-\tau)$는 $t < \tau$에서 0이므로

$$\mathcal{L}\,[h(t)] = \int_0^\infty f_2(\tau) e^{\;s\tau} \left\{ \int_0^\infty f_1(t-\tau) e^{-s(t-\tau)}\, dt \right\} d\tau$$

여기서

$$\int_0^\infty f_1(t-\tau) e^{-s(t-\tau)}\, dt = \int_0^\infty f_1(\lambda) e^{-s\lambda}\, d\lambda = F_1(s) \tag{2.59}$$

이므로,

$$\mathcal{L}\,[h(t)] = F_1(s) \int_0^\infty f_2(\tau) e^{-s\tau}\, d\tau = F_1(s) F_2(s)$$

가 된다.

$$\boxed{\mathcal{L}\left[\int_0^t f_1(t-\tau) f_2(\tau)\, d\tau \right] = F_1(s) F_2(s)} \tag{2.60}$$

상승 적분은 임의의 입력에 대한 계의 응답을 임펄스 함수에 대한 계의 응답으로부터 구하고자 할 때 사용하는 적분이며, 이 상승 정리는 요소 또는 계의 전달함수에 의한 표현과도 관련되어 있어 중요한 정리이다.

(12) 주기 함수의 라플라스 변환

그림 2-7과 같이 $f(t)$를 $t = 0$에서 시작하는 주기 T의 시간 함수 $f_1(t)$를 $0 \le t \le T$ 에서의 $f(t)$라 하면

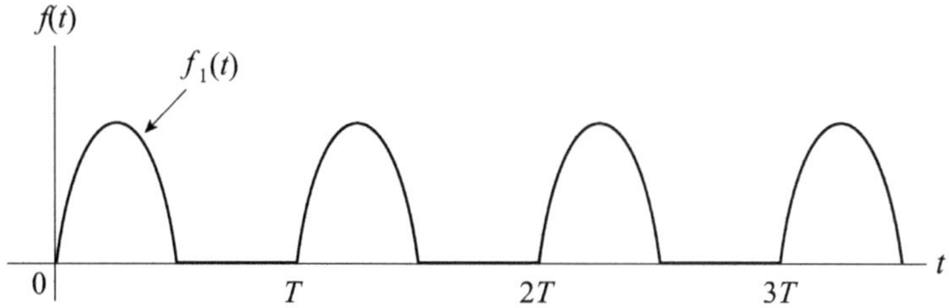

그림 2-7 주기함수

$$f(t) = f_1(t) + f_1(t-T) + f_1(t-2T) + \cdots \tag{2.61}$$

로 표시할 수 있고, 윗 식의 양변을 라플라스 변환하면 식 (2.24)를 이용하여

$$F(s) = F_1(s)(1 + e^{-Ts} + e^{-2Ts} + \cdots)$$

$$\boxed{F(s) = F_1(s)\left(\frac{1}{1-e^{-Ts}}\right)} \tag{2.62}$$

이 된다.

(13) 복소 상승 정리

함수 $f_1(t)$와 $f_2(t)$의 곱 $f(t) = f_1(t)f_2(t)$의 라플라스 변환을 구해보면, 정의에 의해

$$\begin{aligned} F(s) &= \mathcal{L}[f(t)] = \mathcal{L}[f_1(t)f_2(t)] \\ &= \int_0^\infty f_1(t)f_2(t)e^{-st}\,dt \end{aligned} \tag{2.63}$$

이 되고,

$$f_2(t) = \frac{1}{2\pi j}\int_{r-j\infty}^{r+j\infty} F_2(\lambda)e^{\lambda t}\,d\lambda$$

인 관계를 사용하면,

$$F(s) = \frac{1}{2\pi j}\int_0^{\infty}\int_{r-j\infty}^{r+j\infty} F_2(\lambda)e^{\lambda t}d\lambda f_1(t)e^{-st}dt$$

$$= \frac{1}{2\pi j}\int_{r-j\infty}^{r+j\infty} F_2(\lambda)d\lambda \int_0^{\infty} f_1(t)e^{-(s-\lambda)t}dt \tag{2.64}$$

$$= \frac{1}{2\pi j}\int_{r-j\infty}^{r+j\infty} F_1(s-\lambda)F_2(\lambda)d\lambda$$

가 된다.

표 2-1 라플라스 변환에 관한 여러 정리

1	선형 정리	$\mathcal{L}\,[af_1(t) \pm bf_2(t)] = aF_1(s) \pm bF_2(s)$
2	상사 정리	$\mathcal{L}\left[f\left(\frac{t}{a}\right)\right] = aF(as)$
3	시간추이 정리	$\mathcal{L}\,[f(t \pm a)] = e^{\pm as}F(s)$
4	복소추이 정리	$\mathcal{L}\left[e^{\pm at}f(t)\right] = F(s \mp a)$
5	미분 정리	$\mathcal{L}\,[f'(t)] = sF(s) - f(0_+)$
6	적분 정리	$\mathcal{L}\left[\int_0^{\infty} f(t)\,dt\right] = \frac{1}{s}F(s) + \frac{1}{s}f^{(-1)}(0)$
7	복소 미분 정리	$\mathcal{L}\,[tf(t)] = -\frac{dF(s)}{ds}$
8	복소 적분 정리	$\mathcal{L}\left[\frac{f(t)}{t}\right] = \int_s^{\infty} F(s)\,ds$
9	초기값 정리	$\lim_{t\to 0} f(t) = \lim_{s\to\infty} sF(s)$
10	최종값 정리	$\lim_{t\to\infty} f(t) = \lim_{s\to 0} sF(s)$
11	상승 정리	$\mathcal{L}\left[\int_0^t f_1(t-\tau)f_2(\tau)\,d\tau\right] = F_1(s)F_2(s)$
12	복소 상승 정리	$\mathcal{L}\,[f_1(t)f_2(t)] = \frac{1}{2\pi j}\int_{r-j\infty}^{r+j\infty} F_1(s-\lambda)F_2(\lambda)d\lambda$

$$\mathcal{L}\left[f_1(t)f_2(t)\right] = \frac{1}{2\pi j}\int_{r-j\infty}^{r+j\infty} F_1(s-\lambda)F_2(\lambda)\,d\lambda \tag{2.65}$$

$f_1(t)$와 $f_2(t)$ 곱의 라플라스 변환은 각각의 라플라스 변환의 곱이 되는 것이 아니고, 각각의 라플라스 변환의 상승 적분으로 구해짐을 나타낸다.

이상과 같은 여러 가지 정리를 나타내면 표 2-1과 같다.

예제 2-1

다음의 함수를 라플라스 변환하라.

$$f(t) = t^2 e^{-2t} u(t)$$

■ **풀이** $\mathcal{L}\left[e^{-2t}\right] = \dfrac{1}{s+2}$ 이므로

$$F(s) = \mathcal{L}\left[t^2 e^{-2t}\right] = (-1)^2 \frac{d^2}{ds^2}\left(\frac{1}{s+2}\right) = \frac{2}{(s+2)^3}$$

예제 2-2

$f(t) = t\sin\omega t$를 라플라스 변환하라.

$$t\sin\omega t = t\left(\frac{e^{j\omega t}}{2j} - \frac{e^{-j\omega t}}{2j}\right)$$

■ **풀이1** $\mathcal{L}\left[t\right] = \dfrac{1}{s^2}$ 이므로

$$\mathcal{L}[t\sin\omega t] = \frac{1}{2j}\mathcal{L}[te^{j\omega t}] - \frac{1}{2j}\mathcal{L}[te^{-j\omega t}]$$

$$= \frac{1}{2j}\left\{\frac{1}{(s-j\omega)^2} - \frac{1}{(s+j\omega)^2}\right\}$$

$$= \frac{1}{2j}\left\{\frac{s^2+2j\omega s-\omega^2-s^2+2j\omega s+\omega^2}{(s^2+\omega^2)^2}\right\}$$

■ **풀이2** $\mathcal{L}[\sin\omega t] = \dfrac{\omega}{s^2+\omega^2}$ 이므로

$$\mathcal{L}[t\sin\omega t] = (-1)^1\frac{d}{ds}\left(\frac{\omega}{s^2+\omega^2}\right) = \frac{2\omega s}{(s^2+\omega^2)^2}$$

예제 2-3

$f(t) = \sin(\omega t+\theta)$를 라플라스 변환하라.

■ **풀이**

$$F(s) = \int_0^\infty \sin(\omega t+\theta)e^{-st}\,dt \tag{1}$$

부분 적분 공식: $\int u\,dv = uv - \int v\,du$ 적용

$u = \sin(\omega t+\theta),\ dv = e^{-st}dt$ 라 하면

$du = \omega\cos(\omega t+\theta)dt,\ v = -\dfrac{1}{s}e^{-st}$

$$F(s)=\left[\sin(\omega t+\theta)\left(-\frac{1}{s}e^{-st}\right)\right]_0^\infty-\int_0^\infty\left(-\frac{1}{s}e^{-st}\right)\omega\cos(\omega t+\theta)\,dt$$

$$=\frac{\sin\theta}{s}+\frac{\omega}{s}\int_0^\infty\cos(\omega t+\theta)\,e^{-st}\,dt \tag{2}$$

$\int_0^\infty \cos(\omega t+\theta)\,e^{-st}\,dt$를 부분 적분법에 의하여 구하면

$$\int_0^\infty\cos(\omega t+\theta)\,e^{-st}\,dt=\frac{\cos\theta}{s}-\frac{\omega}{s}\int_0^\infty\sin(\omega t+\theta)\,e^{-st}dt \tag{3}$$

식 (1), (2), (3)에서

$$\mathcal{L}\,[f(t)]=\frac{\sin\theta}{s}+\frac{\omega}{s}\left\{\frac{\cos\theta}{s}-\frac{\omega}{s}\int_0^\infty\sin(\omega t+\theta)e^{-st}dt\right\}$$

$$=\frac{\sin\theta}{s}+\frac{\omega\cos\theta}{s^2}-\frac{\omega^2}{s^2}\mathcal{L}\,[f(t)]$$

$$\therefore\quad \mathcal{L}\,[f(t)]=\frac{s\sin\theta+\omega\cos\theta}{s^2+\omega^2}$$

예제 2-4

$e^{-at}\sin\omega t$ 와 $e^{-at}\cos\omega t$의 라플라스 변환을 구하라.

■ **풀이** $\mathcal{L}\,[\sin\omega t\,]=\dfrac{\omega}{s^2+\omega^2}$ 이고, $\mathcal{L}\,[\cos\omega t\,]=\dfrac{s}{s^2+\omega^2}$ 이므로

$$\mathcal{L}\,[e^{-at}\sin\omega t\,]=\frac{\omega}{(s+a)^2+\omega^2}$$

$$\mathcal{L}\,[e^{-at}\cos\omega t\,]=\frac{s+a}{(s+a)^2+\omega^2}$$

예제 2-5

$\frac{dx(t)}{dt}+x(t)=1$의 라플라스 변환을 구하라. 단, 초기값은 0이다.

■ 풀이 양변을 라플라스 변환하면

$$\mathcal{L}\left[\frac{dx(t)}{dt}+x(t)\right]=\mathcal{L}\,[1]$$

$$sX(s)-x(0)+X(s)=\frac{1}{s}$$

여기서, $x(0)=0$ 이므로

$$sX(s)+X(s)=\frac{1}{s},\ \ X(s)(s+1)=\frac{1}{s}$$

$$\therefore\quad X(s)=\frac{1}{s(s+1)}$$

예제 2-6

$e_i(t)=Ri(t)+L\frac{di(t)}{dt}+\frac{1}{C}\int i(t)\,dt$ 에서 모든 초기값을 0으로 하고 라플라스 변환을 하여라.

■ 풀이 양변을 라플라스 변환하면

$$\mathcal{L}\,[e_i(t)]=\mathcal{L}\left[Ri(t)+L\frac{di(t)}{dt}+\frac{1}{C}\int i(t)\,dt\right]$$

$$E_i(s) = RI(s) + LsI(s) + \frac{1}{Cs}I(s) = \left(R + Ls + \frac{1}{Cs}\right)I(s)$$

$$\therefore \quad I(s) = \frac{E_i(s)}{R + Ls + \dfrac{1}{Cs}} = \frac{Cs}{LCs^2 + RCs + 1}E_i(s)$$

예제 2-7

$F(s) = \dfrac{5}{s(s^2+s+2)}$ 일 때, $f(t)$의 최종값을 구하라.

■ **풀이** 최종값 정리에 의하면

$$\lim_{t\to\infty} f(t) = \lim_{s\to 0} sF(s) = \lim_{s\to 0} s\frac{5}{s(s^2+s+2)}$$

$$= \lim_{s\to 0}\frac{5}{s^2+s+2} = \frac{5}{2}$$

예제 2-8

$F(s) = \dfrac{s^3+2s^2+3s+2}{s^4+3s^3+2s^2+s}$ 일 때, $f(t)$의 $t=0$에서의 값을 구하라.

■ **풀이** 초기값 정리에 의하면

$$\lim_{t\to 0} f(t) = \lim_{s\to\infty} sF(s) = \lim_{s\to\infty} s\frac{s^3+2s^2+3s+2}{s^4+3s^2+2s+s}$$

$$= \lim_{s\to\infty}\frac{s^3+2s^2+3s+2}{s^3+3s^2+2s+1} = 1$$

예제 2-9

$f(s) = \dfrac{s^2+5s+1}{s^3+3s^2+2s}$ 일 때, $f(t)$의 최종값을 구하라.

■ **풀이** 최종값 정리에 의하면

$$\lim_{t\to\infty} f(t) = \lim_{s\to 0} s\,F(s) = \lim_{s\to 0} s\,\frac{s^2+5s+1}{s^3+3s^2+2s}$$

$$= \lim_{s\to 0} \frac{s^2+5s+1}{s^2+3s+2} = \frac{1}{2} = 0.5$$

예제 2-10

$f_1(t) = u(t),\ f_2(t) = e^{-at}$ 에 대해서 상승 정리를 적용하여라.

■ **풀이1** $h(t) = \int_0^t f_1(t-\tau) f_2(\tau)\, dt = \int_0^t u(t-\tau)\, e^{-a\tau} d\tau$

$$= \int_0^t e^{-a\tau} d\tau = \frac{1}{a}\left(1 - e^{-at}\right)$$

위 식을 라플라스 변환하면

$$\mathcal{L}[h(t)] = \mathcal{L}\left[\frac{1}{a}\left(1 - e^{-at}\right)\right] = \frac{1}{a}\left(\frac{1}{s} - \frac{1}{s+a}\right) = \frac{1}{s(s+a)}$$

■ **풀이2** 상승 정리를 적용하면

$f_1(t) = u(t),\ f_2(t) = e^{-at}$의 라플라스 변환은 각각

$F_1(s) = \frac{1}{s},\ F_2(s) = \frac{1}{s+a}$ 이므로

$$\mathcal{L}[h(t)] = F_1(s) F_2(s) = \frac{1}{s(s+a)}$$

2.2 라플라스 역변환

2.2.1 라플라스 역변환

라플라스 변환은 시간 영역을 복소 영역으로 변환시키는 것을 의미한다. 시간 영역에서는 복잡한 문제라도 복소 영역에서는 간단히 계산되는 예가 많다. 그러나 어떤 현상의 해석이나 연산의 결과는 시간 영역으로 표시하는 것이 편리할 때가 많다. 이를 위해서는 s 영역에서 t 영역으로 다시 변환하는 라플라스 역변환의 연산이 필요하게 된다. 즉, 복소함수 $F(s)$에서 시간함수(원함수) $f(t)$를 복원하는 조작을 라플라스 역변환(inverse Laplace transformation)이라 하고, 기호로 $\mathcal{L}^{-1}[F(s)]$로 표시한다.

라플라스 변환을 식 (2.1)로 정의했으므로 라플라스 역변환은 그 정의에 따라 자동적으로 결정되며, $F(s)$가 주어졌을 때 이에 대응하는 시간 함수 $f(t)$는

$$f(t) = \mathcal{L}^{-1}[F(s)] = \frac{1}{2\pi j}\int_{c-j\infty}^{c+j\infty} F(s)\, e^{st}\, ds \tag{2.66}$$

가 된다.

2.2.2 라플라스 역변환의 여러 가지 성질

함수 $F(s)$가 주어졌을 때 그의 라플라스 역변환에 관하여 다음과 같은 여러 가지 성질이 알려져 있다.

(1) 선형성

$F_1(s)$, $F_2(s)$에 대한 라플라스 역변환을 $f_1(t)$, $f_2(t)$라 할 때, a_1, a_2를 임의 상수라 하면

$$\mathcal{L}^{-1}[a_1F_1(s) \pm a_2F_2(s)] = a_1f_1(t) \pm a_2f_2(t) \tag{2.67}$$

가 성립한다. 일반적으로

$$\mathcal{L}^{-1}\left[\sum_{i=1}^{n} a_i F(s)\right] = \sum_{i=1}^{n} a_i f_i(t) \tag{2.68}$$

가 된다.

(2) 추이 정리

$\mathcal{L}^{-1}[F(s)] = f(t)$라 할 때 다음의 추이 정리가 성립한다.

$$\mathcal{L}^{-1}[F(s-a)] = e^{at}f(t) \tag{2.69}$$

$$\mathcal{L}^{-1}[e^{-at}F(s)] = f(t-a)u(t-a) \tag{2.70}$$

(3) 대칭성

$\mathcal{L}^{-1}[F(s)] = f(t)$일 때

$$\mathcal{L}^{-1}[F(as)] = \frac{1}{a}f\left(\frac{t}{a}\right) \tag{2.71}$$

$$\mathcal{L}^{-1}\left[F\left(\frac{s}{b}\right)\right] = bf(bt) \tag{2.72}$$

의 대칭성의 정리가 성립한다.

(4) 미분 공식

$\mathcal{L}^{-1}[F(s)] = f(t)$ 일 때 $F(s)$에 s^n을 곱하면 t 영역에서의 미분에 대응한다.

$$\mathcal{L}^{-1}[s\,F(s)] = \frac{d}{dt} f(t) \tag{2.73}$$

일반적으로

$$\boxed{\mathcal{L}^{-1}[s^n F(s)] = \frac{d^n}{dt^n} f(t)} \tag{2.74}$$

또한 $F(s)$의 s에 있어서의 미분은

$$\mathcal{L}^{-1}\left[\frac{d}{ds}F(s)\right] = -\,t\,f(t) \tag{2.75}$$

$$\boxed{\mathcal{L}^{-1}\left[\frac{d^n}{ds^n}F(s)\right]\ (-\,t)^n f(t)} \tag{2.76}$$

가 된다.

(5) 적분 공식

$F(s)$의 $\frac{1}{s}$배는 t 영역에서의 적분에 대응한다.

$$\mathcal{L}^{-1}\left[\frac{F(s)}{s}\right] = \int_0^t f(t)\,dt \tag{2.77}$$

$$\boxed{\mathcal{L}^{-1}\left[\frac{F(s)}{s^n}\right] = \int_0^t \int_0^t \cdots \int_0^t f(t)\,(dt)^n} \tag{2.78}$$

(6) 상승 적분

$F_1(s)$와 $F_2(s)$의 곱은 t함수 $f_1(t)$, $f_2(t)$의 상승 적분에 대응한다.

$$\mathcal{L}^{-1}[F_1(s)F_2(s)] = f_1(t) \otimes f_2(t) = \int_0^t f_1(\tau) f_2(t-\tau)\, d\tau \tag{2.79}$$

2.2.3 유리 함수의 라플라스 역변환

미분방정식의 해법을 시작으로 라플라스 변환의 응용 범위는 넓지만 함수$F(s)$가 다음과 같은 형

$$F(s) = \frac{B(s)}{A(s)} = \frac{b_m s^m + b_{m-1} s^{m-1} + \cdots + b_1 s + b_0}{a_n s^n + a_{n-1} s^{n-1} + \cdots + a_1 s + a_0} \tag{2.80}$$

으로 되는 경우가 대단히 많다. 이와 같은 함수를 유리 함수(rational function)라 하고, 다음에 설명하는 바와 같은 역변환법이 적용된다.

(1) 부분 분수 전개법

유리 함수 $F(s)$의 라플라스 역변환 $\mathcal{L}^{-1}[F(s)]$는 다음과 같은 부분 분수 전개법을 이용하여 계산할 수 있다.

$$F(s) = \frac{B(s)}{A(s)} = \frac{b_m s^m + b_{m-1} s^{m-1} + \cdots + b_1 s + b_0}{a_n s^n + a_{n-1} s^{n-1} + \cdots + a_1 s + a_0} \tag{2.81}$$

여기서, $n > m$인 경우에 있어서는 부분 분수 전개를 바로 적용할 수 있으나, $n \leq m$일 때는 제산(除算:나눗셈)을 일단 거쳐야 $F(s)$를 적당한 분수로 만들 수 있다.

지금, s_1, s_2, s_3, $\cdots$, s_n을 $A(s)=0$ 즉

$$a_n s^n + a_{n-1}s^{n-1} + \cdots + a_1 s + a_0 = 0$$

의 근이라고 하면, $F(s)$의 부분 분수는 다음과 같이 표시된다.

1) 실수 단근인 경우

식 (2.81)에서 $n > m$일 때, $A(s)=0$이 되는 근이 모두 실근일 때, 식 (2.81)의 분모 $A(s)$를 인수분해 하면

$$A(s) = (s-s_1)(s-s_2)(s-s_3)\cdots(s-s_n)$$

이므로, 식 (2.81)은

$$F(s) = \frac{B(s)}{A(s)} = \frac{B(s)}{(s-s_1)(s-s_2)\cdots(s-s_n)} \tag{2.82}$$

이 된다. 이 식을 부분 분수로 전개하면

$$\boxed{F(s) = \frac{B(s)}{A(s)} = \frac{K_1}{s-s_1} + \frac{K_2}{s-s_2} + \cdots + \frac{K_n}{s-s_n}} \tag{2.83}$$

로 된다. 여기서, 계수 K_1, K_2, $\cdots$, K_n을 결정하는 방법은 다음과 같다.

$$K_1 = \lim_{s \to s_1}(s-s_1)F(s)$$

$$K_2 = \lim_{s \to s_2}(s-s_2)F(s)$$

$$\vdots \qquad \vdots \qquad \vdots$$

$$K_n = \lim_{s \to s_n} (s - s_n) F(s)$$

2) 공액 복소근을 포함한 경우

$$F(s) = \frac{B(s)}{A(s)} = \frac{B(s)}{\{(s-\alpha)^2 + \omega^2\}(s-s_1)(s-s_2)\cdots(s-s_r)}$$

$$\boxed{F(s) = \frac{Cs + D}{(s-\alpha)^2 + \omega^2} + \frac{K_1}{s-s_1} + \frac{K_2}{s-s_2} + \cdots + \frac{K_r}{s-s_r}} \tag{2.84}$$

여기서, 계수 K_1, K_2, $\cdots$, K_r 등은 실수 단근인 경우에서 설명한 방법으로 구하고, C, D는 다음과 같은 복소수의 방정식을 세워 구한다.

$$\lim_{s \to \alpha + j\omega} \{(s-\alpha)^2 + \omega^2\} F(s) = \lim_{s \to \alpha + j\omega} (Cs + D) \tag{2.85}$$

3) 다중근이 있는 경우

$$F(s) = \frac{B(s)}{(s-s_1)^n (s-s_2)(s-s_3)\cdots(s-s_r)} \tag{2.86}$$

식 (2.86)과 같이 함수 s_1은 n개 중복이 되어 있고 나머지 극점은 중복되지 않은 경우에는 다음과 같이 유수를 결정한다.

$$\boxed{\begin{aligned} F(s) = {} & \frac{k_{11}}{(s-s_1)^n} + \frac{k_{21}}{(s-s_1)^{n-1}} + \cdots + \frac{k_{n1}}{(s-s_1)} \\ & + \frac{K_2}{(s-s_2)} + \frac{K_3}{(s-s_3)} + \cdots + \frac{K_r}{(s-s_r)} \end{aligned}} \tag{2.87}$$

여기서, 계수 k_{11}, k_{21}, $\cdots$, k_{n1} 은 아래와 같이 구하고 k_2, k_3, $\cdots$, k_r 은 1) 실수 단근인 경우에서 설명한 방법으로 구한다.

$$k_{11} = \lim_{s \to s_1} (s - s_1)^n F(s)$$

$$k_{21} = \lim_{s \to s_1} \left\{ \frac{d}{ds} (s - s_1)^n F(s) \right\}$$

$$k_{31} = \lim_{s \to s_1} \left\{ \frac{1}{2!} \frac{d^2}{ds^2} (s - s_1)^n F(s) \right\}$$

$$\vdots \qquad \qquad \vdots$$

$$k_{n1} = \lim_{s \to s_1} \left\{ \frac{1}{(n-1)!} \frac{d^{n-1}}{ds^{n-1}} (s - s_1)^n F(s) \right\}$$

예제 2-11

$\mathcal{L}^{-1}\left(\dfrac{4}{s+5}\right)$ 를 구하라.

■ 풀이 공식 $\mathcal{L}^{-1}\left(\dfrac{1}{s+a}\right) = e^{-at}$ 이므로

$$\mathcal{L}^{-1}\left(\frac{4}{s+5}\right) = 4e^{-5t}$$

예제 2-12

$\mathcal{L}^{-1}\left(\dfrac{1}{s^n}\right)$ 를 구하라.

■ 풀이 공식 $\mathcal{L}\left[\dfrac{t^{(n-1)}}{(n-1)!}\right] = \dfrac{1}{s^n}$ 이므로

$$\mathcal{L}^{-1}\left(\frac{1}{s^n}\right) = \frac{t^{n-1}}{(n-1)!}$$

예제 2-13

$\mathcal{L}^{-1}\left(\dfrac{s+7}{s^2+2s+5}\right)$ 를 구하라.

■ **풀이**

$$\mathcal{L}^{-1}\left[\frac{(s+1)+6}{(s+1)^2+2^2}\right] = \mathcal{L}^{-1}\left[\frac{s+1}{(s+1)^2+2^2}\right] + 3\,\mathcal{L}^{-1}\left[\frac{2}{(s+1)^2+2^2}\right]$$

$$= e^{-t}\cos 2t + 3e^{-t}\sin 2t$$

예제 2-14

$\mathcal{L}^{-1}\left(\dfrac{2}{s(s+1)}\right)$ 를 구하라.

■ **풀이** 부분 분수의 합으로 구한다.

$$\frac{2}{s(s+1)} = \frac{A}{s} + \frac{B}{s+1}$$

로 놓고 미정 계수법에 의하여 A, B 를 구한다.

$$\frac{2}{s(s+1)} = \frac{A(s+1)}{s(s+1)} + \frac{Bs}{s(s+1)} \tag{1}$$

식 (1)에서

$$2 = (A+B)s + A \qquad (2)$$

식 (2)에서 $A+B=0$, $A=2$에서, $A=2$, $B=-2$,

따라서,

$$\mathcal{L}^{-1}\left[\frac{2}{s(s+1)}\right] = \mathcal{L}^{-1}\left(\frac{2}{s} - \frac{2}{s+1}\right)$$

$$= \mathcal{L}^{-1}\left(\frac{2}{s}\right) - \mathcal{L}^{-1}\left(\frac{2}{s+1}\right) = 2 - 2e^{-t}$$

예제 2-15

$\frac{s}{(s-a)^5}$ 의 라플라스 역변환을 구하라.

■ **풀이** $\mathcal{L}^{-1}\left[\frac{1}{(s-a)^5}\right] = e^{at}\,\mathcal{L}^{-1}\left[\frac{1}{s^5}\right] = \frac{e^{at}\,t^4}{24}$ 이므로

$$\mathcal{L}^{-1}\left[\frac{s}{(s-a)^5}\right] = \frac{d}{dt}\left(\frac{e^{at}\,t^4}{24}\right) = \frac{a\,e^{at}\,t^4 + 4e^{at}\,t^3}{24} = \frac{e^{at}\left(a\,t^4 + 4t^3\right)}{24}$$

예제 2-16

함수 $F(s) = \frac{5s+3}{(s+1)(s+2)(s+3)}$ 를 부분 분수로 전개하여라.

■ **풀이** 주어진 함수를 부분 분수로 전개하면

$$F(s) = \frac{5s+3}{(s+1)(s+2)(s+3)} = \frac{K_1}{s+1} + \frac{K_2}{s+2} + \frac{K_3}{s+3}$$

여기서, K_1, K_2, K_3를 구하면

$$K_1 = (s+1)F(s)\big|_{s=-1} = \frac{5(-1)+3}{(-1+2)(-1+3)} = -1$$

$$K_2 = (s+2)F(s)\big|_{s=-2} = \frac{5(-2)+3}{(-2+1)(-2+3)} = +7$$

$$K_3 = (s+3)F(s)\big|_{s=-3} = \frac{5(-3)+3}{(-3+1)(-3+2)} = -6$$

구해진 계수를 대입하여 정리하면 부분 분수 전개식이 구해진다.

$$F(s) = \frac{-1}{s+1} + \frac{7}{s+2} - \frac{6}{s+3}$$

예제 2-17

함수 $F(s) = \dfrac{s+6}{s^3+5s^2+6s}$ 를 라플라스 역변환 하라.

■ **풀이** 주어진 함수를 부분 분수로 전개하면

$$F(s) = \frac{s+6}{s(s+2)(s+3)} = \frac{K_1}{s} + \frac{K_2}{(s+2)} + \frac{K_3}{(s+3)}$$

여기서, 계수 K_1, K_2, K_3를 구하면

$$K_1 = sF(s)\big|_{s=0} = \frac{s+6}{(s+2)(s+3)}\bigg|_{s=0} = 1$$

$$K_2 = (s+2)F(s)\big|_{s=-2} = \frac{s+6}{s(s+3)}\bigg|_{s=-2} = -2$$

$$K_3 = (s+3)F(s)\Big|_{s=-3} = \frac{s+6}{s(s+2)}\Bigg|_{s=-3} = 1$$

따라서, 부분 분수 전개식은

$$F(s) = \frac{1}{s} - \frac{2}{s+2} + \frac{1}{s+3}$$

이 된다. 따라서,

$$f(t) = \mathcal{L}^{-1}\left[\frac{1}{s} - \frac{2}{s+2} + \frac{1}{s+3}\right] = 1 - 2e^{-2t} + e^{-3t}$$

2.3 라플라스 변환에 의한 미분방정식의 해법

라플라스 변환 이론과 변환표를 이용하면 선형 미분방정식을 푸는 문제는 대수적인 문제를 푸는 문제로 바뀌게 된다. 라플라스 변환의 장점은 변환표를 이용하면 계산 과정이 모두 대수적 연산으로 이루어짐과 동시에 미분방정식의 과도해와 정상해를 한번의 연산으로 구할 수 있다는 점이다.

라플라스 변환에 의한 미분방정식 해법 과정은 그림 2-8에 요약되어 있으며, 순서는 다음과 같다.

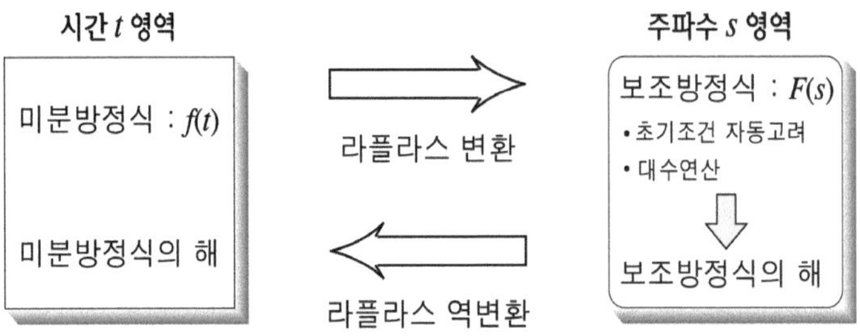

그림 2-8 라플라스 변환에 의한 미분방정식 해법

① 주어진 미분방정식의 초기 조건을 고려하면서 라플라스 변환한다.

② 변환된 보조방정식을 대수 연산으로 풀어 s 영역의 해를 구한다

③ s 영역에서 구한 보조방정식의 해에 라플라스 역변환을 취하면 시간 영역의 해를 얻게 된다.

라플라스 변환 해법을 시간 영역에서의 직접 해법과 비교하면 다음과 같은 장점이 있다.

① 초기 조건이 처음부터 고려된다.

② 대수 연산만으로 해가 쉽게 구해진다.

예를 들어 설명해 보기로 한다.

예제 2-18

다음 미분방정식의 해를 구하라.

$$\frac{d^2y(t)}{dt^2}+4\frac{dy(t)}{dt}+3y(t)=x(t),\quad y(0)=1$$

$$\frac{dy(0)}{dt}=0,\quad x(t)=u(t)$$

■ 풀이 주어진 미분방정식에 미분 정리를 적용하여 출력 함수 $Y(s)$를 구하고, 구해진 출력 방정식 $Y(s)$를 부분 분수로 전개한 후 라플라스 역변환하면 계의 $y(t)$를 구할 수 있다. 주어진 미분방정식의 양변을 라플라스 변환하면

$$\mathcal{L}\left[\frac{d^2y(t)}{dt^2}+4\frac{dy(t)}{dt}+3y(t)\right]=\mathcal{L}\left[u(t)\right]$$

$$s^2 Y(s) - s\,y(0) - \frac{dy}{dt}(0) + 4s\,Y(s) - 4\,y(0) + 3\,Y(s) = \frac{1}{s}$$

$$s^2 Y(s) - s - 0 + 4s\,Y(s) - 4 + 3\,Y(s) = \frac{1}{s}$$

$$Y(s)(s^2 + 4s + 3) = s + 4 + \frac{1}{s} = \frac{s^2 + 4s + 1}{s}$$

$$Y(s) = \frac{s^2 + 4s + 1}{s(s+1)(s+3)} = \frac{K_1}{s} + \frac{K_2}{s+1} + \frac{K_3}{s+3} \qquad (1)$$

여기서, 계수 K_1, K_2, K_3를 구하면

$$K_1 = s\,Y(s)\big|_{s=0} = \left.\frac{s^2 + 4s + 1}{(s+1)(s+3)}\right|_{s=0} = \frac{1}{3}$$

$$K_2 = (s+1)\,Y(s)\big|_{s=-1} = \left.\frac{s^2 + 4s + 1}{s(s+3)}\right|_{s=-1}$$

$$= \frac{(-1)^2 + 4(-1) + 1}{(-1)(-1+3)} = 1$$

$$K_3 = (s+3)\,Y(s)\big|_{s=-3} = \left.\frac{s^2 + 4s + 1}{s(s+1)}\right|_{s=-3}$$

$$= \frac{(-3)^2 + 4(-3) + 1}{(-3)(-3+1)} = -\frac{1}{3}$$

구해진 K_1, K_2, K_3의 값을 식 (1)에 대입하면

$$Y(s) = \frac{1}{3}(\frac{1}{s}) + \frac{1}{s+1} - \frac{1}{3}(\frac{1}{s+3})$$

$$y(t) = \mathcal{L}^{-1}\left[\frac{1}{3}(\frac{1}{s}) + \frac{1}{s+1} - \frac{1}{3}(\frac{1}{s+3})\right]$$

$$= \frac{1}{3} + e^{-t} - \frac{1}{3}e^{-3t}$$

예제 2-19

그림 2-9는 RL 직렬 회로로서 $t=0$ 일 때 직류 전압 V를 가한 회로이다. 이 회로에 흐르는 전류 $i(t)$를 구하라. 단, 인덕터 L의 초기 전류 $i(0)$는 0으로 한다.

■ **풀이** 그림 2-9의 회로방정식은 다음과 같다

$$L\frac{di(t)}{dt} + Ri(t) = V$$

위 식의 양변을 라플라스 변환하면, 전류 함수$I(s)$는 다음과 같다.

$$L[sI(s) - i(0)] + RI(s) = \frac{V}{s}$$

초기전류 $i(0) = 0$ 이므로

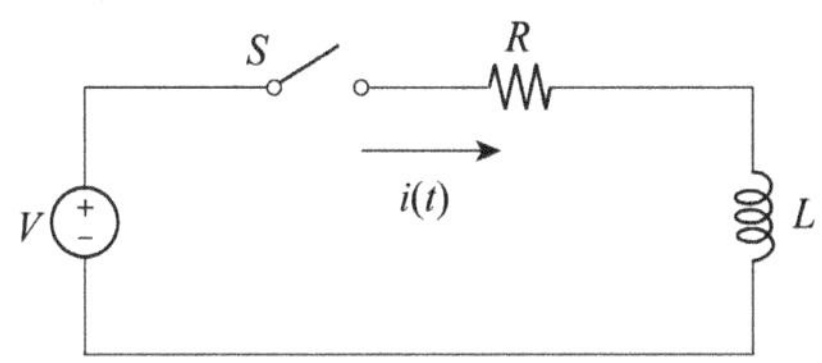

그림 2-9 RL 직렬 회로

$$I(s) = \frac{V}{s(Ls+R)} = \frac{K_1}{s} + \frac{K_2}{Ls+R}$$

여기서, 계수 K_1, K_2를 구하면

$$K_1 = sI(s)\big|_{s=0} = \left.\frac{V}{Ls+R}\right|_{s=0} = \frac{V}{R}$$

$$K_2 = (Ls+R)I(s)\big|_{s=-\frac{R}{L}} = \left.\frac{V}{s}\right|_{s=-\frac{R}{L}} = -\frac{LV}{R}$$

이므로, 전류 함수 $I(s)$는

$$I(s) = \frac{V}{R}\frac{1}{s} - \frac{LV}{R}\frac{1}{Ls+R} = \frac{V}{R}\left(\frac{1}{s} - \frac{1}{s+\frac{R}{L}}\right) \qquad (1)$$

따라서, 회로 전류 $i(t)$는 식 (1)을 라플라스 역변환하면

$$i(t) = \mathcal{L}^{-1}\left[\frac{V}{R}\left(\frac{1}{s} - \frac{1}{s+\frac{R}{L}}\right)\right] = \frac{V}{R}\left(1 - e^{-\frac{R}{L}t}\right)$$

가 된다.

예제 2-20

그림 2-10의 RC 직렬 회로에 흐르는 전류 $i(t)$를 라플라스 변환에 의해 구하여라. 여기서 q_o는 콘덴서의 초기 전하이다.

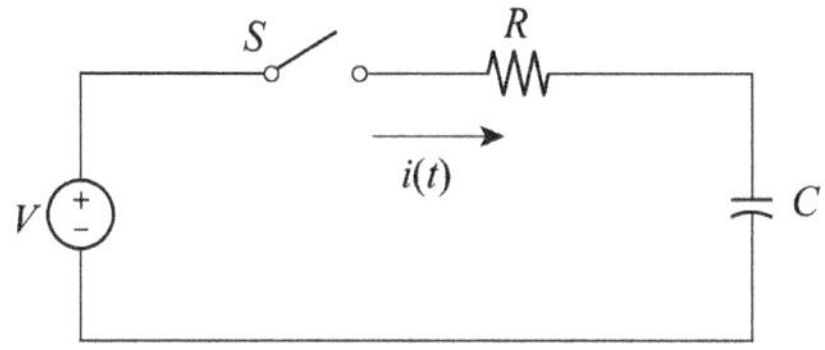

그림 2-10 RC 직렬 회로

■ **풀이** 이 회로의 전류 $i(t)$에 대한 미분 방정식을 세우면

$$Ri(t)+\frac{1}{C}\int i(t)\,dt=V$$

와 같이 되고, 양변을 라플라스 변환하면

$$RI(s)+\frac{1}{Cs}\left[I(s)+i^{(-1)}(0)\right]=\frac{V}{s} \tag{1}$$

여기서 스위치를 $t=0$에서 닫으므로 실제 전압 V는 계단상으로 가해지고 있음에 주의해야 한다. 그리고 $i^{(-1)}(0)$는 $t=0$ 이전에 콘덴서에 충전되어 있던 전하 q_o를 나타낸다. 콘덴서의 초기 전압 $V_0=\frac{q_0}{C}$이므로 식 (1)을 정리하면 다음과 같다.

$$I(s)=\frac{V-V_0}{s\left(R+\frac{1}{Cs}\right)}=\frac{V-V_0}{R}\left(\frac{1}{s+\frac{1}{RC}}\right)$$

$i(t)$를 구하기 위하여 $I(s)$에 대하여 라플라스 역변환을 취한다.

$$i(t)=\mathcal{L}^{-1}[I(s)]=\left(\frac{V-V_0}{R}\right)e^{-\frac{t}{RC}}$$

$i(t)$의 초기값과 최종값을 구하기 위해 초기값 정리와 최종값 정리를 이용한다. 먼저 식 (2.52)를 적용하여 초기값을 구한다.

$$\lim_{t \to 0} i(t) = \lim_{s \to \infty} sI(s) = \frac{V - V_0}{R}$$

다음으로 식 (2.56)을 적용하여 최종값을 구한다.

$$\lim_{t \to \infty} i(t) = \lim_{s \to 0} sI(s) = 0$$

연 습 문 제

1. 다음 함수의 라플라스 변환을 구하라.

(1) $\sin 2t$

(2) $t\cos\omega t$

(3) $1+3t+t^2$

(4) t^2e^{2t}

(5) $\sin 3t+\cos 2t$

(6) $\delta(t-a)$

(7) $\frac{1}{2}t\cos t+\frac{1}{2}sint$

(8) $\sin 2t\cos 2t$

2. 다음 함수의 라플라스 역변환을 구하라.

(1) $\frac{5s+13}{s^2+5s+6}$

(2) $\frac{s+6}{s^3+5s^2+6s}$

(3) $\frac{3s^2+15s+14}{s^2+3s+2}$

(4) $\frac{s^2+1}{(s+1)(s+2)^3}$

(5) $\frac{1}{s^2}+\frac{5}{s^4}$

(6) $\frac{2s^2+6s+8}{s^3+3s^2+7s+5}$

3. 다음 함수의 초기값과 최종값을 구하라.

(1) $\frac{2s+5}{s(s+1)(s+2)}$

(2) $\frac{s^2+3s+2}{s^3+3s^2+3s+1}$

(3) $\frac{2s^3+2s^2+8s+2}{s^4+8s^3+2s^2+s}$

(4) $\frac{8s+10}{s^3+8s^2+5s}$

4. 다음 미분방정식을 풀어라.

$$\frac{d^2y}{dt^2}+3y=0 \text{ 단, } y(0)=3,\ y'(0)=4$$

5. 모든 초기 조건이 0인 미분방정식 $5\frac{d^2q}{dt^2}+\frac{dq}{dt}=10\sin t$의 해를 라플라스 변환을 이용하여 구하라.

3

CHAPTER

전달함수

3.1 전달함수

3.2 기본 요소의 전달 함수

3.3 전달함수의 표현 예

3.1 전달함수

3.1.1 전달함수의 정의

일반적으로 자동제어계는 많은 요소의 결합으로 구성되며 이 요소는 전기계, 기계계, 유체계, 열계 등 여러 가지가 있다.

자동제어는 전기계든 기계계든 형태가 다르더라도 입력 신호에 대하여 어떤 출력 신호(응답)를 발생하는가 하는 신호의 전달 특성으로 이 요소의 특성을 전체적으로 파악한다. 이 입출력 관계를 수식적으로 표현한 것이 전달함수(transfer function)로서 다음과 같이 정의된다.

전달함수는 모든 초기값을 0으로 했을 때 출력 신호의 라플라스 변환과 입력 신호의 라플라스 변환과의 비이다.

그러므로 입력 신호 $x(t)$에 대하여 출력 신호 $y(t)$를 발생하는 요소의 전달함수 $G(s)$는 $x(t)$, $y(t)$의 라플라스 변환을 각각 $X(s)$, $Y(s)$라 하면

$$G(s)=\frac{Y(s)}{X(s)}=\frac{\text{출력의 라플라스 변환}}{\text{입력의 라플라스 변환}} \tag{3.1}$$

와 같이 된다.

3.1.2 전달함수의 물리적 의미

전달함수의 정의에 의하여 계(系)의 입력 신호를 $x(t)$, 출력 신호를 $y(t)$, 각각의 라플라스 변환을 $X(s)$, $Y(s)$라 하면 전달함수 $G(s)$는

$$G(s)=\frac{Y(s)}{X(s)} \tag{3.2}$$

그림 3-1 전달함수의 표현

와 같이 표시되고, 이 관계를 그림으로 나타내면 그림 3-1과 같다.

식 (3.2)를 고쳐 쓰고 출력 신호를 구하기 위해 라플라스 역변환하면 다음과 같다.

$$Y(s) = G(s)X(s) \tag{3.3}$$

$$y(t) = \mathcal{L}^{-1}[G(s)X(s)] \tag{3.4}$$

이 관계를 이용하면 요소 또는 계의 전달함수 $G(s)$가 기지일 때, 임의의 입력 신호 $x(t)$에 대한 출력 신호는 다음과 같은 순서로 구할 수 있다. 단, 모든 초기값은 0으로 한다.

① 입력 신호의 라플라스 변환 $\mathcal{L}[x(t)] = X(s)$를 구한다.

② 식 (3.3)에서 $Y(s)$를 구한다.

③ $Y(s)$의 역변환 $\mathcal{L}^{-1}[Y(s)]$를 구한다. 이것이 구하는 출력 신호 $y(t)$이다.

이때, 입력 신호 $x(t)$는 계의 상황을 변화시키는 원인인 강제력을 나타내고, 출력 신호 $y(t)$는 이 강제력에 대해 계가 나타내는 응답을 표시하고 있다. 이와 같은 의미에서 입력 신호를 강제함수(excitation function 또는 forcing function), 출력 신호를 그 계의 응답(response)이라고 한다.

몇 가지 특정한 강제함수에 대한 응답은 표3-1과 같이 호칭되고 있다. 이미 설명한 바와 같이 전달함수 $G(s)$는 계의 구성과 상수로 정해지는 계 고유의 함수이며 입력 신호, 즉 강제함수의 형과는 무관하다.

임펄스 함수를 입력 신호로 한 경우의 응답 즉, 임펄스응답에 대해 생각해 보자.

이 경우, 입력 신호 $\delta(t)$의 라플라스 변환 $\mathcal{L}[\delta(t)] = 1$이므로 임펄스응답 $g(t)$는 다음과 같다.

표 3-1 다양한 입력 함수에 대한 응답

강제함수	응 답
임펄스 함수	임펄스응답(impluse response)
계단 함수	계단응답(step response)
단위 계단 함수	인디셜응답(indicial response)
램프 함수	램프응답(ramp response)

$$g(t) = \mathcal{L}^{-1}[G(s)] \tag{3.5}$$

$$G(s) = \mathcal{L}[g(t)] \tag{3.6}$$

즉, 어느 계의 임펄스응답은 그 계에 대한 전달함수의 라플라스 역변환과 같다. 반대로 전달함수는 임펄스응답의 라플라스 변환이다.

전달함수는 그 계의 고유한 함수이므로 임펄스응답도 또한 그 계의 고유한 것임을 알 수 있다.

예제 3-1

그림 3-2와 같은 전기회로의 입력전압 $e_i(t)$와 출력전압 $e_o(t)$ 사이의 전달함수를 구하여라.

■ **풀이** 회로에 흐르는 전류를 $i(t)$라 하면

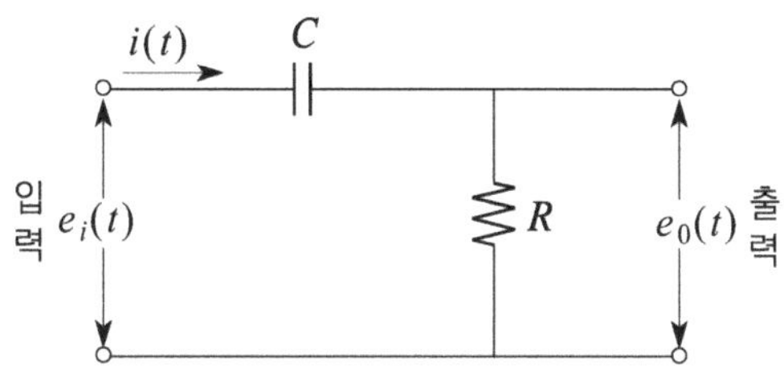

그림 3-2 RC 미분회로

$$e_i(t) = \frac{1}{C}\int_0^t i(t)dt + Ri(t) \tag{1}$$

$$e_0(t) = Ri(t) \tag{2}$$

의 관계가 성립되는데, 모든 초기값을 0으로 놓고 두 식의 양변을 라플라스 변환하면 다음과 같다.

$$E_i(s) = \frac{1}{Cs}I(s) + RI(s) \tag{3}$$

$$E_0(s) = RI(s) \tag{4}$$

식 (3), (4)에서 $I(s)$를 소거하면, 이 회로의 전달함수 $G(s)$는 다음과 같다.

$$G(s) = \frac{E_0(s)}{E_i(s)} = \frac{RCs}{1+RCs} = \frac{Ts}{1+Ts} \tag{5}$$

여기서, $T = RC$이다.

3.2 기본 요소의 전달함수

자동제어계의 구성 요소에 대한 특성을 전달함수로 나타내기 위해서는 요소의 입출력 관계가 선형적으로 표현되어야 한다. 일반적으로 비선형일 때가 많으므로 이 비선형 관계를 근사적으로 선형화하여 전달함수를 구할 필요가 있다.

제어계의 요소에는 물리적으로 여러 가지가 고려되고 있으나, 이것을 전달함수의 형으로 표현하면 기본적으로 다음과 같은 요소들로 나누어진다.

3.2.1 비례요소

제어계의 입력 신호$x(t)$와 출력 신호 $y(t)$의 관계가

$$y(t) = Kx(t) \tag{3.7}$$

로 표시되는 요소를 비례요소라고 한다. 즉 입력이 변하면 출력은 곧 대응량 만큼 변하는 요소이다. 모든 초기값을 0으로 놓고 식 (3.7)의 양변을 라플라스 변환하면 $Y(s) = KX(s)$가 얻어지므로, 이 계의 전달함수 $G(s)$는

$$G(s) = \frac{Y(s)}{X(s)} = K \tag{3.8}$$

가 된다. 여기서, K를 이득상수(gain constant)라 한다.

그림 3-3과 같은 요소는 모두 비례동작을 한다. 즉, 지렛대에서 입력변위 a와 출력 변위 b와의 운동 관계, 스프링에서 x와 f의 관계, 포텐쇼미터에서 변위 θ와 출력전압 e와의 관계 등은 모두 출력이 입력에 근사적으로 비례하므로 비례요소인 것이다.

또한, 비례요소의 블록신도는 그림 3-4(b)와 같이 되고, 단위 계단 함수를 입력으로 가했을 때의 출력, 즉 인디셜응답은 그림 3-4(c)와 같이 된다. 이러한 비례요소로서는 전위차계, 습도저항, 전자 증폭관, 지렛대, 스프링 등이 있다.

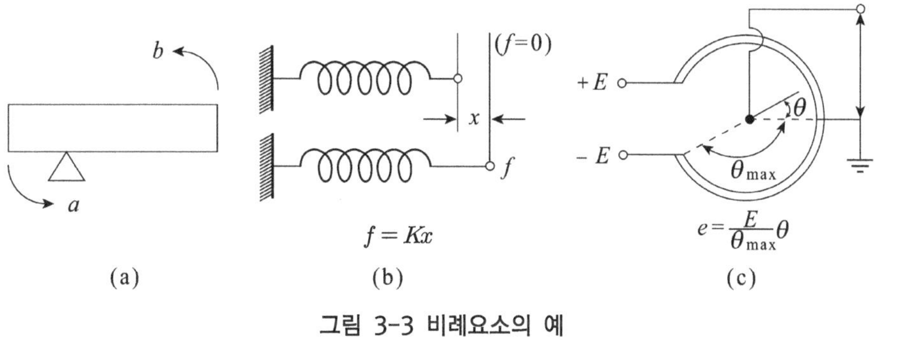

그림 3-3 비례요소의 예

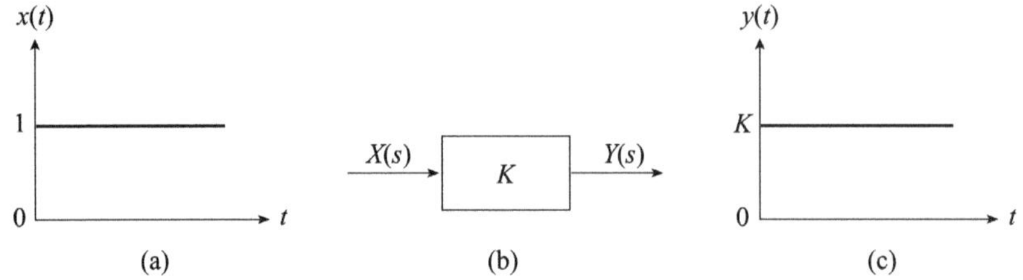

그림 3-4 비례요소

3.2.2 미분요소

제어계의 입력 신호 $x(t)$와 출력 신호 $y(t)$의 관계가

$$y(t) = K\frac{dx(t)}{dt} \tag{3.9}$$

와 같이 표시되는 요소를 미분요소라 한다. 식 (3.9)의 양변을 라플라스 변환하고 모든 초기값을 0으로 놓으면 $Y(s) = KsX(s)$이므로, 이 계의 전달함수 $G(s)$는

$$G(s) = \frac{Y(s)}{X(s)} = Ks \tag{3.10}$$

가 된다. 미분요소는 신호 변화 속도의 측정, 또는 미분 파형을 만들어 내기 위해 사용하며, 근사적으로 실현되는 것이 보통이다.이와 같은 미분요소의 예로서는 그림

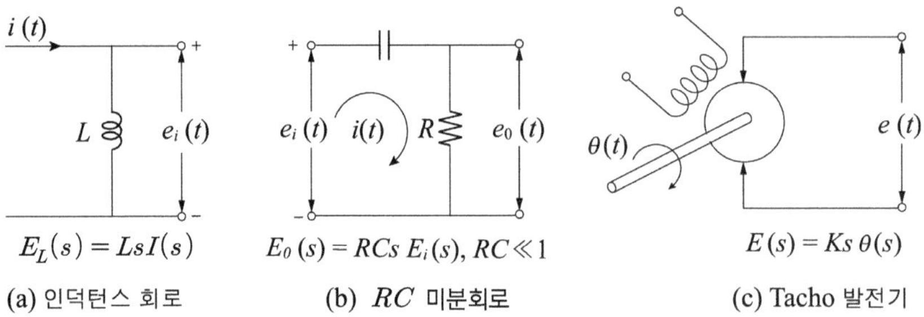

그림 3-5 미분요소의 예

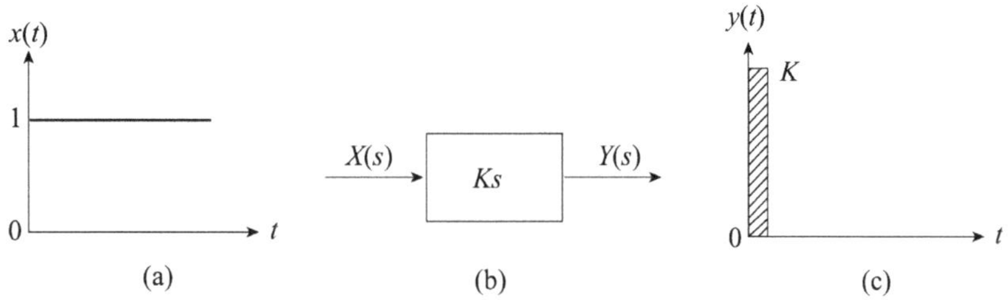

그림 3-6 미분요소

3-5와 같은 인덕턴스 회로, 미분 회로, tacho 발전기 등이 있다. 미분계의 블록선도는 그림 3-6(b)와 같으며, 인디셜응답(indicial response)은 그림 3-6(c)와 같은 임펄스로 된다.

3.2.3 적분요소

제어계의 입력 신호 $x(t)$와 출력 신호 $y(t)$의 관계가

$$y(t) = K\int x(t)dt \tag{3.11}$$

로 표시되는 요소를 적분요소라 한다. 이 제어계는 그림 3-7(b)와 같이 표시된다.

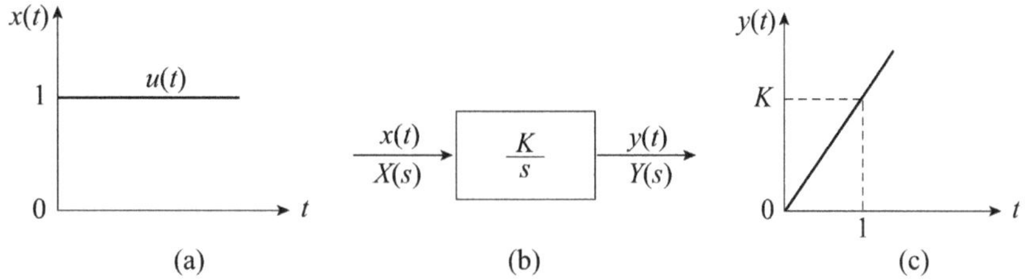

그림 3-7 적분요소

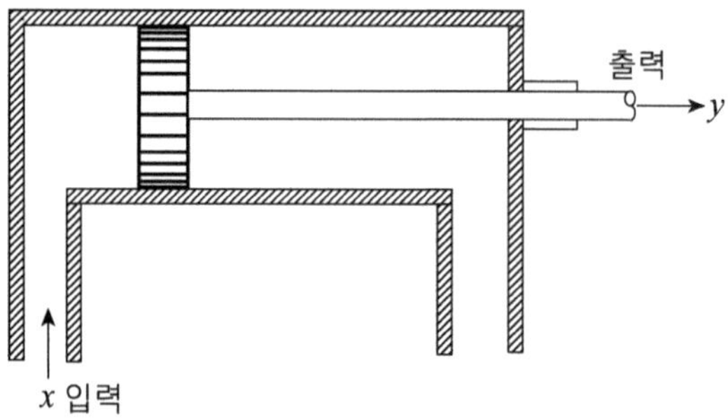

그림 3-8 피스톤

적분요소의 전달함수는

$$G(s) = \frac{Y(s)}{X(s)} = \frac{K}{s} \tag{3.12}$$

로 된다. 그림 3-7(b)와 같은 적분요소의 계에 그림 3-7(a)와 같은 단위 계단 입력을 가했을 때 그림 3-7(c)와 같은 기울기가 K인 램프 함수가 출력으로 나온다.

이와 같은 적분요소의 보기로서는 그림 3-8과 같은 피스톤을 생각할 수 있다. 실린더 내에 유체를 일정한 압력으로 유입시키면, 그 유입량에 따라서 피스톤이 이동한다. 단위 시간당의 유체 유입량 $x(t)$를 입력 신호, 피스톤의 변위 $y(t)$를 출력 신호, 실린더의 단면적을 A라고 하면, 시간 $t = 0 \sim t$ 까지의 총 유입량 $Q(t)$는

$$Q(t) = \int_0^t x(t)dt \tag{3.13}$$

가 되고, 피스톤의 변위 $y(t)$는

$$y(t) = \frac{1}{A}Q(t) = \frac{1}{A}\int_0^t x(t)dt = K\int_0^t x(t)dt, \ K = \frac{1}{A} \tag{3.14}$$

로 표시된다. 양변을 라플라스 변환하고 초기값을 0으로 놓으면

$$Y(s) = \frac{K}{s}X(s) \tag{3.15}$$

가 된다. 따라서 이 피스톤의 전달함수 $G(s)$는 다음과 같다.

$$G(s) = \frac{Y(s)}{X(s)} = \frac{K}{s} \tag{3.16}$$

3.2.4 1차지연요소

그림 3-9와 같은 RL 직렬 회로에서 인가 전압 $e(t)$를 입력, 회로에 흐르는 전류 $i(t)$를 출력으로 하면 이 회로망은 다음과 같은 미분방정식으로 표시된다.

$$L\frac{di(t)}{dt} + Ri(t) = e(t) \tag{3.17}$$

모든 초기값을 0으로 놓고 양변을 라플라스 변환하면

$$LsI(s) + RI(s) = E(s) \tag{3.18}$$

로 되며, $I(s)$에 대하여 정리하면,

$$I(s) = \frac{1}{Ls+R}E(s) \tag{3.19}$$

가 된다. 따라서 전달함수 $G(s)$는 다음과 같다.

$$G(s) = \frac{I(s)}{E(s)} = \frac{1}{Ls+R} = \frac{\frac{1}{R}}{\frac{L}{R}s+1} = \frac{K}{Ts+1} \tag{3.20}$$

여기서, $T=\dfrac{L}{R}$, $K=\dfrac{1}{R}$이다.

이 계의 인디셜응답을 구하기 위하여 $E(s)=\dfrac{1}{s}$을 식 (3.19)에 대입하여 풀면

$$I(s)=\frac{1}{Ls+R}\frac{1}{s}=\frac{\frac{1}{L}}{s(s+\frac{R}{L})}=\frac{1}{R}\left(\frac{1}{s}-\frac{1}{s+\frac{R}{L}}\right) \tag{3.21}$$

가 된다. 또한 인디셜응답 $i(t)$는

$$\begin{aligned} i(t) &= \mathcal{L}^{-1}[I(s)]=\mathcal{L}^{-1}\left[\frac{1}{R}\left(\frac{1}{s}-\frac{1}{s+\frac{R}{L}}\right)\right] \\ &= \frac{1}{R}(1-e^{-\frac{R}{L}t})=K(1-e^{-\frac{t}{T}}) \end{aligned} \tag{3.22}$$

가 된다. 여기서, T는 시정수(Time constant), K는 이득상수이다. 인디셜응답을 그림으로 표시하면 그림 3-10과 같이 된다.

이와 같이 출력이 입력의 변화에 따라서 일정한 값이 되는데 시간의 늦음이 있는 요소를 지연요소라 하며, 그 중에서 그림 3-10과 같은 특성을 나타내는 것을 1차지연요소라 한다.

1차지연요소의 입출력 간의 일반적인 관계식은

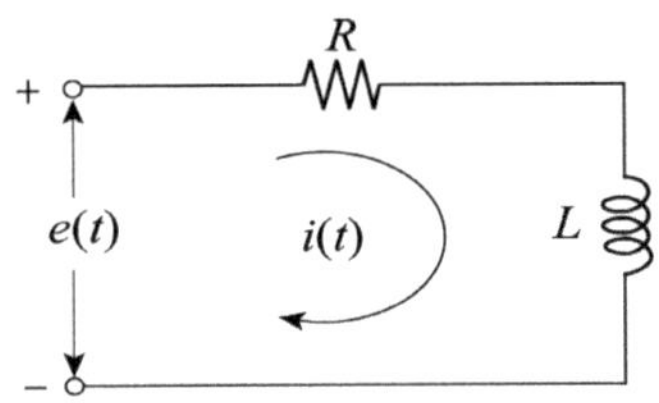

그림 3-9 RL 직렬 회로

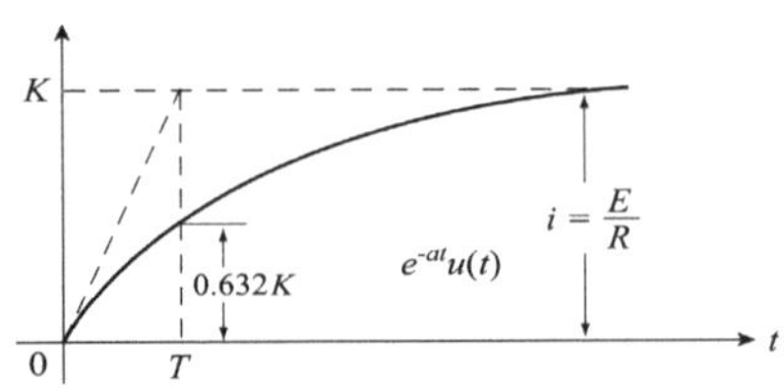

3-10 RL 직렬 회로의 인디셜응답

$$b_1 \frac{dy(t)}{dt} + b_0 y(t) = a_0 x(t), \ \ (b_{1,} \ b_0 > 0) \tag{3.23}$$

로 표시되고, 라플라스 변환식은

$$(b_1 s + b_0) Y(s) = a_0 X(s) \tag{3.24}$$

$$Y(s) = \frac{a_0}{b_1 s + b_0} X(s) = \frac{K}{Ts+1} X(s) \ \ \text{단,} \ \ \frac{a_0}{b_0} = K, \ \ \frac{b_1}{b_0} = T \tag{3.25}$$

가 되며, 전달함수 $G(s)$는 다음과 같은 표준형으로 표시된다.

$$G(s) = \frac{K}{Ts+1} \tag{3.26}$$

1차지연요소의 블록선도는 그림 3-11(b)와 같으며 인디셜응답은 식 (3.25)에 $X(s) = \frac{1}{s}$를 대입하여 라플라스 역변환한 것으로서 다음과 같고, 곡선으로 나타내면 그림 3-11(c)와 같다.

$$y(t) = \mathcal{L}^{-1}\left[\frac{1}{s} \cdot G(s)\right] = \mathcal{L}^{-1}\left[\frac{K}{s(Ts+1)}\right] = K(1 - e^{-\frac{t}{T}}) \tag{3.27}$$

이러한 1차 지연요소의 예로는 그림 3-12와 같은 전기계, 수위계, 열계 등이 있다.

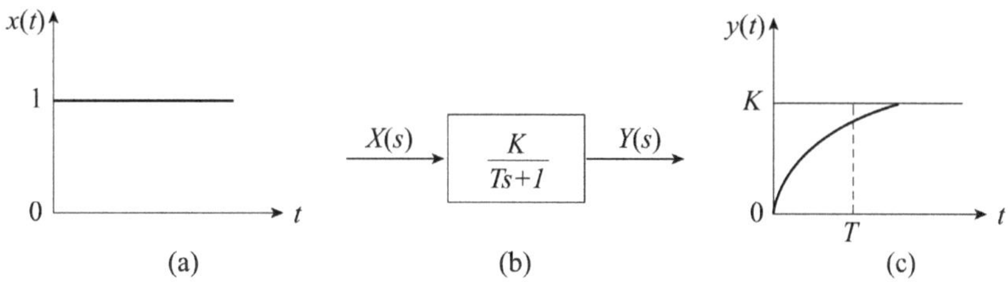

그림 3-11 1차지연요소

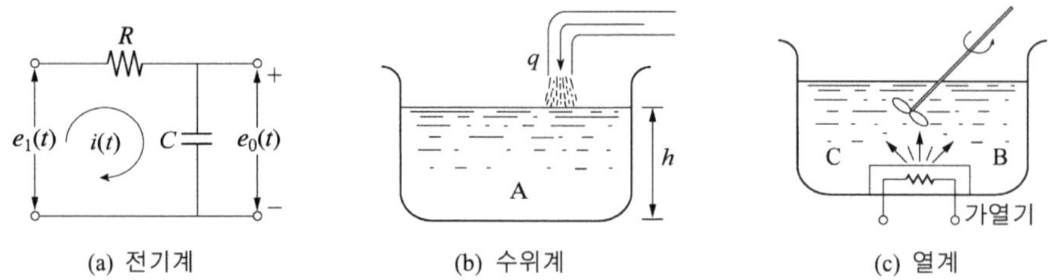

(a) 전기계 (b) 수위계 (c) 열계

그림 3-12 1차지연요소 예

3.2.5 2차지연요소

입력 신호 $x(t)$와 출력 신호 $y(t)$와의 관계가

$$b_2\frac{d^2y(t)}{dt^2}+b_1\frac{dy(t)}{dt}+b_0y(t)=a_0x(t),\quad (b_2, b_1, b_0>0) \tag{3.28}$$

와 같이 표시되는 요소를 2차지연요소라 한다. 이 전달함수를 구하기 위하여 양변을 라플라스 변환하면

$$b_2s^2\,Y(s)+b_1s\,Y(s)+b_0\,Y(s)=a_0X(s) \tag{3.29}$$

이 되고, 전달함수를 구하면

$$G(s)=\frac{Y(s)}{X(s)}=\frac{a_0}{b_2s^2+b_1s+b_0} \tag{3.30}$$

이 되며, 보통 $\frac{a_0}{b_0}=K$, $\frac{b_2}{b_0}=T^2$, $\frac{b_1}{b_0}=2\zeta T$ 또는 $\frac{1}{T}=\omega_n$으로 놓으면 다음과 같은 2차계의 표준형으로 표시할 수 있다.

$$G(s)=\frac{K}{1+2\zeta Ts+T^2s^2}=\frac{K\omega_n^2}{s^2+2\zeta\omega_n s+\omega_n^2} \tag{3.31}$$

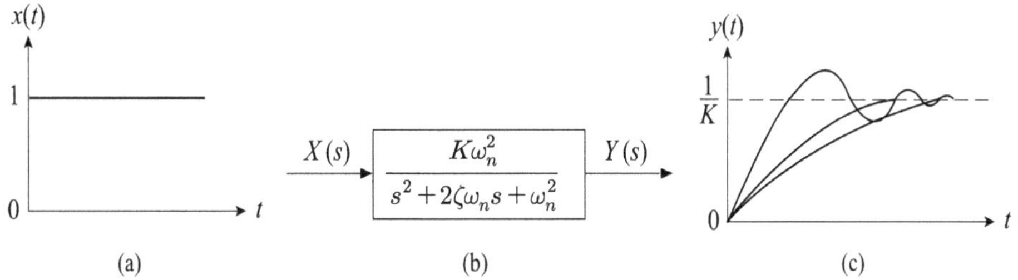

그림 3-13 2차지연요소

여기서 ζ를 감쇠계수(decaying coeffcient) 또는 제동비(damping ratio), ω_n을 고유 각주파수 또는 비감쇠 주파수라고 한다. 이 2차지연요소의 블록선도는 그림 3-13(b)와 같이 되며, 인디셜응답은 (c)와 같은 곡선으로 나타난다.

3.2.6 부동작요소

제어계의 입력 신호 $x(t)$와 출력 신호 $y(t)$와의 관계가

$$y(t) = Kx(t-T) \tag{3.32}$$

로 표시되는 요소를 부동작요소라 한다.

이 제어계의 전달함수 $G(s)$는 추이 정리를 적용하면

$$\begin{aligned} Y(s) &= \mathcal{L}^{-1}[Kx(t-T)] = KX(s)e^{-sT} \\ G(s) &= \frac{Y(s)}{X(s)} = Ke^{-sT} \end{aligned} \tag{3.33}$$

로 표시된다. 이 제어계는 그림 3-14와 같다. 그림 3-14(b)와 같은 부동작요소에 (a)와 같은 단위 계단 입력을 가했을 때 (c)와 같이 T만큼 추이되고, K배한 입력 파형이 출력으로 나타난다.

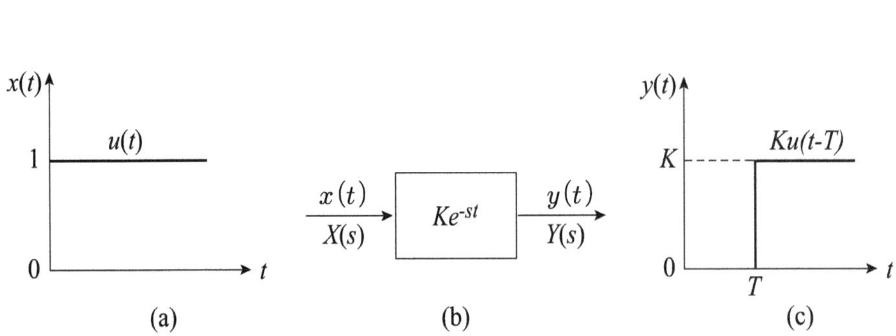

그림 3-14 부동작요소

이러한 요소의 보기로서는 뜨거운 증기를 보내어 먼 곳에 있는 아파트의 난방의 경우, 타이머를 이용하여 일정한 시간 후에 작동시키는 경우 등에 사용된다.

3.3 전달함수의 표현 예

3.3.1 직선 운동계

그림 3-15와 같은 스프링-질량-대시포트 계에 있어서 스프링 상수를 K_s[N/m], 질량을 M[kg], 점성 감쇠계수를 D[N/m/s]라 할 때, 외력 $f(t)$[N]를 입력 신호, 변위 $x(t)$[m]를 출력 신호로 하는 전달함수를 구해보자. 단, 운동은 일직선 상으로 구속되어 있고 변위 x는 평형 위치에서 측정한 것으로 한다. 질량 M에 작용하는 힘은 외력 $f(t)$ 외에 스프링의 힘 $f_s(t) = K_s x(t)$와 제동력 $f_d(t) = D\frac{dx(t)}{dt}$이다.

이 계의 운동방정식은 뉴턴의 제2법칙에 의하여

$$\begin{aligned} M\frac{d^2x(t)}{dt^2} &= f(t) - f_s(t) - f_d(t) \\ &= f(t) - K_s x(t) - D\frac{dx(t)}{dt} \end{aligned} \tag{3.34}$$

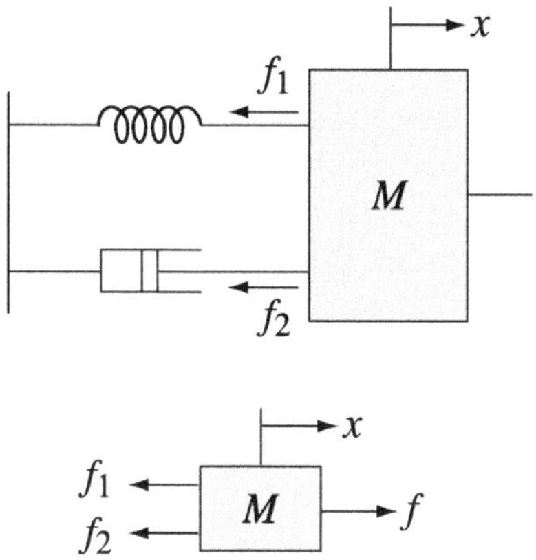

그림 3-15 스프링-질량-대시포트 계

로 표시된다. 모든 초기값을 0으로 하고 양변을 라플라스 변환하면

$$Ms^2X(s) = F(s) - K_sX(s) - DsX(s) \tag{3.35}$$

이 된다. 여기서, $\mathcal{L}[x(t)] = X(s)$, $\mathcal{L}[f(t)] = F(s)$이므로 전달함수 $G(s)$는 나음과 같이 되고, 이것은 2차계이다.

$$G(s) = \frac{X(s)}{F(s)} = \frac{1}{Ms^2 + Ds + K_s}[\mathrm{m/N}] \tag{3.36}$$

3.3.2 회전 운동계

관성모멘트 J, 점성 감쇠계수 D인 회전 운동계에 토크 τ를 작용시킬 때, 토크 τ를 입력 신호, 각속도 ω를 출력 신호로 하는 전달함수를 구해보자.

관성모멘트 J에 작용하는 힘은 토크 τ와 제동력 $Dd\theta/dt$이므로, 운동방정식은

$$J\frac{d^2\theta}{dt^2} = \tau - D\frac{d\theta}{dt} \tag{3.37}$$

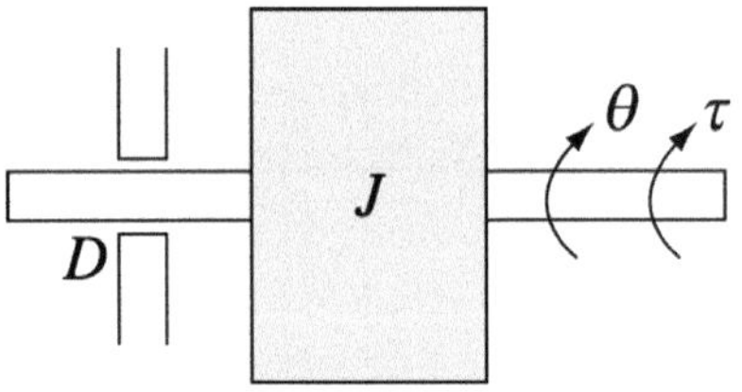

그림 3-16 회전 운동계

로 표시된다. 여기서 각속도를 ω라 하면

$$\omega = \frac{d\theta}{dt} \tag{3.38}$$

이므로 다음 식이 성립된다.

$$J\frac{d\omega}{dt} + D\omega = \tau \tag{3.39}$$

모든 초기값을 0으로 하고 양변을 라플라스 변환하면

$$Js\Omega(s) + D\Omega(s) = T(s) \tag{3.40}$$

이 된다. 여기서, $\Omega(s) = \mathcal{L}[\omega(t)]$, $T(s) = \mathcal{L}[\tau(t)]$이다.

식 (3.37)에서 $T(s)$를 입력 신호, $\Omega(s)$를 출력 신호로 하는 전달함수 $G(s)$는

$$G(s) = \frac{\Omega(s)}{T(s)} = \frac{1}{Js + D} = \frac{K}{Ts + 1} \tag{3.41}$$

이 된다. 여기서, $K = \frac{1}{D}$, $T = \frac{J}{D}$이다. 이것은 1차계이다.

3.3.3 RLC 전기회로

저항 R , 인덕터 L , 커패시터 C인 RLC 전기회로의 양단에 전압 $v_i(t)$를 인가할 때, 인가한 전압 $v_i(t)$를 입력신호, 커패시터 C에 걸리는 전압 $v_o(t)$를 출력신호로 하는 전달함수를 구해보자.

전입법칙에 의해 $v_i(t)=v_R(t)+v_L(t)+v_C(t)$이므로 R 양단의 전압강하는 옴의 법칙에 의해 $v_R(t)=Ri(t)$이고, L 양단의 전압강하는 인덕터에 흐르는 전류 $i(t)$의 시간에 따른 변화에 비례하므로 $v_L(t)=L\frac{di(t)}{dt}$이다. C 양단의 전압강하는 커패시터에 흐르는 전하량 q에 비례하므로 $v_C(t)=\frac{1}{C}q(t)$로 표현된다. 따라서 이 회로의 회로방정식은

$$v_i(t)=Ri(t)+L\frac{d}{dt}i(t)+\frac{1}{C}q(t) \tag{3.42}$$

로 나타내어진다. 여기서 전하량 $q(t)$를 전류에 관한 항으로 나타내면

$$q(t)=\int i(t)dt \tag{3.43}$$

이므로 다음 식이 성립한다.

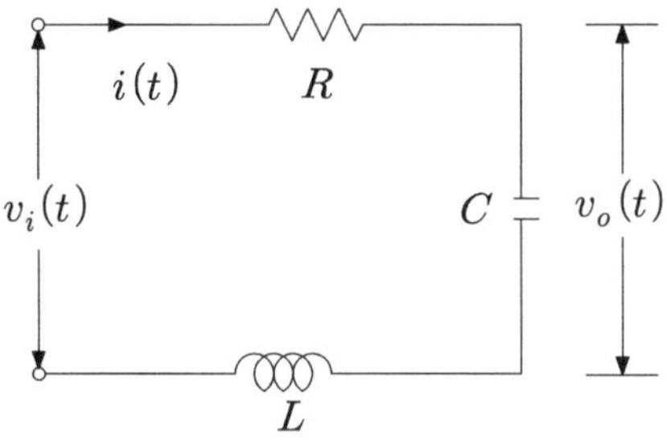

3-17 *RLC* 전기 회로

$$v_i(t) = Ri(t) + L\frac{d}{dt}i(t) + \frac{1}{C}\int i(t)dt \tag{3.44}$$

$$v_o(t) = \frac{1}{C}\int i(t)dt \tag{3.45}$$

모든 초기값을 0으로 하고 양변을 라플라스 변환하면

$$V_i(s) = RI(s) + LsI(s) + \frac{1}{Cs}I(s) \tag{3.46}$$

$$V_o(s) = \frac{1}{Cs}I(s) \tag{3.47}$$

이 된다. 여기서 입력 신호 $\mathcal{L}[v_i(t)] = V_i(s)$, 출력 신호 $\mathcal{L}[v_o(t)] = V_o(s)$이므로 전달함수 $G(s)$는 최종적으로 다음과 같이 얻어진다.

$$G(s) = \frac{V_o(s)}{V_i(s)} = \frac{\frac{1}{Cs}}{R + Ls + \frac{1}{Cs}} = \frac{1}{LCs^2 + RCs + 1} \tag{3.48}$$

과 같이 나타내어진다. 이것은 2차계이므로 $T = \sqrt{LC}$, $\zeta = \frac{R}{2}\sqrt{\frac{C}{L}}$ 로 볼 수 있다.

3.3.4 타여자 직류발전기

그림 3-18과 같은 타여자 직류발전기의 계자전압을 입력 신호, 발생 전압을 출력 신호로 하는 전달함수를 구해보자.

타여자 직류발전기의 계자권선의 인덕턴스를 L_f, 저항을 R_f라 할 때 계자회로의 방정식은 다음 식과 같이 된다.

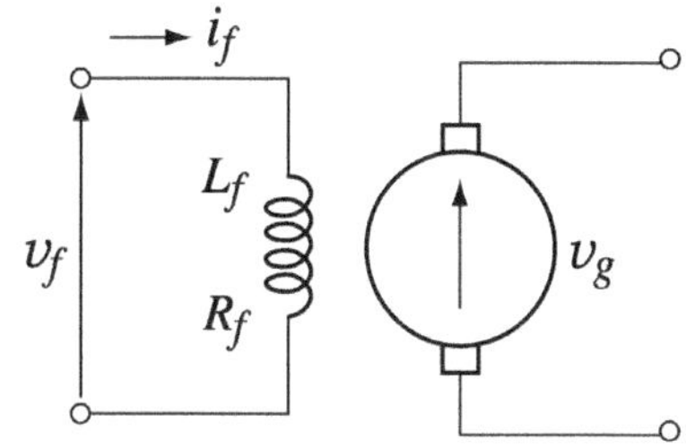

그림 3-18 타여자 직류발전기

$$L_f \frac{di_f}{dt} + R_f i_f = v_f \tag{3.49}$$

또한, 계자전류 i_f에 의하여 계자자속 ϕ를 발생하는데, 철심의 자기포화 및 히스테리시스를 무시하면 계자자속 ϕ는 계자전류 i_f에 비례하므로

$$\phi = K_\phi i_f \tag{3.50}$$

이 성립한다.

발전기가 일정한 회전수로 회전하면 발전기의 발생전압 v_g는 자속 ϕ에 비례한다.

$$v_g = K_g \phi \tag{3.51}$$

모든 초기값을 0으로 하여 식 (3.49), 식 (3.50), 식 (3.51)을 라플라스 변환하면

$$\begin{aligned} sL_f I_f(s) + R_f I_f(s) &= V_f(s) \\ \Phi(s) &= K_\phi I_f(s) \\ V_g(s) &= K_g \Phi(s) \end{aligned} \tag{3.52}$$

여기서, $I_f(s) = \mathcal{L}[i_f]$, $V_f[s] = \mathcal{L}[v_f]$, $\Phi(s) = \mathcal{L}[\phi]$, $V_g(s) = \mathcal{L}[v_g]$이므로 식 (3.52)에서

$$\frac{I_f(s)}{V_f(s)} = \frac{1}{L_f s + R_f} = \frac{K_f}{T_f s + 1}$$

$$\frac{\Phi(s)}{I_f(s)} = K_\phi \qquad (3.53)$$

$$\frac{V_g(s)}{\Phi(s)} = K_g$$

가 얻어진다. 단, $K_f = \frac{1}{R_f}$, $T_f = \frac{L_f}{R_f}$이다.

식 (3.53)에서 $V_f(s)$를 입력 신호, $V_g(s)$를 출력 신호로 하는 전달함수 $G(s)$는

$$G(s) = \frac{V_g(s)}{V_f(s)} = \frac{I_f(s)}{V_f(s)} \frac{\Phi(s)}{I_f(s)} \frac{V_g(s)}{\Phi(s)} = \frac{K_f K_\phi K_g}{T_f s + 1} \qquad (3.54)$$

이다. 이상의 관계를 그림으로 나타내면 그림 3-19와 같다.

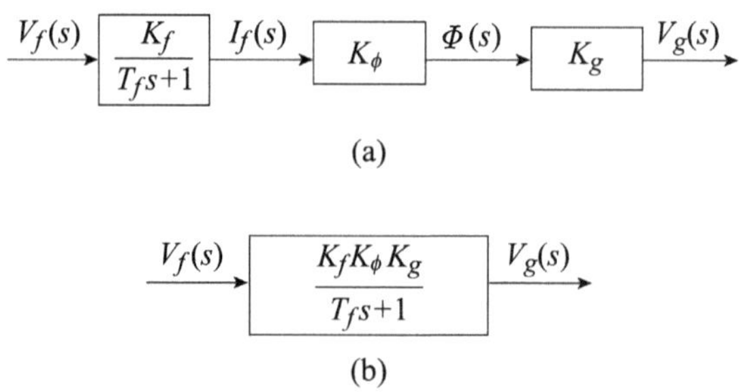

그림 3-19 타여자 직류발전기의 전달함수

연 습 문 제

1. 그림 3-20과 같은 회로의 전달함수를 구하라. 단 $T = RC$이다.

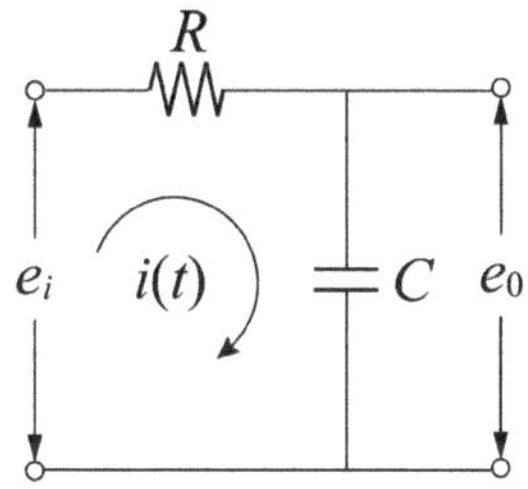

그림 3-20

2. 그림 3-21과 같은 회로의 전달함수를 구하라.

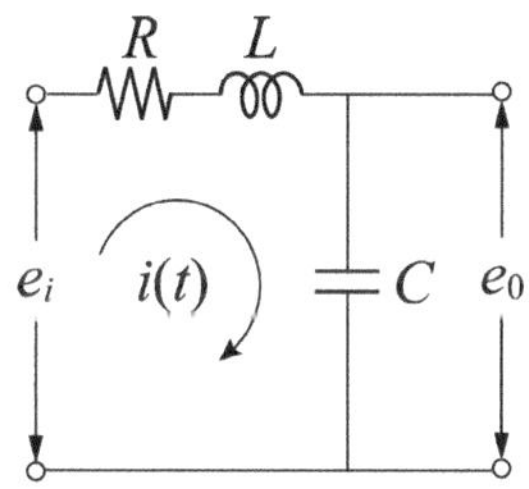

그림 3-21

3. 그림 3-22와 같은 회로의 전달함수를 구하라.

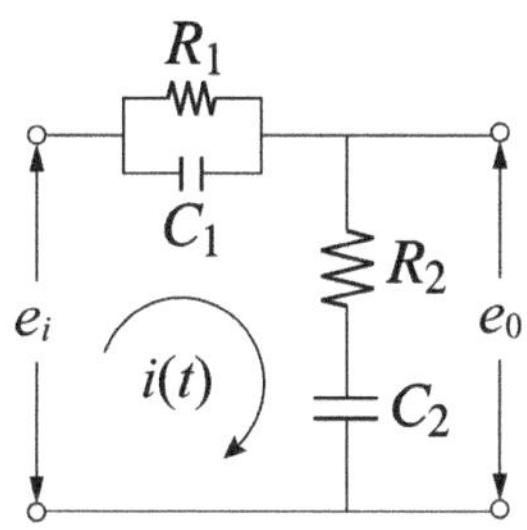

그림 3-22

4. 그림 3-23과 같은 회로의 전달함수를 구하라.

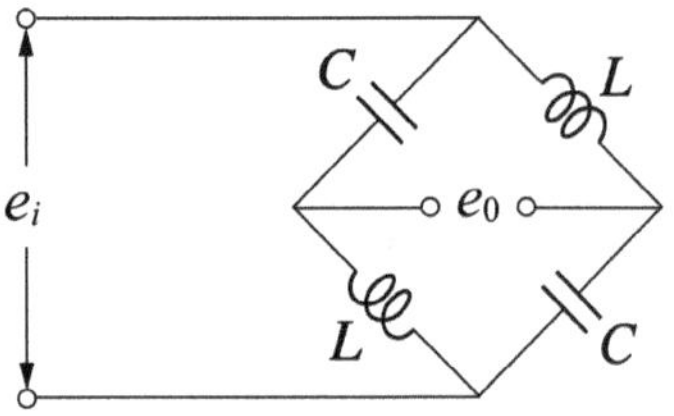

그림 3-23

5. $\dfrac{Y(s)}{X(s)}=\dfrac{1}{s+4}$인 계를 미분방정식으로 표시하라.

6. $\dfrac{Y(s)}{X(s)}=\dfrac{s+1}{s^{s}+3s+1}$인 계를 미분방정식으로 표시하라.

7. $G(s)=\dfrac{1}{s+1}$인 제어계의 인디셜응답을 구하라.

4
CHAPTER

블록선도

4.1 블록선도

블록선도(block diagram)는 제어계에 포함되어 있는 각 요소의 신호가 어떠한 모양으로 전달되고 있는가를 나타내는 선도로서, 입력과 출력 간의 원인과 결과의 상호 관계를 그림으로 간단하게 나타내는 것을 말한다. 그러나 전달요소가 어떠한 물리적인 구성을 하고 있는지, 에너지가 어떠한 작용으로 전달되고 있는지 등은 전혀 나타내고 있지 않다. 결국, 블록선도는 제어에 관계되는 신호가 어떠한 모양으로 어떻게 전달되는가에 관한 계통을 표시하는 경우가 많다.

4.1.1 블록선도의 구성

블록 내에는 전달함수를 쓰고, 화살표 위에는 그곳을 통과하는 신호를 기입한다. 화살표는 신호가 화살표 방향으로 흐르는 것을 의미한다. 이와 같이 표시하는 것을 블록선도라 한다.

따라서, 블록선도는 일반적으로 다음과 같이 구성되어 있다.

(1) 전달요소

입력신호를 받아서 적당히 변환된 출력 신호를 만드는 신호 전달요소는 블록 내에 표시한다.

그림 4-2에서 입력 신호는 $X(s)$, 출력 신호는 $Y(s)$임을 알 수 있고, 수식으로 표시하면

$$Y(s) = G(s)X(s) \tag{4.1}$$

가 된다. 블록 내에는 전달함수 대신에 인디셜응답 등 그 요소 고유의 신호 전달 특성을 기입할 경우도 있다.

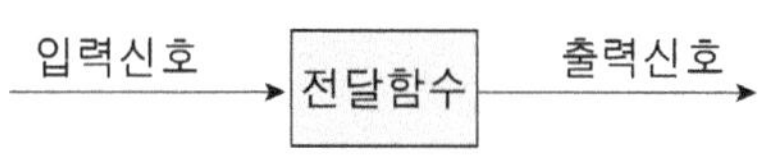

그림 4-1 기본적인 블록선도

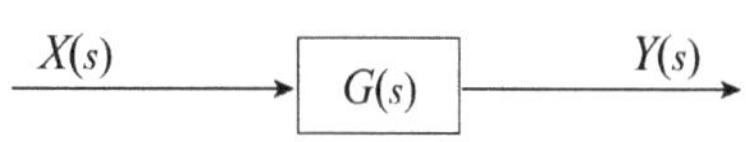

그림 4-2 간단한 선형계의 블록선도

(2) 화살표 표시

입력 신호, 출력 신호를 화살표 위에 표시하고 화살표는 신호가 흐르는 방향을 나타내며 그 역방향으로는 신호가 전달되지 않는다. 즉, 신호 전달의 방향은 일방향적(unilateral)이다.

(3) 가합점(합산점)

두 가지 이상의 신호가 있을 때, 이들 신호의 합과 차를 만드는 가합점(summing point)은 그림 4-3과 같이 그리며, 화살표 옆에 (+), (−)의 기호를 붙여 합 또는 차를 나타낸다. 수식으로 나타내면 다음과 같다.

$$Y(s) = X(s) - C(s), \quad Y(s) = X(s) + C(s) \tag{4.2}$$

(4) 인출점(분기점)

하나의 신호를 두 계통 이상으로 분기하기 위하여 인출하는 경우는 그림 4-4와 같이 표시한다.

이와 같이 신호의 인출을 표시하는 점을 인출점(branch point)이라 한다. 수식으로 나타내면 다음과 같다.

$$X(s) = Y(s) = C(s) \tag{4.3}$$

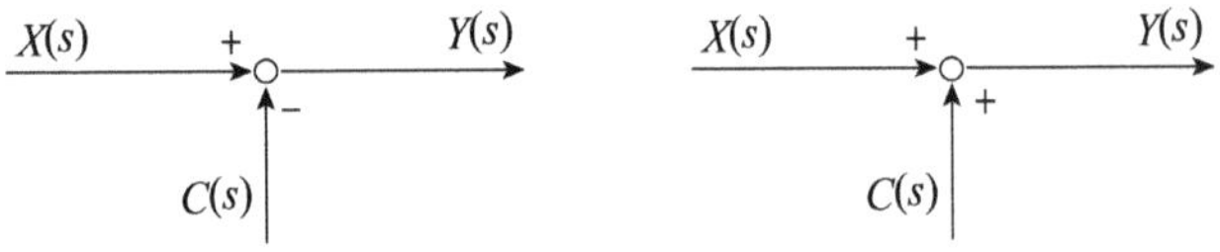

(a) 신호의 차 (b) 신호의 합

그림 4-3 가합점(합산점)

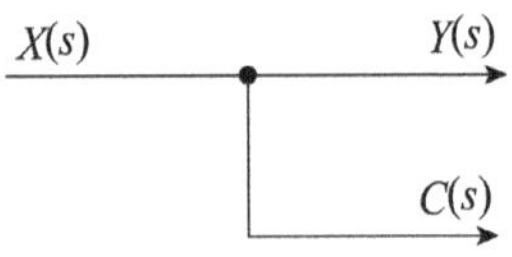

그림 4-4 인출점(분기점)

4.1.2 블록선도의 등가 변환

블록선도가 작성되면 그 다음에는 이 블록선도를 등가 변환해서 그 후에 행할 이론적 고찰이나 검토를 쉽게 해야 한다. 블록선도는 수식을 도형화 한 것이므로 수식을 연산 정리하는 것처럼 블록선도도 마찬가지로 등가 변환해도 전체적인 뜻은 변하지 않는다.

(1) 직렬 접속의 등가 변환

직렬 접속은 제1요소의 출력 신호가 제2요소의 입력 신호로 되는 경우를 말한다. 그림 4-5(a)와 같이 전달함수 $G_1(s), G_2(s)$를 갖는 2개의 요소가 직렬로 접속되어 있을 때, 첫째 요소에 대해 성립하는 식은 다음과 같다.

$$X_1(s) = G_1(s)X(s) \tag{4.4}$$

이 신호가 다음 요소의 입력이 되므로 둘째 요소에 대해서는

$$Y(s) = G_2(s)X_1(s) \tag{4.5}$$

가 성립한다. 전체의 전달함수는 식 (4.4)와 식 (4.5)에서 $X_1(s)$를 제거하면

$$\begin{aligned} Y(s) &= [G_1(s)G_2(s)]X(s) \\ \frac{Y(s)}{X(s)} &= G_1(s)G_2(s) \end{aligned} \tag{4.6}$$

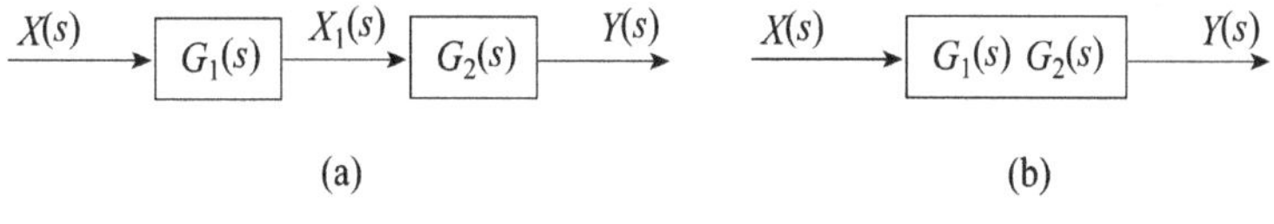

그림 4-5 직렬 접속된 블록선도의 등가 변환

로 된다. 즉, 두 개의 요소가 직렬 접속된 경우 전체 전달함수는 각 요소의 전달함수를 곱한 것과 같다. 등가 변환은 그림 4-5(b)와 같다.

(2) 병렬 접속의 등가 변환

병렬 접속은 몇 개의 요소를 입력측으로 하는 인출점으로, 출력측에서는 가합점으로 접속한 경우를 말한다.

그림 4-6(a)와 같이 전달함수가 $G_1(s), G_2(s)$인 두 가지 요소가 병렬로 접속되어 있을 때, 계를 표시하는 식은 다음과 같다.

$$Y_1(s) = G_1(s)X(s) \tag{4.7}$$

$$Y_2(s) = G_2(s)X(s) \tag{4.8}$$

$$\begin{aligned} Y(s) &= Y_1(s) + Y_2(s) = G_1(s)X(s) + G_2(s)X(s) \\ &= [G_1(s) + G_2(s)]X(s) \end{aligned} \tag{4.9}$$

전체의 전달함수는

$$\frac{Y(s)}{X(s)} = G_1(s) + G_2(s) \tag{4.10}$$

와 같이 된다. 즉, 두 개의 요소가 병렬로 접속된 경우 전체 전달함수는 각 요소의 전달함수를 합한 것과 같다. 등가 변환은 그림 4-6(b)와 같다.

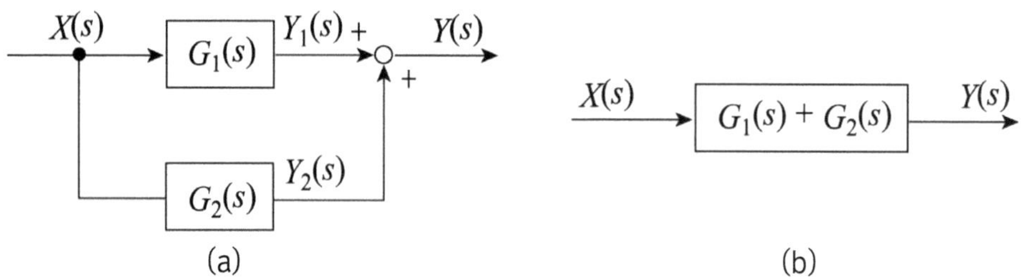

그림 4-6 병렬 접속된 블록선도의 등가 변환

(3) 피드백 접속의 등가 변환

출력 신호를 그대로 또는 적당한 전달요소를 통해서 입력측에 피드백하여 계의 입력 신호로 더하거나(정 피드백) 또는 빼는(부 피드백)경우를 말한다.

1) 부 피드백 경우

그림 4-7(a)와 같은 부 피드백인 경우의 식은

$$E(s) = X(s) - B(s) \tag{4.11}$$

$$B(s) = H(s)Y(s) \tag{4.12}$$

$$Y(s) = G(s)E(s) \tag{4.13}$$

이므로, 이 식들로부터 계의 출력 $Y(s)$는 다음과 같다.

$$\begin{aligned} Y(s) &= G(s)E(s) \\ &= G(s)[X(s) - B(s)] \\ &= G(s)[X(s) - H(s)Y(s)] \end{aligned} \tag{4.14}$$

따라서 전체의 전달함수는 다음과 같고, 등가 변환은 그림 4-7(b)와 같다.

$$\frac{Y(s)}{X(s)} = \frac{G(s)}{1 + G(s)H(s)} \tag{4.15}$$

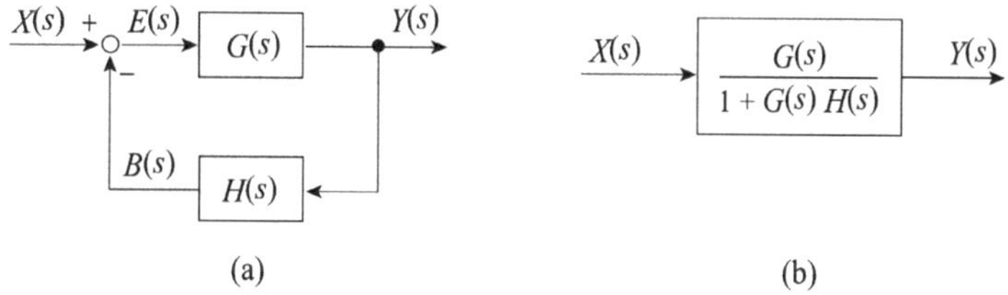

그림 4-7 부 피드백 제어계

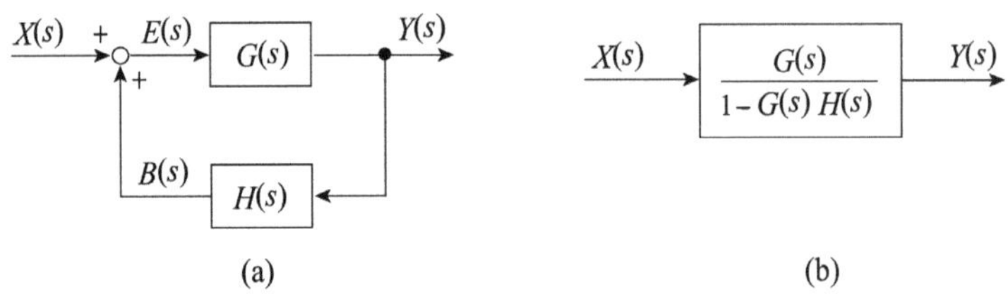

그림 4-8 정 피드백 제어계

2) 정 피드백인 경우

그림 4-8(a)와 같은 정 피드백인 경우의 식은

$$E(s) = X(s) + B(s) \tag{4.16}$$

$$B(s) = H(s)Y(s) \tag{4.17}$$

$$Y(s) = G(s)E(s) \tag{4.18}$$

이므로, 이 식들로부터 계의 출력 $Y(s)$는 다음과 같다.

$$\begin{aligned} Y(s) &= G(s)E(s) \\ &= G(s)[X(s) + B(s)] \\ &= G(s)[X(s) + H(s)Y(s)] \end{aligned} \tag{4.19}$$

따라서 전체의 전달함수는 다음과 같고, 등가 변환은 그림 4-8(b)와 같다.

$$\frac{Y(s)}{X(s)} = \frac{G(s)}{1 - G(s)H(s)} \tag{4.20}$$

3) 직결 피드백인 경우

출력 신호를 그대로 피드백하는 경우, 즉 피드백 요소의 전달함수 $H(s) = 1$인 경우를 직결 피드백(unity feedback)이라고 한다.

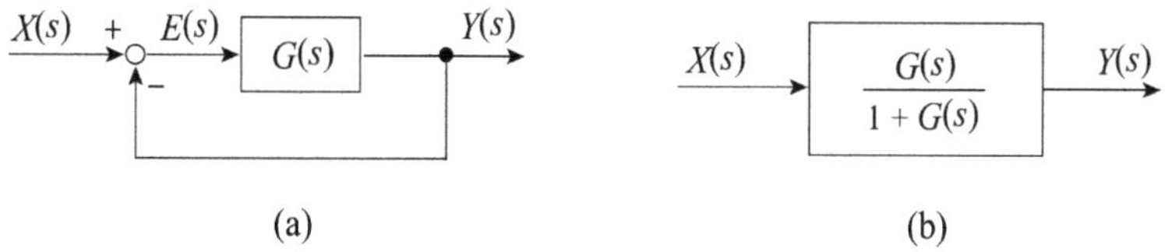

그림 4-9 직결 피드백

식 (4.15)에서 $H(s)=1$로 놓으면, 이때의 전체의 전달함수는 다음과 같다.

$$\frac{Y(s)}{X(s)}=\frac{G(s)}{1+G(s)} \tag{4.21}$$

(4) 인출점의 이동

1) 인출점을 요소 앞으로 이동

그림 4-10(a)의 계에서 인출점을 그림 4-10(b)와 같이 요소 앞으로 이동해도 전체 계에는 영향을 주지 않는다.

그림 4 10(a)에서

$$Y(s)=G(s)X(s),\quad Y'(s)=G(s)X(s) \tag{4.22}$$

이므로, $Y(s)=Y'(s)$이고, 그림 4-10(b)에서

$$Y(s)=G(s)X(s),\quad Y'(s)=G(s)X(s) \tag{4.23}$$

이므로, $Y(s)=Y'(s)$이다. 따라서 그림 4-10(a)와 (b)는 등가변환이 성립된다.

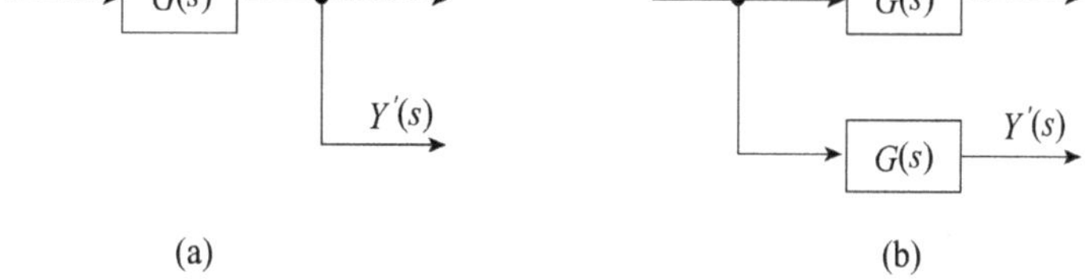

그림 4-10 인출점을 요소 앞으로 이동

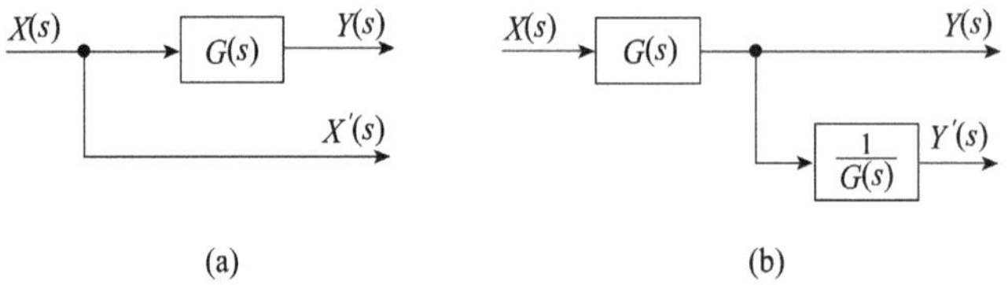

그림 4-11 인출점을 요소 뒤로 이동

2) 인출점을 요소 뒤로 이동

그림 4-11(a)의 계에서 인출점을 그림 4-11(b)와 같이 요소 뒤로 이동해도 전체 계에는 영향을 주지 않는다. 그림 4-11(a)에서 $X(s)=X'(s)$이므로, 그림 4-11(b)에서 $X(s)=X'(s)$임을 증명하면 된다.

그림 4-11(b)에서

$$Y(s)=G(s)X(s),\ \ X'(s)=\frac{1}{G(s)}Y(s) \tag{4.24}$$

이므로

$$Y(s)=G(s)X'(s),\ \ G(s)X(s)=G(s)X'(s),\ \ X(s)=X'(s) \tag{4.25}$$

가 되어, 그림 4-11(a)와 (b)는 등가변환이 성립된다.

(5) 가합점의 이동

1) 가합점의 교환

그림 4-12(a)의 가합점을 (b)와 같이 순서를 교환할 수 있다.

그림 4-12(a)에서

$$E(s)=X(s)\pm A(s) \tag{4.26}$$

$$Y(s)=E(s)\pm B(s)=X(s)\pm A(s)\pm B(s) \tag{4.27}$$

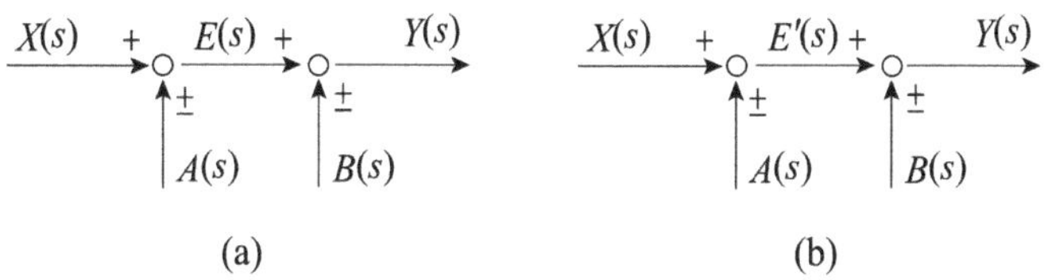

그림 4-12 가합점의 교환

이고, 그림 4-12(b)에서

$$E'(s) = X(s) \pm B(s) \tag{4.28}$$

$$\begin{aligned} Y(s) &= E'(s) \pm A(s) = X(s) \pm B(s) \pm A(s) \\ &= X(s) \pm A(s) \pm B(s) \end{aligned} \tag{4.29}$$

이다.

2) 가합점을 요소 앞으로 이동

그림 4-13(a)의 계에서 (b)와 같이 가합점을 요소 앞으로 이동해도 계의 출력은 변하지 않는다.

그림 4-13(a)에서

$$E(s) = G(s)X(s) \tag{4.30}$$

$$Y(s) = E(s) \pm B(s) \tag{4.31}$$

이며, 식 (4.31)로부터 출력함수는 다음과 같다.

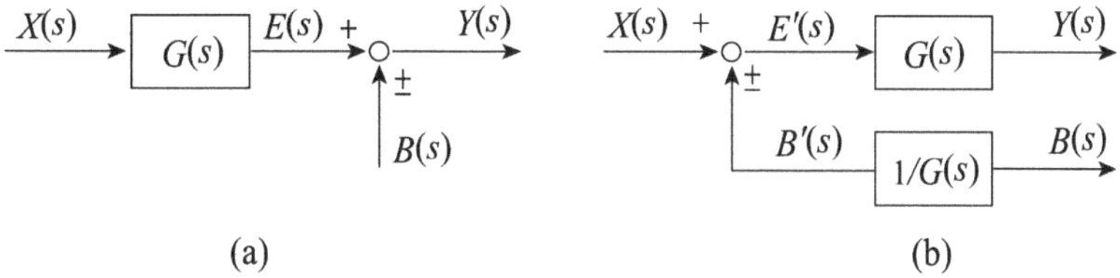

그림 4-13 가합점을 요소 앞으로 이동

$$Y(s) = G(s)X(s) \pm B(s) \tag{4.32}$$

그림 4-13(b)에서

$$E'(s) = X(s) \pm B'(s), \ \ B'(s) = \frac{1}{G(s)}B(s) \tag{4.33}$$

이며, 출력함수는

$$\begin{aligned} Y(s) &= G(s)E'(s) = G(s)[X(s) \pm B'(s)] \\ &= G(s)\left[X(s) \pm \frac{1}{G(s)}B(s)\right] = G(s)X(s) \pm B(s) \end{aligned} \tag{4.34}$$

가 된다. 식 (4.32)와 (4.34)는 같으므로 그림 4-13(a)와 (b)는 등가 변환이 성립된다.

3) 가합점을 요소 뒤로 이동

그림 4-14(a)의 계에서 그림 4-14(b)와 같이 가합점을 요소 뒤로 이동해도 계의 출력은 변하지 않는다. 그림 4-14(a)에서 출력함수는

$$E(s) = X(s) \pm B(s) \tag{4.35}$$

$$\begin{aligned} Y(s) &= G(s)E(s) = G(s)[X(s) \pm B(s)] \\ &= G(s)X(s) \pm G(s)B(s) \end{aligned} \tag{4.36}$$

이고, 그림 4-14(b)에서

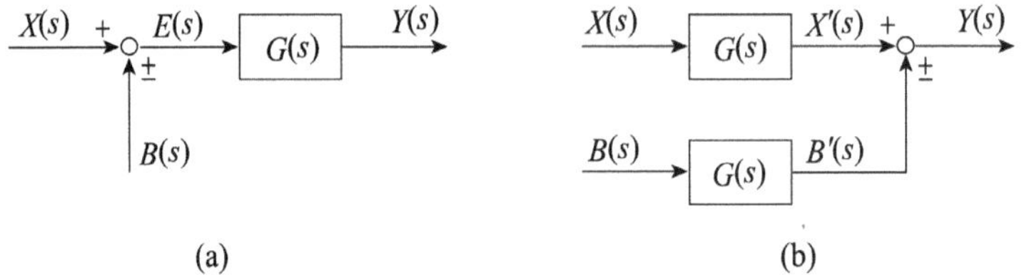

그림 4-14 가합점을 요소 뒤로 이동

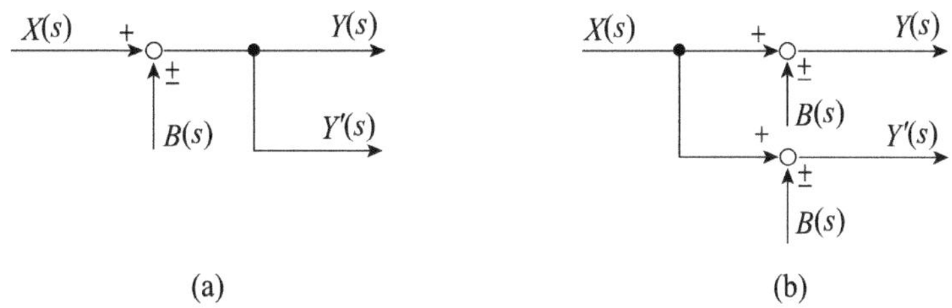

그림 4-15 인출점을 가합점 앞으로 이동

$$X'(s) = G(s)X(s),\ \ B'(s) = G(s)B(s) \tag{4.37}$$

이고, 그림 4-14(b)로부터 출력함수

$$Y(s) = X'(s) \pm B'(s) = G(s)X(s) \pm G(s)B(s) \tag{4.38}$$

가 되어, 식 (4.36)과 (4.38)은 같으므로 그림 4-14(a)와 (b)는 등가 변환이 성립한다.

4) 인출점을 가합점 앞으로 이동

그림 4-15(a)에서 인출점을 가합점 앞으로 이동해야 할 경우 (b)와 같이 한다. 그림 4-15(a)에서

$$Y(s) = X(s) \pm B(s),\ \ Y'(s) = X(s) \pm B(s) \tag{4.39}$$

이므로, $Y(s) = Y'(s)$이다.

따라서 그림 4-15(b)에서 $Y(s) = Y'(s)$임을 증명하면 된다.

$$Y(s) = X(s) \pm B(s),\ \ Y'(s) = X(s) \pm B(s) \tag{4.40}$$

이고, 식 (4.40)으로부터 $Y(s) = Y'(s)$이므로 그림 4-15(a)와 (b)는 등가 변환이 성립된다.

표 4-1 블록선도의 등가 변환

변환 사항	변환 전		변환 후	
	배 열	연 산	배 열	연 산
(1) 전달요소의 직렬결합	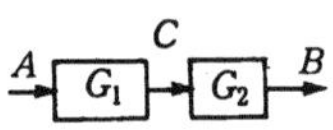	$C=AG_1$ $B=CG_2$ $\therefore B=AG_1G_2$	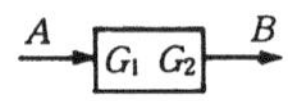	$B=AG_1G_2$
(2) 전달요소의 병렬결합	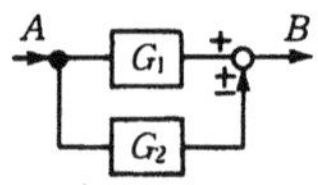	$B=AG_1 \pm AG_2$ $=A(G_1 \pm G_2)$	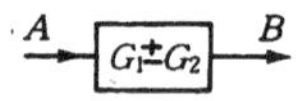	$B=A(G_1 \pm G_2)$
(3) 전달요소의 교환	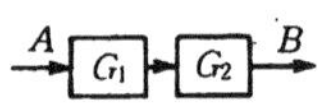	$B=AG_1AG_2$ $=A(G_2G_1)$	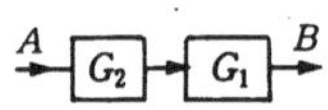	$B=AG_2G_1$
(4) 가합점의 교환	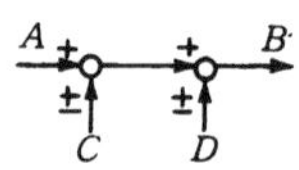	$B=(A\pm C)\pm D$ $=A\pm D\pm C$	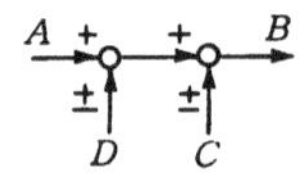	$B=(A\pm D)\pm C$ $=A\pm D\pm C$
(5) 가합점의 이동	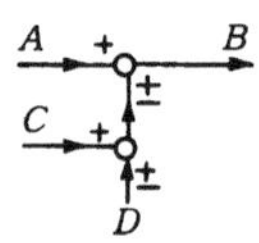	$B=A\pm(C\pm D)$	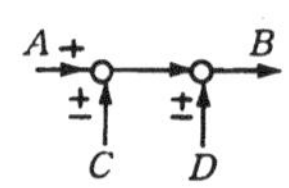	$B=(A\pm C)\pm D$
(6) 전달함수 앞에 가합점이 있는 경우	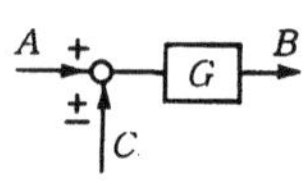	$B=(A\pm C)G$ $=AG\pm CG$	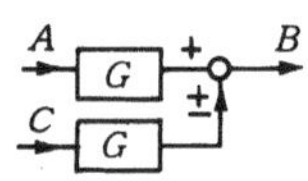	$B=AG\pm CG$
(7) 전달함수 뒤에 가합점이 있는 경우	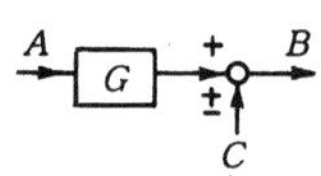	$B=AG\pm C$	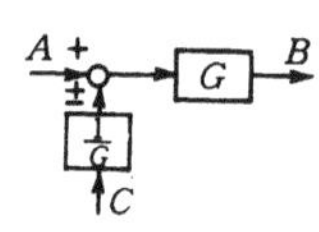	$B=\left(A\pm \frac{C}{G}\right)G$ $=AG\pm C$
(8) 전달함수 앞에 인출점이 있는 경우	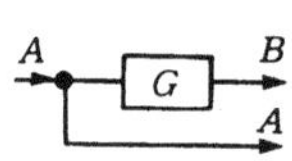	$B=AG$ $A=A$	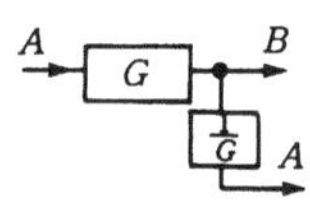	$B=AG$ $A=AG\cdot \frac{1}{G}=A$

변환 사항	변환 전		변환 후	
	배 열	연 산	배 열	연 산
(9) 전달함수 뒤에 인출점이 있는 경우	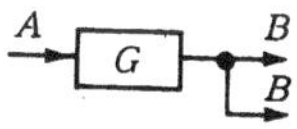	$B=AG$	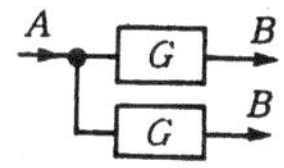	$B=AG$
(10) 가합점 뒤에 인출점이 있는 경우	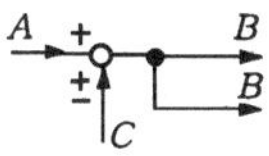	$B=A\pm C$	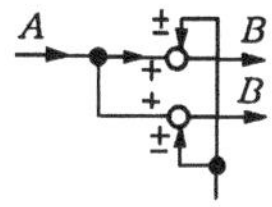	$B=A\pm C$
(11) 가합점 앞에 인출점이 있는 경우	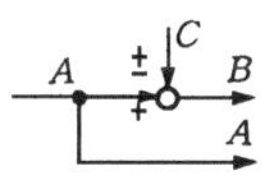	$B=A\pm C$ $A=A$	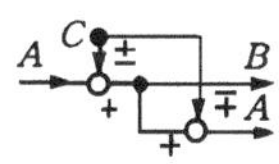	$B=A\pm C$ $A=(A\pm C)\mp C$ $=A$
(12) 전달함수의 피드백 결합	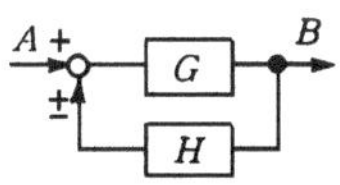	$B=(A\pm BH)G$ $B(1\mp GH)=GA$ $B=\dfrac{G}{1\mp GH}A$	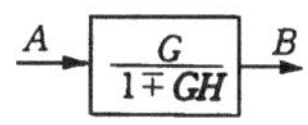	$B=\dfrac{G}{1\mp GH}A$
(13) 단일 피드백 접속인 경우	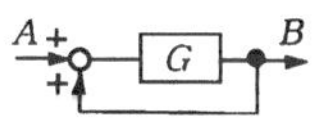	$B=\dfrac{G}{1\mp G}A$	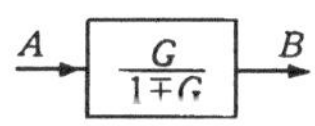	$B=\dfrac{G}{1\mp G}A$
(14) 신호의 흐르는 방향을 반대로 한 경우	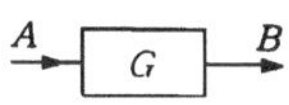	$B=GA$ $A=\dfrac{1}{G}B$	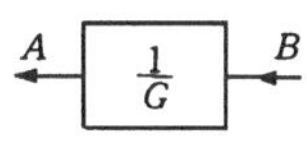	$A=\dfrac{1}{G}B$
(15) 피드백 접속의 신호 방향을 반대로 한 경우	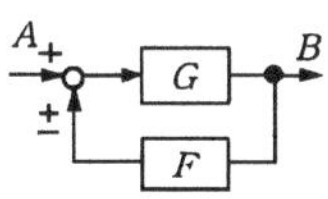	$B=(A\pm BF)G$ $=AG\pm BFG$ $A=\left(\dfrac{1}{G}\mp F\right)B$	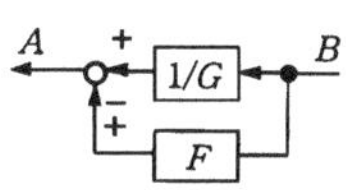	$A=\left(\dfrac{1}{G}\mp F\right)B$
(16) 피드백 접속 회로에 입력 신호의 계수가 있는 경우	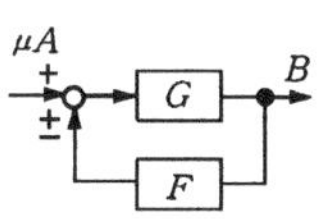	$B=(\mu A\pm BF)G$ $=\mu\left(A\pm\dfrac{1}{\mu}BF\right)G$	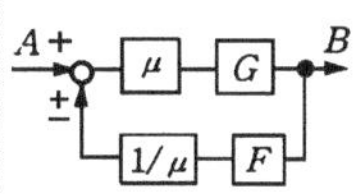	$B=\left(A\pm\dfrac{1}{\mu}BF\right)\mu G$

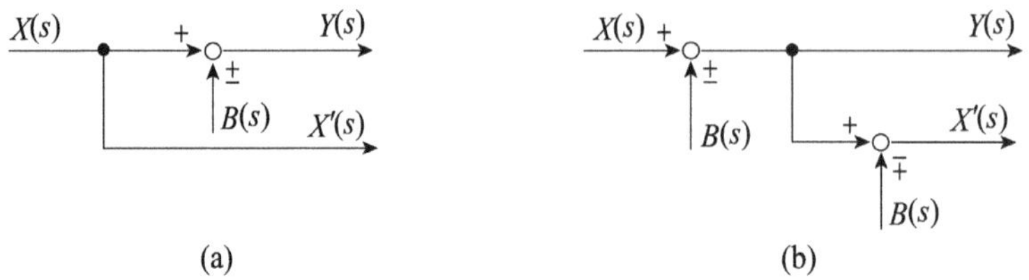

그림 4-16 인출점을 가합점 뒤로 이동

5) 인출점을 가합점 뒤로 이동

그림 4-16(a)에서 인출점을 가합점 뒤로 이동해야 할 경우 (b)와 같이 한다. 그림 4-16(a)에서 $X(s) = X'(s)$이므로, 그림 4-16(b)에서 $X(s) = X'(s)$가 됨을 증명하면 된다.

그림 4-16(b)에서

$$Y(s) = X(s) \pm B(s),\ \ X'(s) = Y(s) \mp B(s) \tag{4.41}$$

이고, 이 두 식으로부터

$$X'(s) = X(s) \pm B(s) \mp B(s) = X(s) \tag{4.42}$$

가 되어, 그림 4-16(a)와 (b)는 등가 변환이 성립된다.

예제 4-1

그림 4-17과 같은 RL 직렬 회로에 전류 i가 흐를 때 전압 e는 어떻게 표시되는가를 블록선도로 표시하라.

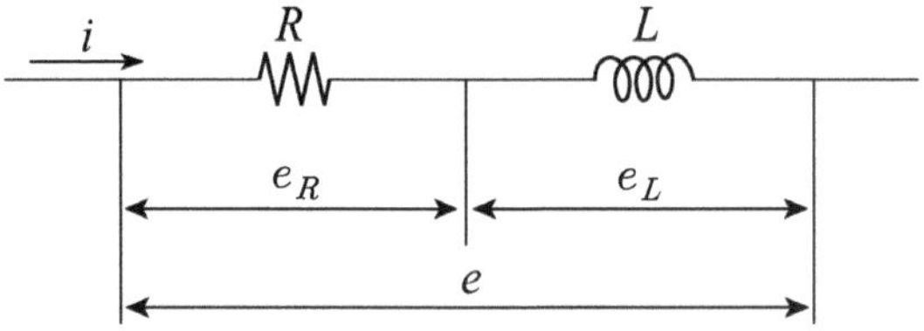

그림 4-17 RL 직렬 회로

■ **풀이** 그림 4-17에서 저항 R의 양단 전압을 e_R, 인덕턴스 L의 양단 전압을 e_L이라 하면, 전체 전압 e는

$$e = e_R + e_L \tag{1}$$

$$e_R = Ri \tag{2}$$

$$e_L = L\frac{di}{dt} \tag{3}$$

이므로, 위 식들을 라플라스 변환하면

$$E(s) = E_R(s) + E_L(s) \tag{4}$$

$$E_R(s) = RI(s) \tag{5}$$

$$E_L(s) = sLI(s) \tag{6}$$

이다. 식 (5)의 블록선도는 $I(s)$를 입력신호, $E_R(s)$를 출력 신호로 하면, 전달함수가 R이 되므로 그림 4-18(a)와 같이 구성된다. 같은 방법으로 식 (6)은 그림 4-18(b)로 구성되기 때문에 구하는 블록선도는 식 (4)에 의하여 그림 4-18(c)와 같이 구성된다.

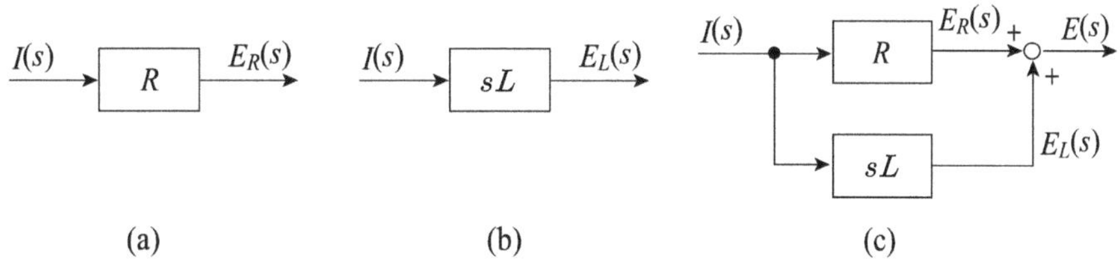

그림 4-18

예제 4-2

그림 4-19(a)의 블록선도를 간단히 하고, a를 입력 신호, b를 출력 신호라 할 때의 전달함수를 구하라.

■ **풀이** 그림 4-19(b)의 (1) 가합점에서

$$d = c + a = aG_1 + a = a(G_1 + 1)$$

가합점 (2)에서는

$$b = dG_2 + a = a(G_1 + 1)G_2 + a = a[(G_1 + 1)G_2 + 1]$$
$$= a(G_1 G_2 + G_2 + 1)$$

이 되므로, a를 입력 신호, b를 출력 신호로 한 전달함수는

$$\frac{b}{a} = G_1 G_2 + G_2 + 1$$

이 된다. 즉, 그림 4-19(c)와 같다.

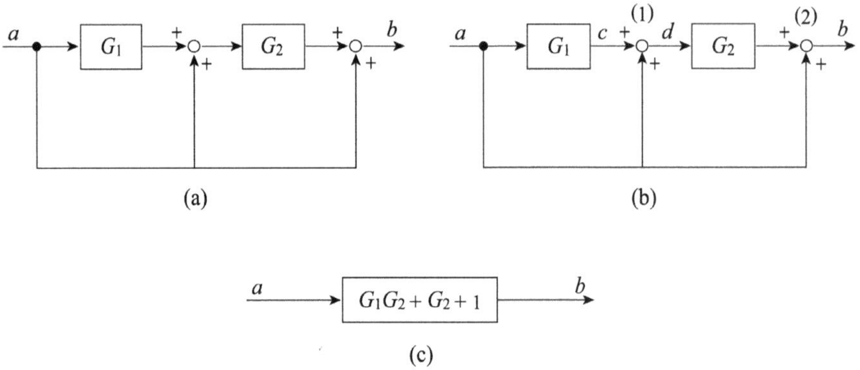

그림 4-19

예제 4-3

그림 4-20 (a)의 블록선도를 간단히 하고, a를 입력 신호, b를 출력 신호로 할 때의 전달함수를 구하라.

■ **풀이** 피드백 접속부는 $\dfrac{G_2}{1+G_2G_3}$로 표시되므로, 그림 4-20(b)와 같다.

그림 4-20(b)의 직렬 접속 블록선도의 등가 변환 G는 다음과 같다.

$$G = G_1\frac{G_2}{1+G_2G_3} = \frac{G_1G_2}{1+G_2G_3}$$

따라서, 피드백 접속은

$$\frac{b}{a} = \frac{\dfrac{G_1G_2}{1+G_2G_3}}{1+\dfrac{G_1G_2}{1+G_2G_3}} = \frac{G_1G_2}{1+G_2G_3+G_1G_2}$$

가 된다. a를 입력 신호, b를 출력 신호로 한 전달함수는 그림 4-20(c)와 같다.

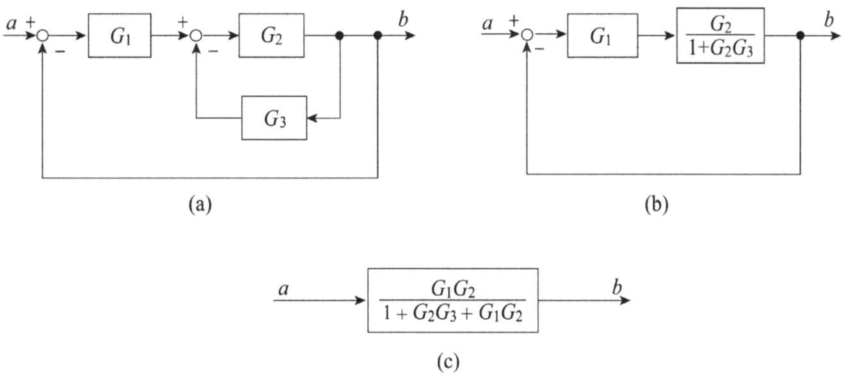

그림 4-20

예제 4-4

그림 4-21과 같이, 2개의 입력 신호 $a_1(s), a_2(s)$를 갖고 있는 제어계의 응답 $b(s)$를 구하라.

■ 풀이 이와 같은 제어계는 그림 4-22, 그림 4-23에 나타낸 바와 같이 2개로 분해할 수 있다. $a_2(s)=0$라 하면, 그림 4-22에서

$$\frac{b_1(s)}{a_1(s)}=\frac{G_1G_2}{1-G_1G_2H}$$

$a_1(s)=0$라 하면, 그림 4-23에서

$$\frac{b_2(s)}{a_2(s)}=\frac{G_2}{1-G_1G_2H}$$

선형 제어계이므로, 중첩이 가능하다. 따라서

$$b(s)=b_1(s)+b_2(s)=\frac{G_1G_2a_1(s)+G_2a_2(s)}{1-G_1G_2H}$$

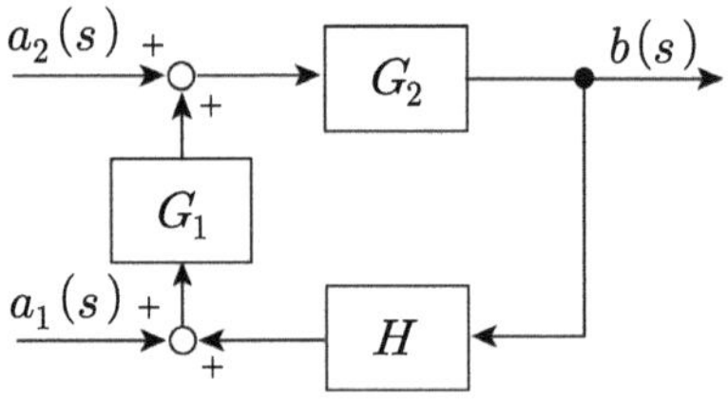

그림 4-21

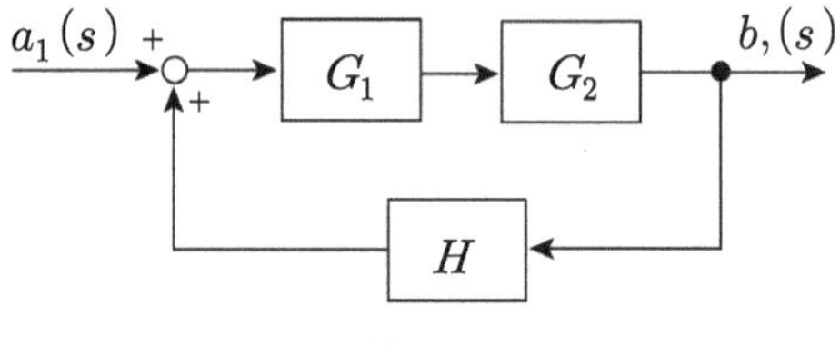

그림 4-22

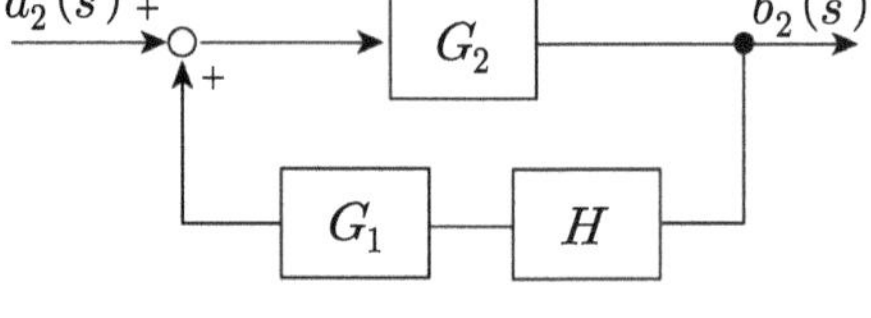

그림 4-23

4.2 블록선도 작성 및 등가 변환 예

4.2.1 직류전동기 모델

그림 4.24에 직류전동기의 외관과 그 전기 회로 모델을 보인다. 직류전동기는 우리 주변에서 소형 제어용 모터로서 아직까지도 널리 사용되고 있다. 이 전기 회로 모델에 대한 각 단계별 블록선도를 구하고 이를 등가 변환하여 최종적으로 최초의 입력과 최종 출력에 관한 전달함수로 나타내는 과정을 설명한다.

전기회로 모델에서 R, L은 저항과 인덕턴스를 각각 나타내며 v_a는 전기자 입력 전압을, v_b는 전기자의 회전으로 인해 속도에 비례해서 발생하는 전기자의 역기전력으로서, 인가된 입력 전압 v_a와는 반대의 부호를 갖게 되며 따라서 전기자가 회전시에는 회로에 $v_a - v_b$ 만큼의 전압이 실질적으로 인가된다. 한편, ω는 회전자의 회전 속도이며 τ는 속도를 발생시키는 힘의 원천으로 토크, J는 관성모멘트(inertia), b는 베어링부의 마찰계수, 그리고 K_t, K_e는 토크 상수 및 역기전력 상수를 각각 나타낸다.

직류전동기의 전기회로는 앞서 학습한 RL회로에 상당하므로 우선 키르히호프의 전압법칙을 적용하여 인가된 전압과 이로 인해 회로에 흐르게 될 전기자 전류 i_a를 구한다. 이때 입력 전압을 감소시키는 방향으로 역기전력이 발생함을 고려한다. 다음으로는 전기자에서의 전자기력 토크가 전기자 전류에 비례하여 발생하게 되므로 이 관계로부터 토크 식을 산출한다. 전자기력 토크가 베어링 마찰부와 관성모멘

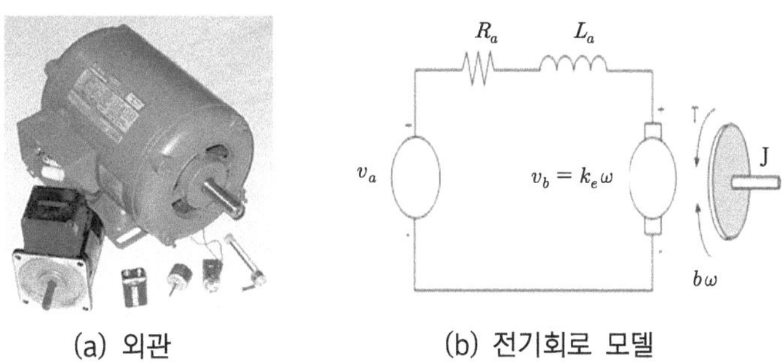

(a) 외관 (b) 전기회로 모델

그림 4-24 직류전동기 외관과 전기회로 모델

를 갖는 기계계에 전달되면 뉴턴의 운동법칙에 따른 관계식을 유도할 수 있다. 이들 각 관계식을 입력과 출력을 고려하여 전달함수를 구하고 신호의 흐름을 고려하여 블록선도를 작성하면 된다. 블록선도가 작성되면 등가 변환에서 학습한 지식들을 활용하여 최초의 입력이면서 직류전동기의 제어 입력에 상당하는 전기자 전압 V_a와 최종 출력으로 제어량에 해당하는 속도 ω에 관한 전달함수를 구하는 것이 가능하다.

1) RL 직렬 회로에서의 인가전압 v_a와 출력인 전기자 전류 i_a가 출력되는 과정

키르히호프의 전압법칙을 이용하면 식 (4.43)과 같이 얻어지며 이를 라플라스 변환한 식 (4.44)를 통해 전달함수를 구하면 식 (4.45)가 얻어진다.

$$v_a = R_a i_a + L_a \frac{di_a}{dt} \tag{4.43}$$

$$V_a(s) = R_a I_a(s) + sL_a I_{a(s)} \tag{4.44}$$

$$G_1(s) = \frac{I_a(s)}{V_a(s)} = \frac{1}{sL_a + R_a} = \frac{K_1}{\tau_e s + 1} \tag{4.45}$$

2) RL 회로에서 전기자 전류 i_a로부터 전자기력 토크 τ가 발생되는 과정

전기자 전류 I_a에 일정 토크 상수값이 곱해져 식 (4.46)과 같이 토크가 발생되며 이를 라플라스 변환하면 식 (4.47)이, 그리고 전달함수를 구하면 식 (4.48)이 얻어진다.

$$\tau = K_t i_a \tag{4.46}$$

$$T(s) = K_t I_a(s) \tag{4.47}$$

$$G_2(s) = \frac{T(s)}{I_a(s)} = K_t \tag{4.48}$$

3) 전자기력 토크 τ로부터 속도 ω가 발생되는 과정

뉴턴의 운동법칙에 의해 식 (4.49)가 얻어지고 이를 라플라스 변환하면 식(4.50),

마지막으로 전달함수를 구하면 식 (4.51)이 얻어진다.

$$\tau = J\frac{d\omega}{dt} + b\omega \tag{4.49}$$

$$T(s) = Js\omega(s) + b\omega(s) \tag{4.50}$$

$$G_3(s) = \frac{\omega(s)}{T(s)} = \frac{1}{Js+b} = \frac{K_2}{\tau_m s + 1} \tag{4.51}$$

4) 속도 ω로 회전하는 전기자에 발생되는 역기전력 v_b가 발생되는 과정

역기전력은 속도에 비례하므로 식 (4.52)가 얻어지고 이를 라플라스 변환하면 식 (4.53)이 유도되며, 이로부터 전달함수를 구하면 식 (4.54)가 얻어진다.

$$v_b = K_e\omega \tag{4.52}$$

$$V_b(s) - K_e\omega(s) \tag{4.53}$$

$$G_4(s) = \frac{V_b(s)}{\omega(s)} = K_e \tag{4.54}$$

단 이 역기전력은 입력된 전압을 감소시키는 방향으로 작용한다.

이상의 과정들을 블록선도로 표현하면 그림 4.25와 같고 이들을 등가 변환하여 최초 입력 v_a에 대한 최종 출력인 속도 ω까지의 전달함수를 구한 것이 식 (4.55)이다.

$$G(s) = \frac{\omega(s)}{V_a(s)} = \frac{K_t}{(L_a s + R_a)(Js+b) + K_e K_t} \tag{4.55}$$

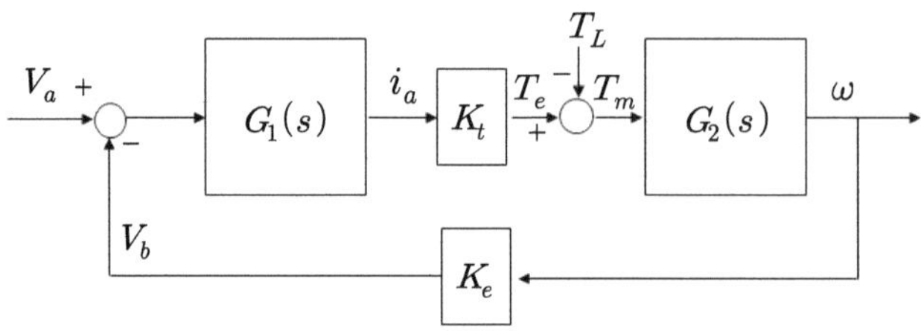

(a) 1단계 $G(s)$에 의한 표현

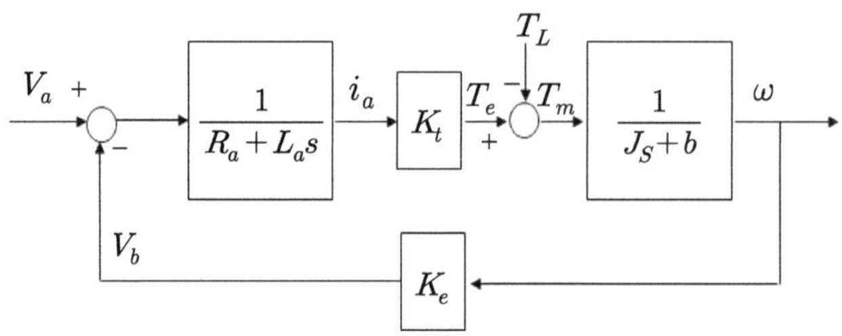

(b) 2단계 상세 표현

그림 4-25 직류전동기의 블록선도 표현

연 습 문 제

1. 그림 4-26과 같은 블록선도에서의 전달함수를 구하라.

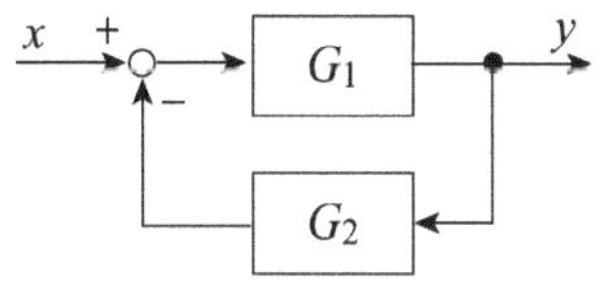

그림 4-26

2. 그림 4-27와 같은 블록선도에서의 전달함수를 구하라.

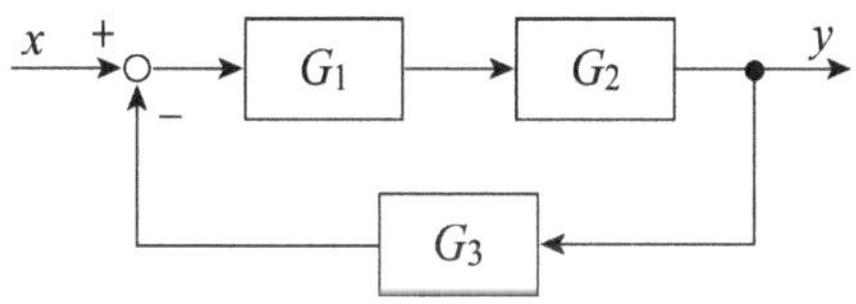

그림 4-27

3. 그림 4-28과 같은 블록선도에서의 전달함수를 구하라.

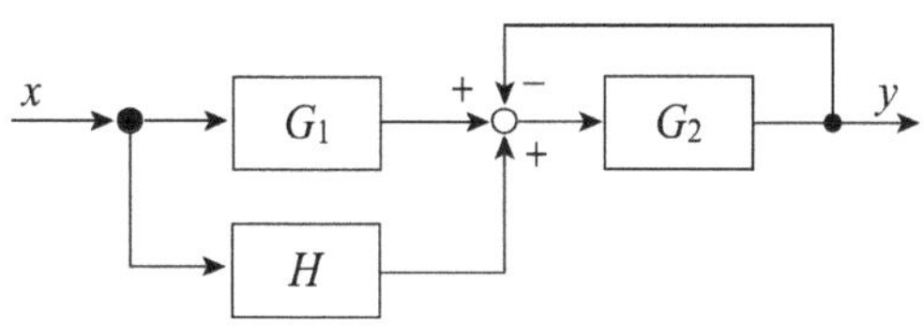

그림 4-28

4. 그림 4-29와 같은 블록선도에서 $\frac{y}{x}$를 구하라.

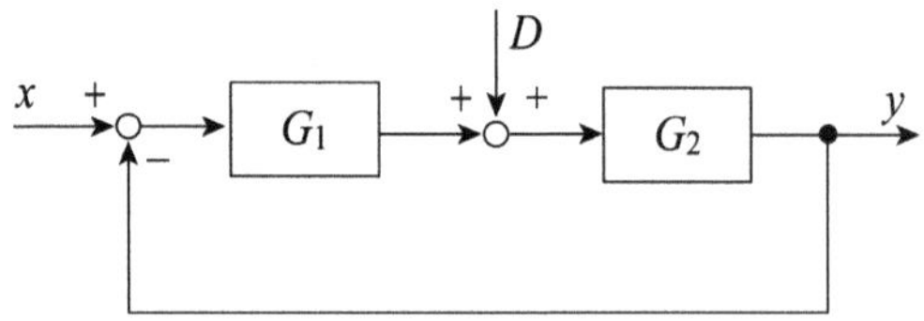

그림 4-29

5
CHAPTER

과도응답 및 정상응답

5.1 과도응답

물리계에 대한 미분방정식의 풀이가 일반적으로 과도해와 정상해로 구성되는 바와 같이, 자동제어계의 응답도 과도응답과 정상응답의 두 부분으로 구성된다.

정상상태에 있는 제어계에 있어서 목표값이 변화하거나 또는 외란이 가해진 경우와 같이 계 또는 요소에 입력 변화가 갑자기 생겨서 정상상태(steady state)가 흐트러졌을 때의 응답을 과도응답(transient response)이라 한다.

지금, 전달함수가 $G(s)$인 계에 입력 신호 $X(s)$를 인가할 때의 출력 신호 $Y(s)$는

$$Y(s) = G(s)X(s) \tag{5.1}$$

로 표시되고, 이것을 라플라스 역변환하면

$$y(t) = \mathcal{L}^{-1}[G(s)X(s)] \tag{5.2}$$

로 되어 과도응답을 구할 수 있다.

여기서는 그림 5-1에 나타낸 바와 같은 계단 함수, 임펄스 함수, 램프 함수, 포물선 함수 등의 4가지 비주기 함수를 기본 입력 신호로 하여 취급하고, 각각의 경우에 있어서의 과도응답을 고찰하기로 한다.

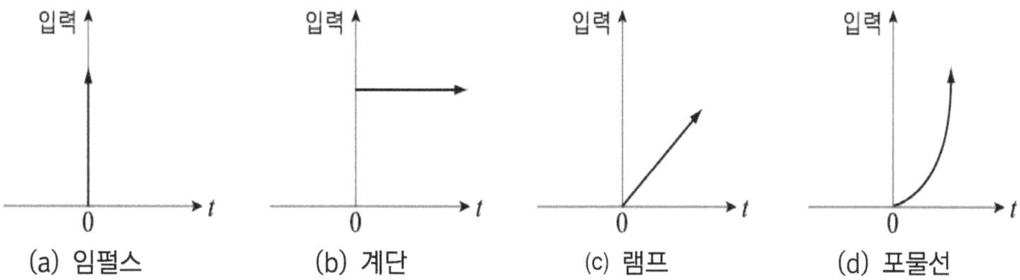

그림 5-1 과도응답에 사용되는 기본적 입력 신호

5.1.1 과도응답의 종류

(1) 임펄스응답

단위 임펄스 함수를 입력 신호로 하는 과도응답을 임펄스응답(impulse response)이라 한다. 이 때의 입력 신호는

$$x(t) = \delta(t),\ \ X(s) = 1 \tag{5.3}$$

이므로, 임펄스응답은 전달함수의 라플라스 역변환과 같다.

$$y(t) = \mathcal{L}^{-1}[Y(s)] = \mathcal{L}^{-1}[G(s) \cdot 1] = \mathcal{L}^{-1}[G(s)] \tag{5.4}$$

임펄스 모양의 입력을 물리적으로 얻는 일은 실제로는 불가능하지만, 펄스 모양 입력의 펄스폭이 계 또는 요소의 시정수에 비해서 극히 좁을 경우에는 이것을 임펄스 모양으로 취급할 수 있다.

(2) 계단응답

계단 함수를 입력 신호로 한 경우의 과도응답을 계단응답(step response)이라 한다. 특히, 단위 계단 함수(unit step function)를 입력신호로 한 경우의 응답을 인디셜응답(indicial response)이라 한다. 이때의 입력 신호는 다음과 같다.

$$x(t) = u(t) = \begin{cases} 1 & t \geq 0 \\ 0 & t < 0 \end{cases} \tag{5.5}$$

라플라스 변환하면 $X(s) = \dfrac{1}{s}$ 이므로, 인디셜응답은 다음과 같다.

$$y(t) = \mathcal{L}^{-1}[Y(s)] = \mathcal{L}^{-1}\left[G(s) \cdot \frac{1}{s}\right] \tag{5.6}$$

계단응답의 예로는 유량 또는 수위가 평형 상태에 있는 탱크의 물의 유입량이 어떤 일정량만큼 갑자기 증가했을 때의 유출량의 변화 등과 같이, 입력이 어느 일정값 만큼 계단 모양으로 변화했을 때의 출력의 시간적 변화가 계단응답이다.

(3) 램프응답

일정 속도 V로 변화하는 함수 $f(t) = Vt$를 램프 함수(ramp function)라 하고, 램프 함수 입력(정속도 입력)에 대한 출력신호를 램프응답(ramp response)이라 한다. 특히, 입력의 변화 속도 V가 단위량인 경우를 단위램프응답(unit ramp response)이라 하며, 단위 램프 입력의 경우는 입력신호가

$$x(t) = t, \ X(s) = \frac{1}{s^2} \tag{5.7}$$

이므로, 단위램프응답은 다음과 같다.

$$y(t) = \mathcal{L}^{-1}[Y(s)] = \mathcal{L}^{-1}\left[G(s) \cdot \frac{1}{s^2}\right] \tag{5.8}$$

단위램프응답을 미분하면 인디셜응답이 되고, 인디셜응답을 미분하면 임펄스응답이 된다.

(4) 포물선응답

입력 신호가 포물선 함수로 변화할 때 이것을 포물선 입력이라 하고, 이 입력 신호에 대한 과도응답을 포물선응답(parabola response)이라 한다. 특히, 입력의 변화가 단위량인 경우를 단위포물선응답(unit parabola response)이라 하며, 단위포물선 입력의 경우는 입력 신호가

$$x(t) = \frac{1}{2}t^2, \ X(s) = \frac{1}{s^3} \tag{5.9}$$

이므로, 단위포물선응답은 다음과 같다.

$$y(t) = \mathcal{L}^{-1}[Y(s)] = \mathcal{L}^{-1}\left[G(s) \cdot \frac{1}{s^3}\right] \tag{5.10}$$

5.1.2 과도응답의 특성

계단 모양의 입력 신호를 만드는 것은 용이하기 때문에 계 또는 요소의 과도 특성을 알기 위해 계단 함수의 입력에 대한 응답을 구하는 경우가 많다. 이 때 실제의 계 또는 요소의 출력 신호는 그림 5-2에 나타낸 바와 같이 진동하면서 차차로 그 진폭이 감소되어 최종값에 가까워지는 경우가 있다. 이와 같이 계단 함수 입력에 대한 과도응답의 시간 및 응답 크기에 관한 특성값으로서 다음과 같은 지표들이 주로 사용된다.

(1) 상승시간(rise time) t_r

계단응답 $y(t)$가 최종값의 10[%]로부터 90[%]에 도달하기까지의 시간을 상승시간이라 한다. 경우에 따라서는 응답이 최종치의 50[%] 순간에서 계단응답 기울기의 역으로 상승시간을 나타내는 방법도 있다.

(2) 지연시간(delay time) t_d

계단응답이 최종값의 50[%]에 달하기까지의 시간을 말한다. 상승시간과 함께 응답의 속성을 알 수 있다.

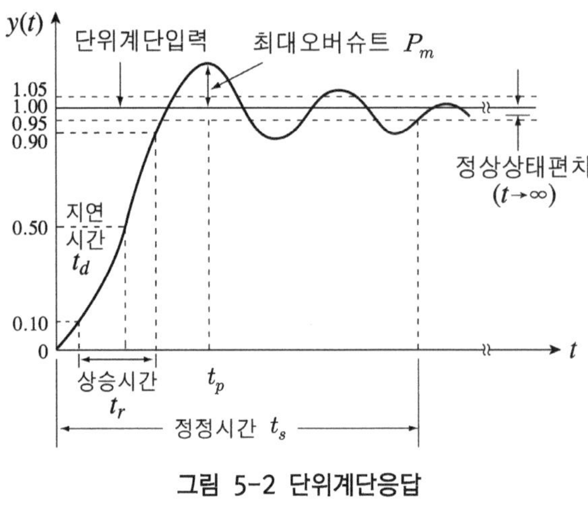

그림 5-2 단위계단응답

(3) 피크시간(peak time) t_p

응답의 최초의 피크값 (peak value)을 발생하기까지의 시간을 말한다.

(4) 정정시간(settling time)t_s

응답이 정해진 허용 범위 최종값의 ±5[%] 이내에 들고, 그 이후는 이 범위로부터 벗어나지 않는 최초의 시간을 말한다. 정착시간이라고도 하며, 허용 범위는 대상으로 하는 계의 제어 목적에 따라 다르다. 계단응답에 있어서는 정정시간 이전까지를 과도 특성, 정정시간 이후를 정상 특성이라 한다.

(5) 오버슈트(over shoot) p_m

피크시간에서의 응답의 피크값과 최종값과의 편차량을 말한다. 일반적으로 다음과 같이 백분율 오버슈트(퍼센트 오브슈트)로 표시한다.

$$\text{백분율 오버슈트}(\%) = \frac{y(t_p) - y(\infty)}{y(\infty)} \times 100 \tag{5.11}$$

5.1.3 1차계의 과도응답

1차계의 전달함수가 다음 식으로 표시되는 경우 과도 특성을 구해보자.

$$G(s) = \frac{1}{1+Ts} \tag{5.12}$$

(1) 임펄스응답

식 (5.12)로부터 임펄스응답 $y(t)$는 다음과 같고 응답 곡선을 도시하면 그림 5-3과 같다.

$$y(t) = \mathcal{L}^{-1}\left[\frac{1}{1+Ts}\right] = \frac{1}{T}e^{-t/T} \tag{5.13}$$

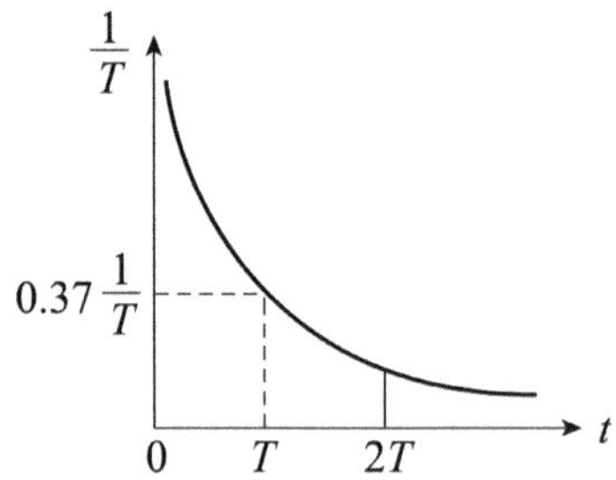

그림 5-3 1차계 $1/(1+Ts)$의 임펄스응답

(2) 인디셜응답

계단 입력인 경우 식 (5.12)로부터 출력 $y(t)$는 다음과 같고 그림으로 나타내면 그림 5-4와 같은 응답 곡선이 된다.

$$\begin{aligned} y(t) &= \mathcal{L}^{-1}[Y(s)] = \mathcal{L}^{-1}\left[G(s)\cdot\frac{1}{s}\right] \\ &= \mathcal{L}^{-1}\left[\frac{1}{1+Ts}\cdot\frac{1}{s}\right] \\ &= 1-e^{-t/T} \end{aligned} \tag{5.14}$$

위 식은 시간 $t=0$에 있어서 출력 $y(t)=0$이므로, 시간의 경과와 함께 출력이 증대하여 최종값 1에 가까워지는 것을 나타내고

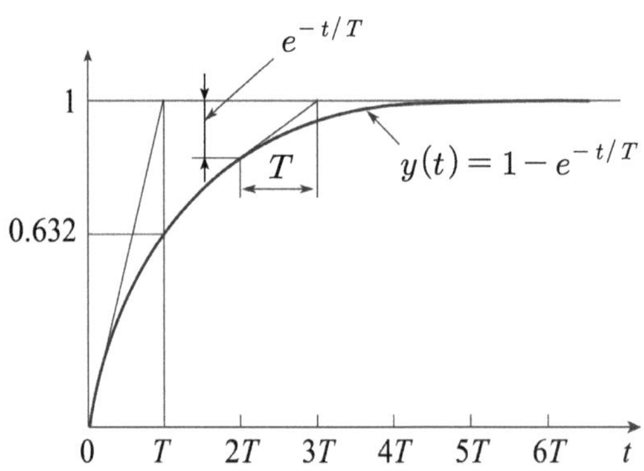

그림 5-4 1차계 $1/(1+Ts)$의 인디셜응답

식 (5.14)의 양변을 미분하면 다음과 같고 결국 식 (5.13)과 같이 임펄스 응답으로 된다.

$$\frac{dy}{dt} = \frac{1}{T}e^{-t/T} \tag{5.15}$$

식 (5.14)로부터 알 수 있는 바와 같이, 최종값과 시각 t 에 있어서의 응답 $y(t)$ 와의 차는 $e^{-t/T}$이므로 식 (5.15)는 임의의 시각 t 에 있어서 응답 곡선에 따른 접선이 최종값과 교차하는 시간이 $t+T$ 임을 표시하고 있다. 따라서 응답의 속도는 정수 T에 의해서 지배되며, T가 작을 때는 응답은 빠르고, 반대로 T가 클 때는 응답이 늦다. 다시 말하면 T는 응답의 속도를 정량적으로 결정하는 파라미터이고, 이런 의미로 이것을 시정수(time constant)라 한다.

$t=0$ 일 때 $[dy/dt]_{t=0} = 1/T$이므로, 응답의 처음 속도가 그에 따라 유지되지만, $t=T$에서 응답이 최종값에 도달한다. 식 (5.14)에 있어서 $t=T$일 때 $y(t)$ 의 값은

$$[y(t)]_{t=T} = 1 - e^{-1} = 0.632 \tag{5.16}$$

로 되고, 최종값의 63.2[%]에 달한다. 따라서, 시정수는 「1차 지연계의 계단응답에 관해서, 시간 원점에서의 응답 곡선의 접선이 최종값과 교차하기까지의 시간」으로 정의할 수 있다.

시각 t 가 시정수의 정수배로 되었을 때의 응답 $y(t)$ [%]는 표 5-1과 같이 된다. 표 5-1로부터 1차지연계 응답의 정정시간은 최종값에 대한 허용 범위를 5[%]로 할 경우에는 시정수의 3배, 2[%]로 할 경우에는 시정수의 약 4배임을 알 수 있다.

전달함수가

$$G(s) = \frac{K}{1+Ts} \tag{5.17}$$

표 5-1

t	T	$2T$	$3T$	$4T$	$5T$
$y(t)$ [%]	63.2	86.5	95.0	98.2	99.3

로 주어진 경우 인디셜응답은 최종값의 K배로 되고, 시정수 T는 응답의 최종값 K의 63.2[%]로 해서 구할 수 있다. 식 (5.17)의 K는 가해진 입력의 크기에 대한 응답의 최종 정상값의 비이고, 요소의 정특성을 표시하는 것으로서, 이것을 이득정수(gain constant)라 한다.

(3) 램프응답

식 (5.12)로부터 1차계의 단위램프응답은 다음 식으로 주어진다.

$$y(t) = \mathcal{L}^{-1}\left[\frac{1}{1+Ts}\frac{1}{s^2}\right] = \mathcal{L}^{-1}\left[\frac{1}{s^2} - \frac{T}{s} + \frac{T^2}{1+Ts}\right] \tag{5.18}$$

$$= t - T + Te^{-t/T} = t - T(1 - e^{-t/T})$$

이 단위램프응답을 도시하면 그림 5-5와 같이 된다.

그림으로부터 알 수 있는 바와 같이, 출력 $y(t)$는 입력 $x(t) = t$에 대한 시간과 함께 편차가 증대하고, 나중에는 입력에 평행한 직선으로 접근한다. 이 편차를 $e(t)$라 하면

$$e(t) = x(t) - y(t) = T(1 - e^{-t/T}) \tag{5.19}$$

이며, $t = \infty$에서는 $e(\infty) = T$, 즉 정상상태의 출력은 입력보다 T만큼 작아진다.

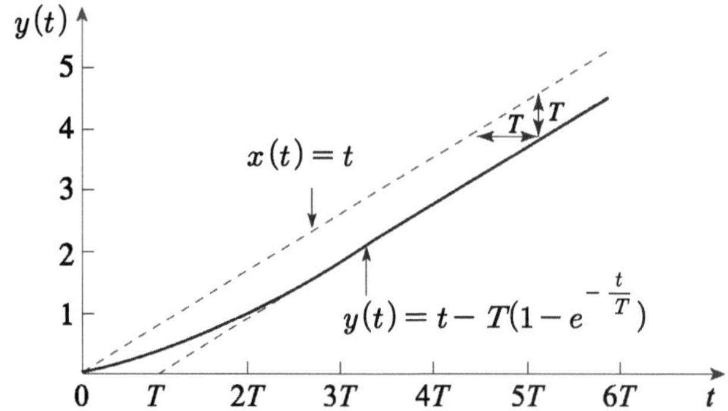

그림 5-5 1차계 $1/(1+Ts)$의 단위램프응답

이때의 출력은 다음과 같다.

$$y(\infty) = t - T \tag{5.20}$$

식 (5.20)의 우변은 시각 $(t-T)$에 의한 입력의 크기와 같으므로, 출력은 정상상태에 있어서 입력보다 시간 T만큼 늦어진다고 생각해도 좋다.

$t = T$에서는 $e(T) = 0.632\,T$이므로, 이때의 출력은 다음과 같다.

$$y(T) = 0.368\,T \tag{5.21}$$

다시 말하면, 출력의 크기는 입력의 약 1/3이다. 더구나, 식 (5.18)로부터

$$\frac{dy(t)}{dt} = 1 - e^{-t/T} \tag{5.22}$$

로 되므로, 단위램프응답을 미분하면 인디셜응답을 구할 수가 있다.

예제 5-1

어떤 선형요소에 단위 임펄스 입력을 가할 때 $g(t) = 2e^{t/2}$로 주어지는 응답 곡선이 얻어졌다. 이 요소의 전달함수를 구하여라. 또, 이 요소에 단위 계단 입력을 가했을 때, 어떠한 응답이 얻어지는가?

■ **풀이** 전달함수를 $G(s)$라 하면 $g(t) = \mathcal{L}^{-1}[G(s)] = 2e^{-t/2}$

$$G(s) = \frac{4}{1+2s} \tag{1}$$

인디셜응답 $y(t)$는 다음과 같다.

$$y(t) = \mathcal{L}^{-1}\left[\frac{4}{1+2s} \cdot \frac{1}{s}\right] = 4(1 - e^{-t/2}) \tag{2}$$

구해진 인디셜응답 $y(t)$를 임펄스응답 $g(t)$와 비교하면, $y(t)$의 미분이 $g(t)$임을 알 수 있다.

5.1.4 2차계의 과도응답

전달함수가 다음과 같은 형태로 표시되는 경우의 과도 특성을 구해보자.

$$G(s) = \frac{\omega_n^2}{s^2 + 2\zeta\omega_n s + \omega_n^2} \tag{5.23}$$

2차계의 과도응답을 구하기 위해 식 (5.23)의 분모를 인수분해 하여 다음과 같이 놓는다.

$$s^2 + 2\zeta\omega_n s + \omega_n^2 = (s - s_1)(s - s_2) \tag{5.24}$$

여기서, s_1, s_2는 다음 방정식의 근이다.

$$s^2 + 2\zeta\omega_n s + \omega_n^2 = 0 \quad \text{단, } s_1,\ s_2 = -\zeta\omega_n \pm j\omega_n\sqrt{1-\zeta^2} = \alpha \pm j\omega \tag{5.25}$$

s_1, s_2는 ζ와 1의 대소에 따라서 다음과 같이 복소근, 등근, 실근이 된다.

$$\zeta < 1\text{인 경우(복소근)} : \left.\begin{aligned} s_1 &= -\zeta\omega_n + j\omega_n\sqrt{1-\zeta^2} \\ s_2 &= -\zeta\omega_n - j\omega_n\sqrt{1-\zeta^2} \end{aligned}\right\} \tag{5.26}$$

$$\zeta = 1\text{인 경우(등근)} : s_1 = s_2 = -\omega_n \tag{5.27}$$

$$\zeta > 1\text{인 경우(실근)} : \left.\begin{aligned} s_1 &= -\zeta\omega_n + \omega_n\sqrt{\zeta^2-1} \\ s_2 &= -\zeta\omega_n - \omega_n\sqrt{\zeta^2-1} \end{aligned}\right\} \tag{5.28}$$

(1) 임펄스응답

2차계의 임펄스응답은 식 (5.23)으로부터 다음과 같이 구해진다.

$$\begin{aligned} y(t) &= \mathcal{L}^{-1}[Y(s)] = \mathcal{L}^{-1}[G(s)\cdot 1] \\ &= \mathcal{L}^{-1}\left[\frac{\omega_n^2}{s^2+2\zeta\omega_n s+\omega_n^2}\right] = \mathcal{L}^{-1}\left[\frac{K_1}{s-s_1}+\frac{K_2}{s-s_2}\right] \end{aligned} \tag{5.29}$$

1) $\zeta < 1$인 경우

$s_1,\ s_2$는 공액복소근이고, 계수 $K_1,\ K_2$는 다음과 같다.

$$K_1 = \left[\frac{\omega_n^2(s-s_1)}{(s-s_1)(s-s_2)}\right]_{s=s_1} = \frac{\omega_n^2}{s_1-s_2} = \frac{\omega_n}{2j\sqrt{1-\zeta^2}} \tag{5.30}$$

$$K_2 = \left[\frac{\omega_n^2(s-s_2)}{(s-s_1)(s-s_2)}\right]_{s=s_2} = \frac{\omega_n^2}{s_2-s_1} = -\frac{\omega_n}{2j\sqrt{1-\zeta^2}} \tag{5.31}$$

임펄스응답 $y(t)$는 다음과 같다.

$$y(t) = K_1 e^{s_1 t} + K_2 e^{s_2 t} \tag{5.32}$$

이것에 식 (5.26), (5.30), (5.31)을 대입하면 다음과 같은 감쇠진동으로 표현된다.

$$\begin{aligned} y(t) &= \frac{\omega_n}{\sqrt{1-\zeta^2}} e^{-\zeta\omega_n t}\,\frac{e^{j\sqrt{1-\zeta^2}\,\omega_n t} - e^{-j\sqrt{1-\zeta^2}\,\omega_n t}}{2j} \\ &= \frac{\omega_n}{\sqrt{1-\zeta^2}} e^{-\zeta\omega_n t}\sin\left(\sqrt{1-\zeta^2}\,\omega_n t\right) \end{aligned} \tag{5.33}$$

2) $\zeta = 1$**인 경우**

s_1, s_2는 등근으로 $-\omega_n$과 같다. 따라서 $G(s)$는 다음과 같이 된다.

$$G(s) = \frac{\omega_n^2}{(s+\omega_n)^2} \tag{5.34}$$

시간 영역의 응답을 구하기 위하여 식 (5.34)를 역변환하면 다음과 같다.

$$g(t) = \mathcal{L}^{-1}[G(s)] = \omega_n^2 t e^{-\omega_n t} \tag{5.35}$$

3) $\zeta > 1$**인 경우**

s_1, s_2는 실근이고 부분 분수의 계수 K_1, K_2는 다음과 같다.

$$K_1 = \frac{\omega_n^2}{s_1 - s_2} = \frac{\omega_n}{2\sqrt{\zeta^2 - 1}} \tag{5.36}$$

$$K_2 = \frac{\omega_n^2}{s_2 - s_1} = -\frac{\omega_n}{2\sqrt{\zeta^2 - 1}} \tag{5.37}$$

임펄스응답 $y(t)$는 다음과 같다.

$$\begin{aligned} y(t) &= \frac{\omega_n}{\sqrt{\zeta^2 - 1}} e^{-\zeta\omega_n t} \frac{e^{\sqrt{\zeta^2-1}\,\omega_n t} - e^{\sqrt{\zeta^2-1}\,\omega_n t}}{2} \\ &= \frac{\omega_n}{\sqrt{\zeta^2 - 1}} e^{-\zeta\omega_n t} \sinh\left(\sqrt{\zeta^2-1}\,\omega_n t\right) \end{aligned} \tag{5.38}$$

그림 5-6에 여러 가지의 ζ에 대한 임펄스응답을 나타낸다.

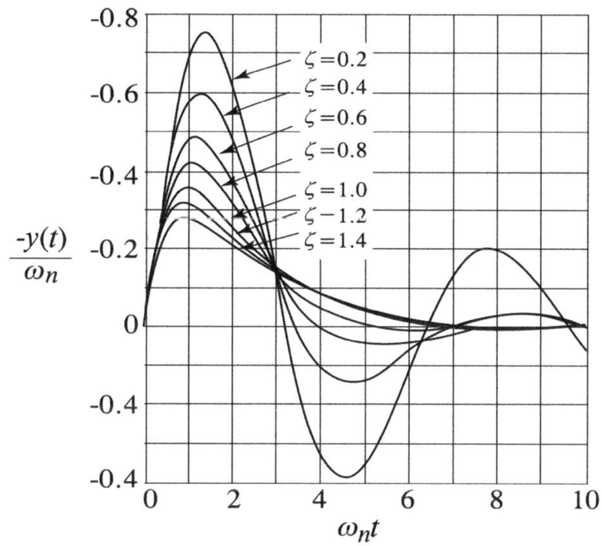

그림 5-6 2차계의 임펄스응답

(2) 인디셜응답

인디셜응답은 다음 식으로부터 구해진다.

$$y(t) = \mathcal{L}^{-1}[Y(s)] = \mathcal{L}^{-1}\left[\frac{\omega_n^2}{s^2 + 2\zeta\omega_n s + \omega_n^2} \cdot \frac{1}{s}\right] \tag{5.39}$$

임펄스응답의 경우와 마찬가지로 부분 분수로 분해하면 다음과 같다.

$$\begin{aligned} \frac{\omega_n^2}{s(s^2 + 2\omega_n s + \omega_n^2)} &= \frac{\omega_n^2}{s(s - s_1)(s - s_2)} \\ &= \frac{K_0}{s} + \frac{K_1}{s - s_1} + \frac{K_2}{s - s_2} \end{aligned} \tag{5.40}$$

1) $\zeta < 1$인 경우

식 (5.40)의 계수 K_0, K_1, K_2를 결정한다.

$$K_0 = \left[\frac{\omega_n^2 s}{s(s^2 + 2\zeta\omega_n s + \omega_n^2)} \right]_{s=0} = 1 \tag{5.41}$$

$$\begin{aligned} K_1 &= \left[\frac{\omega_n^2 (s - s_1)}{s(s-s_1)(s-s_2)} \right]_{s=s_1} = \frac{\omega_n^2}{s_1(s_1 - s_2)} \\ &= \frac{1}{(-\zeta + j\sqrt{1-\zeta^2})(2j\sqrt{1-\zeta^2})} \\ &= \frac{-\zeta - j\sqrt{1-\zeta^2}}{2j\sqrt{1-\zeta^2}} \end{aligned} \tag{5.42}$$

위 식에서 j를 $-j$로 치환하면 K_2가 얻어진다.

$$K_2 = \frac{\zeta - j\sqrt{1-\zeta^2}}{2j\sqrt{1-\zeta^2}} \tag{5.43}$$

따라서, 인디셜응답은 다음과 같다.

$$\begin{aligned} y(t) &= K_0 + K_1 e^{s_1 t} + K_2 e^{s_2 t} \\ &= 1 - \frac{e^{-\zeta\omega_n t}}{2j\sqrt{1-\zeta^2}} \left[(\zeta + j\sqrt{1-\zeta^2}) e^{j\sqrt{1-\zeta^2}\omega_n t} \right. \\ &\qquad \left. + (-\zeta + j\sqrt{1-\zeta^2}) e^{-j\sqrt{1-\zeta^2}\omega_n t} \right] \\ &= 1 - \frac{e^{-\zeta\omega_n t}}{\sqrt{1-\zeta^2}} \left[\zeta \sin(\sqrt{1-\zeta^2}\,\omega_n t) + \sqrt{1-\zeta^2} \cos(\sqrt{1-\zeta^2}\,\omega_n t \right] \\ &= 1 - \frac{e^{-\zeta\omega_n t}}{\sqrt{1-\zeta^2}} \sin(\sqrt{1-\zeta^2}\,\omega_n t + \tan^{-1} \frac{\sqrt{1-\zeta^2}}{\zeta}) \end{aligned} \tag{5.44}$$

2) $\zeta = 1$인 경우

식 (5.40)은 다음과 같이 변한다.

$$\frac{\omega_n^2}{s(s^2+2\zeta\omega_n s+\omega_n^2)} = \frac{\omega_n^2}{s(s+\omega_n)^2} = \frac{K_0}{s} + \frac{K_1}{(s+\omega_n)^2} + \frac{K_2}{s+\omega_n} \tag{5.45}$$

여기서,

$$K_0 = \left[\frac{\omega_n^2 s}{(s+\omega_n)^2}\right]_{s=0} = 1 \tag{5.46}$$

$$K_1 = \left[\frac{\omega_n^2 (s+\omega_n)^2}{s(s+\omega_n)^2}\right]_{s=-\omega_n} = -\omega_n \tag{5.47}$$

$$K_2 = \left[\frac{d}{ds}\frac{\omega_n^2 (s+\omega_n)^2}{s(s+\omega_n)^2}\right]_{s=-\omega_n} = -1 \tag{5.48}$$

따라시 역변환은 다음과 같다.

$$\begin{aligned} y(t) &= K_0 + K_1 t e^{-\omega_n t} + K_2 e^{-\omega_n t} \\ &= 1 - e^{-\omega_n t}(\omega_n t + 1) \end{aligned} \tag{5.49}$$

3) $\zeta > 1$인 경우

$$\begin{aligned} y(t) &= 1 - \frac{e^{-\zeta\omega_n t}}{2\sqrt{\zeta^2-1}}(\zeta + \sqrt{\zeta^2-1})e^{\sqrt{\zeta^2-1}\,\omega_n t} \\ &\quad + (-\zeta + \sqrt{\zeta^2-1})e^{-\sqrt{\zeta^2-1}\,\omega_n t} \\ &= 1 - \frac{e^{-\zeta\omega_n t}}{\sqrt{\zeta^2-1}}\sinh\left(\sqrt{\zeta^2-1}\,\omega_n t + \tanh^{-1}\frac{\sqrt{\zeta^2-1}}{\zeta}\right) \end{aligned} \tag{5.50}$$

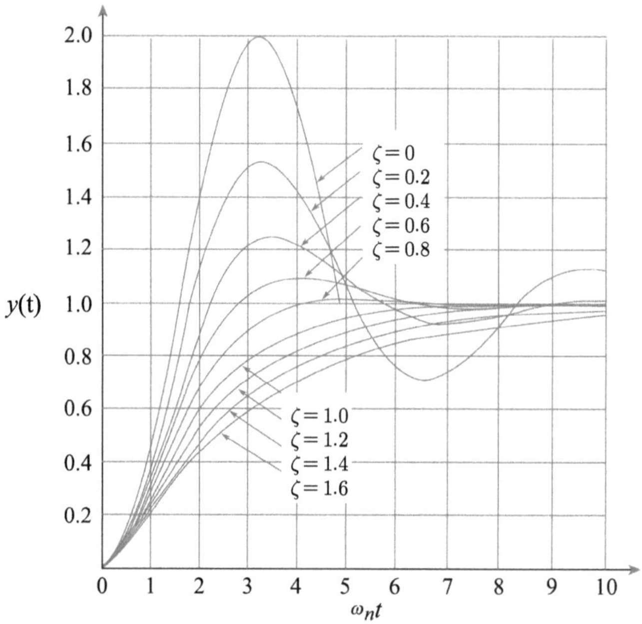

그림 5-7 2차계의 인디셜응답

그림 5-7에 여러 가지의 ζ에 대한 인디셜응답을 나타낸다.

(3) 단위램프응답

단위램프응답은 다음 식으로부터 구해진다.

$$y(t) = \mathcal{L}^{-1}\left[\frac{\omega_n^2}{s^2(s^2 + 2\zeta\omega_n s + \omega_n^2)}\right] \tag{5.51}$$

우선 부분 분수로 분해한다.

$$\begin{aligned}\frac{\omega_n^2}{s^2(s^2 + 2\zeta\omega_n s + \omega_n^2)} &= \frac{\omega_n^2}{s^2(s - s_1)(s - s_2)} \\ &= \frac{K_1}{s^2} + \frac{K_2}{s} + \frac{K_3}{s - s_1} + \frac{K_4}{s - s_2}\end{aligned} \tag{5.52}$$

1) $\zeta < 1$ 인 경우

계수 K_1, K_2, K_3, K_4를 결정하면

$$K_1 = \left[\frac{\omega_n^2 s^2}{s^2(s^2 + 2\zeta\omega_n s + \omega_n^2)} \right]_{s=0} = 1 \tag{5.53}$$

$$K_2 = \left[\frac{d}{ds} \frac{\omega_n^2 s^2}{s^2(s^2 + 2\zeta\omega_n s + \omega_n^2)} \right]_{s=0} = -\frac{2\zeta}{\omega_n} \tag{5.54}$$

$$\begin{aligned} K_3 &= \left[\frac{\omega_n^2 (s - s_1)}{s^2 (s - s_1)(s - s_2)} \right]_{s=s_1} = \frac{\omega_n^2}{s_1^2 (s_1 - s_2)} \\ &= \frac{2\zeta\sqrt{1-\zeta^2} - j(2\zeta^2 - 1)}{2\omega_n \sqrt{1-\zeta^2}} \end{aligned} \tag{5.55}$$

$$\begin{aligned} K_4 &= \left[\frac{\omega_n^2 (s - s_2)}{s^2 (s - s_1)(s - s_2)} \right]_{s=s_2} = \frac{\omega_n^2}{s_2^2 (s_2 - s_1)} \\ &= \frac{2\zeta\sqrt{1-\zeta^2} + j(2\zeta^2 - 1)}{2\omega_n \sqrt{1-\zeta^2}} \end{aligned} \tag{5.56}$$

식 (5.52)의 역변환은 다음과 같다.

$$\begin{aligned} y(t) &= K_1 t + K_2 + K_3 e^{s_1 t} + K_4 e^{s_2 t} \\ &= t - \frac{2\zeta}{\omega_n} + \frac{e^{-\zeta\omega_n t}}{\omega_n \sqrt{1-\zeta^2}} [(2\zeta^2 - 1)\sin\sqrt{1-\zeta^2}\,\omega_n t \\ &\quad + 2\zeta\sqrt{1-\zeta^2}\cos\sqrt{1-\zeta^2}\,\omega_n t] \\ &= t - \frac{2\zeta}{\omega_n}\left\{1 - \frac{e^{-\zeta\omega_n t}}{2\zeta\sqrt{1-\zeta^2}} \times \sin\left(\sqrt{1-\zeta^2}\,\omega_n t + \tan^{-1}\frac{2\zeta\sqrt{1-\zeta^2}}{2\zeta^2 - 1}\right)\right\} \end{aligned} \tag{5.57}$$

2) $\zeta = 1$인 경우

$$
\begin{aligned}
y(t) &= \pounds^{-1}\left[\frac{\omega_n^2}{s^2(s+\omega_n)^2}\right] \\
&= \pounds^{-1}\left[\frac{K_1}{s^2} + \frac{K_2}{s} + \frac{K_3}{(s+\omega_n)^2} + \frac{K_4}{s+\omega_n}\right]
\end{aligned}
\tag{5.58}
$$

$$
K_1 = \left[\frac{\omega_n^2 s^2}{s^2(s+\omega_n)^2}\right]_{s=0} = 1 \tag{5.59}
$$

$$
K_2 = \left[\frac{d}{ds}\frac{\omega_n^2 s^2}{s^2(s+\omega_n)^2}\right]_{s=0} = -\frac{2}{\omega_n} \tag{5.60}
$$

$$
K_3 = \left[\frac{\omega_n^2 (s+\omega_n)^2}{s^2(s+\omega_n)^2}\right]_{s=-\omega_n} = 1 \tag{5.61}
$$

$$
K_4 = \left[\frac{d}{ds}\frac{\omega_n^2 (s+\omega_n)^2}{s^2(s+\omega_n)^2}\right]_{s=-\omega_n} = \frac{2}{\omega_n} \tag{5.62}
$$

식 (5.58)의 역변환은 다음과 같다.

$$
\begin{aligned}
y(t) &= K_1 t + K_2 + K_3 t e^{-\omega_n t} + K_4 e^{-\omega_n t} \\
&= t - \frac{2}{\omega_n} + t e^{-\omega_n t} + \frac{2}{\omega_n} e^{-\omega_n t} \\
&= t - \frac{2}{\omega_n}\left\{1 - e^{-\omega_n t}\left(1 + \frac{1}{2}\omega_n t\right)\right\}
\end{aligned}
\tag{5.63}
$$

3) $\zeta > 1$인 경우

위와 같은 방법으로 다음의 응답을 구할 수 있다.

$$
\begin{aligned}
y(t) &= t - \frac{2\zeta}{\omega_n} + \frac{e^{-\zeta\omega_n t}}{2\omega_n\sqrt{\zeta^2-1}} \times \left[(2\zeta^2-1)\sinh(\sqrt{\zeta^2-1}\,\omega_n t\right] \\
&\quad + 2\zeta\sqrt{\zeta^2-1}\cosh(\sqrt{\zeta^2-1}\,\omega_n t) \\
&= t - \frac{2\zeta}{\omega_n}\left\{1 - \frac{e^{-\zeta\omega_n t}}{2\zeta\sqrt{\zeta^2-1}}\right. \\
&\quad \left. \times \sinh(\sqrt{\zeta^2-1}\,\omega_n t + \tanh^{-1}\frac{2\zeta\sqrt{\zeta^2-1}}{2\zeta^2-1})\right\}
\end{aligned}
\tag{5.64}
$$

여러 가지의 ζ에 대한 단위램프응답을 그림 5-8에 나타내었다. 어느 쪽도 $t \to \infty$가 되면 직선 $t - 2\zeta/\omega_n$에 점차 가까워진다. 이 점근선은 시점 $2\zeta/\omega_n$에서 출발하는 정속도 입력에 평행한 직선이다. 장시간 경과 후는 출력 신호가 입력 신호보다 시간 $2\zeta/\omega_n$만큼 늦어지고 있다고 생각해도 좋으며 또한 크기가 $2\zeta/\omega_n$만큼 작다고 생각해도 좋다.

이상 설명한 2차계의 과도응답은 임펄스응답, 계단응답, 램프응답 모두 $\zeta > 1$이면 비진동적(non-oscillatory)이며, $\zeta < 1$이면 진동적(oscillatory)이다. $\zeta = 1$인 경우가 진동을 일으키는지 일으키지 않는지의 정확한 경계이다. 이러한 경우를 제어 상태에 주목하여 각각 다음과 같이 부른다.

$\zeta > 1$인 경우 : 과제동(over damping) 비진동적(대수적)

$\zeta = 1$인 경우 : 임계제동(critical damping) 임계적

$\zeta < 1$인 경우 : 부족제동(under damping) 진동적

또한 그림 5-6, 5-7 및 5-8에서 알 수 있는 것과 같이 ζ가 작을수록 진동의 감쇠가 적고 극한의 $\zeta = 0$에서는 진폭이 일정한 지속진동이 된다. 이와 같이 ζ는 진동의 감쇠 정도를 표시하므로 감쇠계수(damping ration)라고 한다.

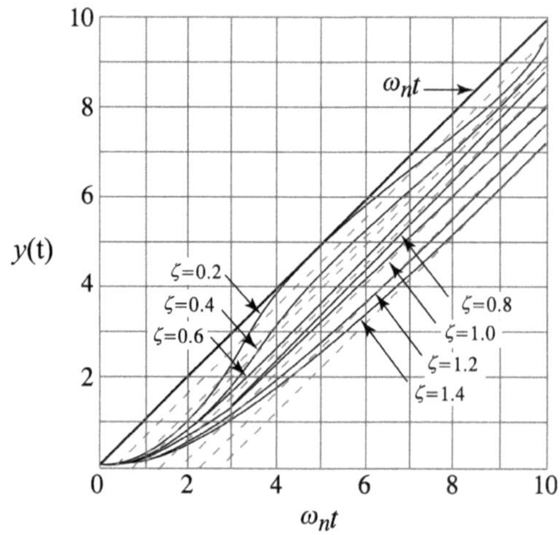

그림 5-8 2차계의 단위램프응답

5.2 정상응답

5.2.1 정상편차

피드백제어계에 있어서 목표값의 변화가 있거나 또는 외란이 가해지면, 이러한 입력 신호에 의하여 제어량의 변화를 일으킨다.

그러므로 목표값과 제어량에 차가 생기고 제어편차가 나타난다. 이 제어편차에는 과도편차(transient error)와 정상편차(steady state error)가 있는데, 시간의 경과에 따라 감쇠하고 마침내 소실되는 것을 과도편차라 하고, 충분히 시간이 경과하여 정상상태에 도달한 후에도 남아 있는 것을 정상편차 또는 잔류편차라 한다.

만일, 제어계에서 기준입력 $x(t)$와 제어량 $y(t)$가 동일한 차원이라면, 편차 함수는 간단히

$$e(t) = x(t) - y(t) \tag{5.65}$$

와 같이 표시할 수 있으나, 경우에 따라서는 이것이 불가능할 때가 있다.

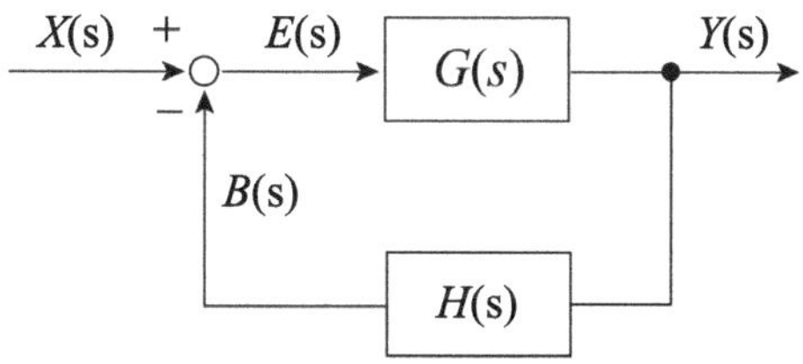

그림 5-9 표준 피드백제어계

만일, 낮은 입력 전압으로 높은 출력 전압을 제어할 경우 입력과 출력은 기준이 다르다. 이러한 경우는 그림 5-9와 같이 피드백 회로에 전송 장치를 설정해야 한다. 따라서 이 경우의 편차는 식 (5.65)대신에 다음과 같이 정의한다.

$$\epsilon(t) = x(t) - b(t) \tag{5.66}$$

식 (5.66)의 양변을 라플라스 변환하면 다음 식과 같다.

$$E(s) = X(s) - B(s) \tag{5.67}$$

그리고 피드백제어계의 정상편차는 시간이 무한대로 접근할 때의 편차로 정의하며 e_{ss}로 표시한다. 이 정상편차를 잔류편차(off-set)라고도 한다.

$$e_{ss} = \lim_{t \to \infty} e(t) \tag{5.68}$$

자동제어계의 정상편차는 계의 고유 특성에 따라 다르며, 또한 같은 계의 정상편차라도 입력에 따라 달라진다. 그리고 이득에 따라서도 달라진다.

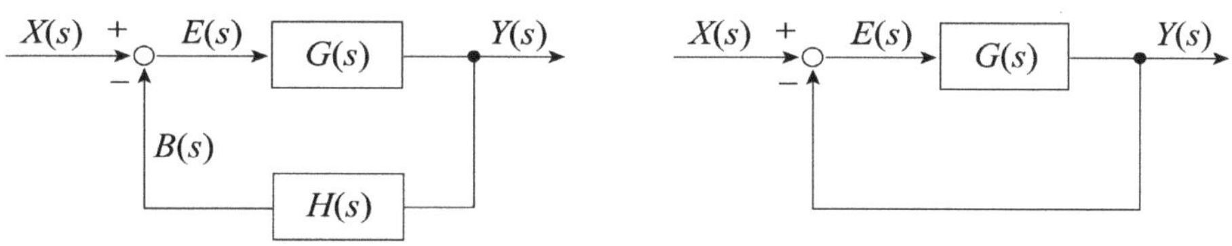

(a) 표준 피드백제어계　　(b) 단위 피드백제어계

그림 5-10 피드백제어계

정상응답을 간단히 취급하기 위해서는 $H(s)=1$로 가정한다. 그러나 $H(s)\neq 1$에 대해서도 그대로 적용된다. 그 이유로서는 다음 결과에서 쉽게 알 수 있다. 즉 그림 5-10(a)에서 편차는

$$E(s)=X(s)-B(s) \tag{5.69}$$

$$B(s)=H(s)Y(s) \tag{5.70}$$

$$Y(s)=G(s)E(s) \tag{5.71}$$

이므로, 편차는 식 (5.69)에서

$$\begin{aligned} E(s) &= X(s)-B(s)=X(s)-H(s)Y(s) \\ &= X(s)-G(s)H(s)E(s) \end{aligned} \tag{5.72}$$

$$E(s)=\frac{X(s)}{1+G(s)H(s)} \tag{5.73}$$

로 된다. 또한 그림 5-10(b)의 단위 피드백제어계에서 편차는

$$E(s)=X(s)-Y(s)=X(s)-E(s)G(s) \tag{5.74}$$

$$E(s)=\frac{X(s)}{1+G(s)} \tag{5.75}$$

가 된다. 식 (5.75)는 식 (5.73)에서 $H(s)=1$인 경우에 해당한다. 따라서 식 (5.73)에서는 $G(s)H(s)$를 식 (5.75)의 $G(s)$로 보아서 그린 단위 피드백제어계로 볼 수 있으므로 해석을 간단히 하기 위해서는 식 (5.75)를 많이 사용한다.

식 (5.75)에 최종값 정리를 적용하면 식 (5.68)의 정상편차는

$$e_{ss}=\lim_{t\to\infty}e(t)=\lim_{s\to 0}sE(s)=\lim_{s\to 0}\frac{sX(s)}{1+G(s)} \tag{5.76}$$

가 된다. 여기서, $sE(s)$는 s 평면의 우반 평면이나 허수축에 극점을 가질 수 없다. 일반적으로 피드백 루프 전달함수 $G(s)H(s)$는 다음과 같이 표시된다.

$$G(s)H(s) = \frac{K(1+T_1 s)(1+T_2 s)\cdots\cdots(1+T_m s)}{s^N(1+T_a s)(1+T_b s)\cdots\cdots(1+T_n s)} \tag{5.77}$$

여기서, $N=0,1,2,\cdots$이고, K와 $T_i(i=a,b,\cdots,1,2,\cdots,m)$는 상수이다.

식 (5.76)에서 피드백제어계의 정상편차는 기준입력 $X(s)$에 따라 달라지지만, 개루프 전달함수 $G(s)H(s)$에 의해서도 변화한다. 단위 피드백제어계에서는 $G(s)$에 의해서 변화한다.

5.2.2 제어대상의 형

그림 5-10(a)와 같은 표준 피드백제어계에 있어서 계의 개루프 전달함수는 다음과 같이 나타낼 수 있다.

$$G(s)H(s) = \frac{K(s+z_1)(s+z_2)\cdots(s+z_m)}{(s+p_1)(s+p_2)\cdots(s+p_n)} \tag{5.78}$$

여기서, K는 전향경로의 이득이고, $-z_i$, $-p_i$는 각각 $G(s)H(s)$의 유한 영점과 극이다.

만일, a개의 영점과 b개의 극이 원점에 있다면 식 (5.78)은 다음과 같이 나타낼 수 있다.

$$G(s)H(s) = \frac{Ks^a(s+z_1)(s+z_2)\cdots(s+z_{m-a})}{s^b(s+p_1)(s+p_2)\cdots(s+p_{n-b})} \tag{5.79}$$

이 장에서는 $b \geq a$인 계만 다루며 $N=b-a$라 놓으면 개루프 전달함수는 다음과 같이 표시되고, N형의 계라 한다.

$$\begin{aligned} G(s)H(s) &= \frac{K(s+z_1)(s+z_2)\cdots\cdots(s+z_{m-a})}{s^N(s+p_1)(s+p_2)\cdots\cdots(s+p_{n-b})} \\ &= \frac{K}{s^N}\left(\frac{1+a_1s+a_2s^2\cdots\cdots+a_ms^m}{1+b_1s+b_2s^2\cdots\cdots+b_ns^n}\right) \end{aligned} \tag{5.80}$$

식 (5.76)에서 알 수 있는 바와 같이 계의 정상편차는 $s=0$에서의 $G(s)H(s)$의 값이 지배하므로, 계의 형을 결정하는 데는 원점에서의 극 $s^N(N=0,1,2,\ \cdots\cdots)$의 수, 즉 N의 값에 의존한다고 볼 수 있다. 그러므로

$$\lim_{s\to 0} G(s)H(s) = \lim_{s\to 0}\frac{K}{s^N} \tag{5.81}$$

이다. $H(s)=1$인 단위 피드백 제어계에서는 $\lim_{s\to 0} G(s) = \lim_{s\to 0}\frac{K}{s^N}$이다.

이와 같은 이유로 제어계의 형을 다음과 같이 분류한다.

$N=0$일때 : 0형 제어계

$N=1$일때 : 1형 제어계

$N=2$일때 : 2형 제어계

$\vdots \qquad \vdots$

5.2.3 기준입력에 대한 정상편차

(1) 단위 계단 입력

계단 함수 $x(t)=u(t)$를 입력으로 가했을 때의 정상편차를 정상위치편차라고 한다. 그림 5-10(a)에서 기준입력을 단위 계단 함수

$$x(t) = u(t) = \begin{cases} 1 & t \geq 0 \\ 0 & t < 0 \end{cases} \tag{5.82}$$

로 할 때, 식 (5.82)의 양변을 라플라스 변환하면

$$X(s) = \frac{1}{s} \tag{5.83}$$

이므로, 입력이 단위 계단 함수일 때의 정상위치편차는 식 (5.76)에 의하여 다음과 같이 된다.

$$e_{sp} = \lim_{s \to 0} \frac{1}{1 + G(s)} = \frac{1}{1 + \lim_{s \to 0} G(s)} = \frac{1}{1 + K_p} \tag{5.84}$$

$$K_p = \lim_{s \to 0} G(s) \tag{5.85}$$

이며, 이 K_p를 위치편차상수(positional error constant)라 한다. 따라서 기준입력을 계단 함수로 할 때 식 (5.77)에서

$N = 0$일때 $\quad e_{sp} = \frac{1}{1 + K_p} =$ 일정

$N = 1$일때 $\quad K_p = \infty$ 이므로 $e_{sp} = 0$

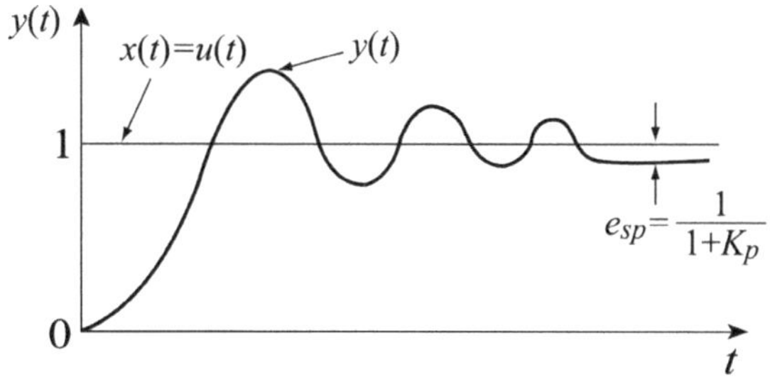

그림 5-11 단위 계단 입력에 대한 정상편차

가 된다. K_p가 유한이고, 0이 아닌 경우 단위 계단 입력에 대한 전형적인 정상편차 e_{sp}는 그림 5-11과 같다.

(2) 램프 입력

제어계에 램프 함수 $x(t)=tu(t)$를 가했을 때의 정상편차를 정상속도편차라고 한다. 그림 5-10(a)에서 기준입력을 램프 함수

$$x(t)=tu(t),\ t \geqq 0 \tag{5.86}$$

로 할 때, 양변을 라플라스 변환하면

$$X(s)=\frac{1}{s^2} \tag{5.87}$$

이므로, 입력이 램프 함수일 때의 정상속도편차는 식 (5.76)에 의하여 다음과 같이 되며, K_v를 속도편차상수(velocity error constant)라고 한다.

$$e_{sv}=\lim_{s\to 0}\frac{1}{s+sG(s)}=\frac{1}{\lim\limits_{s\to 0}sG(s)}=\frac{1}{K_v} \tag{5.88}$$

$$K_v=\lim_{s\to 0}sG(s) \tag{5.89}$$

따라서 기준입력을 램프 함수로 하여 식 (5.77)에서 다음을 얻는다.

$N=0$일때 $\quad K_v=0$ 이므로 $e_{sv}=\infty$

$N=0$일때 $\quad e_{sv}=\dfrac{1}{K_v}$

$N=0$일때 $\quad K_v=\infty$ 이므로 $e_{sv}=0$

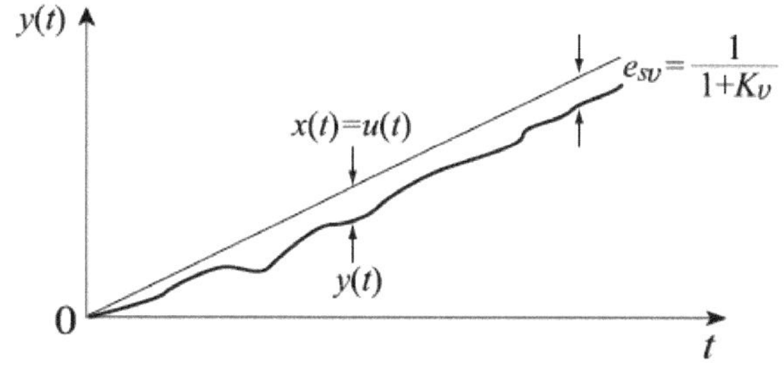

그림 5-12 램프입력에 대한 정상편차

K_v 가 유한이고 0이 아닌 경우 램프 입력에 대한 대표적인 정상편차 e_{sv} 는 그림 5-12와 같다.

(3) 포물선 입력

제어계에 포물선 입력 $x(t)=\frac{1}{2}t^2u(t)$를 가했을 때의 정상편차를 정상가속도편차 또는 간단히 가속도편차라고 한다.

그림 5-10(a)에서 기준입력을 포물선 함수

$$x(t)=\frac{1}{2}t^2u(t), \qquad t \geqq 0 \tag{5.90}$$

로 할 때, 양변을 라플라스 변환하면

$$X(s)=\frac{1}{s^3} \tag{5.91}$$

이므로, 입력이 포물선함수일 때의 정상편차는 식 (5.76)에 의하여 다음 식을 얻는다.

$$e_{sa}=\lim_{s\to 0}\frac{1}{s^2+s^2G(s)}=\frac{1}{\lim\limits_{s\to 0}s^2G(s)}=\frac{1}{K_a} \tag{5.92}$$

$$K_a=\lim_{s\to 0}s^2G(s) \tag{5.93}$$

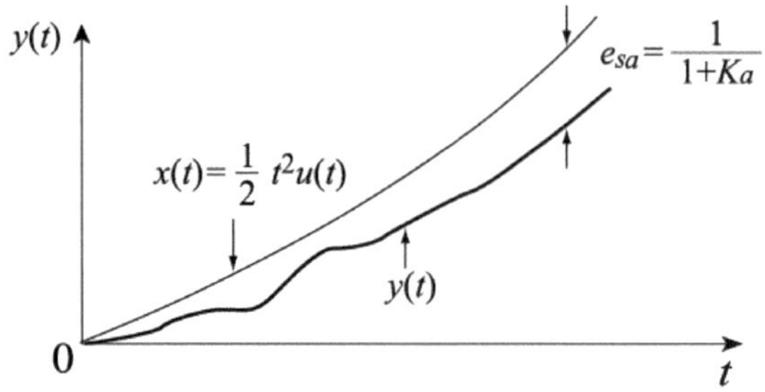

그림 5-13 포물선 입력에 대한 정상편차

이며, K_a를 가속도편차상수(acceleration error constant)라고 한다.

따라서 기준입력을 포물선함수로 하여 식 (5.77)에서 다음을 얻는다.

$N=0, 1$일때　　$K_a=0$이므로 $e_{sa}=\infty$

$N=2$일때　　$e_{sa}=\dfrac{1}{K_a}$

$N=3$일때　　$K_a=\infty$ 이므로 $e_{sa}=0$

포물선 입력에 대하여 0이 아니고, 유한한 K_a를 갖는 계의 대표적인 정상편차 e_{sa}는 그림 5-13과 같다.

예제 5-2

식 (1)과 같은 루프 전달함수를 가진 제어계에 식 (2)와 같은 입력 신호를 가했을 때 잔류편차를 구하라.

$$G(s)=\frac{50}{(1+0.1s)(1+2s)} \tag{1}$$

$$X(s)=\frac{1}{s} \tag{2}$$

■ **풀이** 식 (1), (2)를 식 (5.75)에 대입하면

$$E(s)=\frac{X(s)}{1+G(s)}=\frac{1}{1+\dfrac{50}{(1+0.1s)(1+2s)}}\times\frac{1}{s}$$

$$=\frac{(1+0.1s)(1+2s)}{(1+0.1s)(1+2s)+50}\times\frac{1}{s} \tag{3}$$

식 (3)을 식 (5.76)에 대입하면

$$e_{sp}=\lim_{s\to 0}sE(s)=\lim_{s\to 0}\frac{(1+0.1s)(1+2s)}{(1+0.1s)(1+2s)+50}=\frac{1}{1+50}=\frac{1}{51}$$

예제 5-3

그림 5-14와 같은 피드백제어계에서 단위 계단 함수를 입력으로 할때 정상편차가 0.01이 되도록 하는 a의 값을 구하라.

■ **풀이** 단위 계단 함수를 입력으로 할 때 정상편차는 식 (5.84)로부터

$$e_{sp}=0.01=\frac{1}{1+K_p},\quad K_p=99 \tag{1}$$

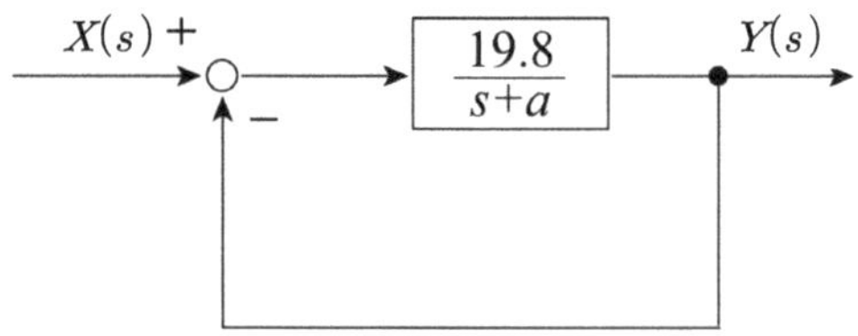

그림 5-14

이고, 루프 전달함수는

$$G(s)H(s) = \frac{19.8}{s+a} \tag{2}$$

이므로, 위치편차상수는 식 (5.85)로부터

$$K_p = \lim_{s \to 0} G(s)H(s) = \lim_{s \to 0} \frac{19.8}{s+a} = \frac{19.8}{a} \tag{3}$$

$$a = \frac{19.8}{99} \fallingdotseq 0.2$$

예제 5-4

루프 전달함수가 다음과 같은 제어계에서 포물선 함수의 입력에 대한 정상편차를 구하라.

$$G(s)H(s) = \frac{100(s+4)}{s^2(s+1)(s+2)}$$

■ **풀이** 가속도편차상수 K_a는 식 (5.93)으로부터

$$K_a = \lim_{s \to 0} s^2 G(s)H(s) = \lim_{s \to 0} s^2 \frac{100(s+4)}{s^2(s+1)(s+2)} = 200 \tag{1}$$

이므로, 정상편차는 다음과 같다.

$$e_{sa} = \frac{1}{K_a} = \frac{1}{200} = 0.005 \tag{2}$$

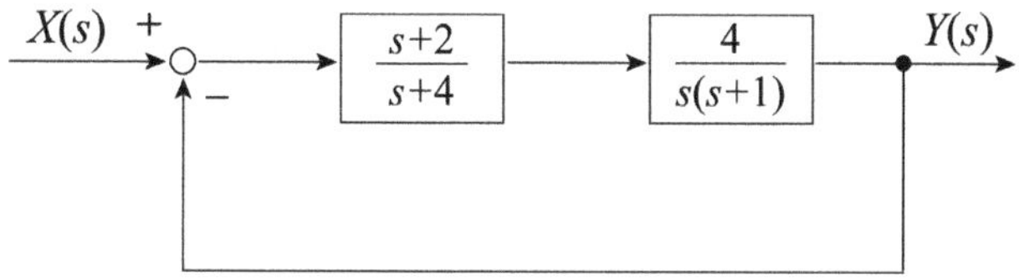

그림 5-15 피드백 시스템

예제 5-5

그림 5-15와 같은 블록선도에서 위치, 속도 및 가속도편차상수를 구하라.

■ **풀이** 위치편차상수 $K_p = \lim_{s\to 0} G(s) = \lim_{s\to 0} \frac{4(s+2)}{s(s+1)(s+4)} = \infty$

속도편차상수 $K_v = \lim_{s\to 0} s\,G(s) = \lim_{s\to 0} \frac{4s(s+2)}{s(s+1)(s+4)} = 2$

가속도편차상수 $K_a = \lim_{s\to 0} s^2 G(s) = \lim_{s\to 0} \frac{4s(s+2)}{(s+1)(s+4)} = 0$

다양한 시험 입력 및 제어계의 형에 따른 정상편차를 표 5-2에 정리하여 나타내었다.

표 5-2 제어계의 형과 입력에 따른 정상편차

형 \ 입력	계단 입력	경사 입력	포물선 입력
0형 시스템	$1/(1+K_p)$	∞	∞
1형 시스템	0	$1/K_v$	∞
2형 시스템	0	0	$1/K_a$

5.2.4 외란의 영향

제어계에서 피드백의 중요한 역할 중의 하나는 외부에서 규칙적이든 불규칙적이든 어떠한 상태로 제어량을 변동시키는 요인이 주위 조건에 의하여 수시로 침입했을 때, 이 외적인 요인에 의한 영향을 억제시키는데 있다. 전자 증폭기는 IC나 트랜지스터 내부에서 고유의 잡음을 발생시키고, 안테나는 돌풍의 영향을 받고, 대부분의 제어계는 비선형 요소들에 의하여 불필요한 비틀림 신호를 발생시킨다. 피드백제어계는 이와 같은 비틀림, 불필요한 외란 등을 감소시키는 효과를 가지고 있다.

여기에서는 규칙적인 외란이 침입될 때의 편차에 미치는 영향에 대해서 알아보기로 하자.

일반적으로 외란을 $d(t)$라 하면 제어계의 블록선도는 그림 5-16과 같은 형으로 대표할 수 있다.

이와 같은 블록선도로 표시되는 제어계의 $X(s), Y(s), D(s)$사이의 관계는 다중입력인 경우가 되므로 다음 식과 같이 된다. 여기서, $D(s)$는 외란 $d(t)$의 라플라스 변환이다.

$$Y(s) = \frac{G_1(s)G_2(s)}{1+G_1(s)G_2(s)}X(s) + \frac{G_2(s)}{1+G_1(s)G_2(s)}D(s) \tag{5.94}$$

편차 $E(s)$는, 그림 5-16과 식 (5.94)로부터

$$\begin{aligned} E(s) &= X(s) - Y(s) \\ &= \frac{1}{1+G_1(s)G_2(s)}X(s) - \frac{G_2(s)}{1+G_1(s)G_2(s)}D(s) \end{aligned} \tag{5.95}$$

와 같이 된다.

식 (5.95)로부터 편차 $E(s)$를 작게 하려면 개루프 전달함수 $G(s) = G_1(s)G_2(s)$를 크게 해야 한다는 것을 알 수 있다.

그러나 $G(s)$는 $G_1(s)$와 $G_2(s)$로 나누어져 있으므로 만일 $G(s)$를 크게 하기 위해 $G_2(s)$를 크게 하면 외란의 영향이 커지게 되므로 외란의 영향을 적게 받고

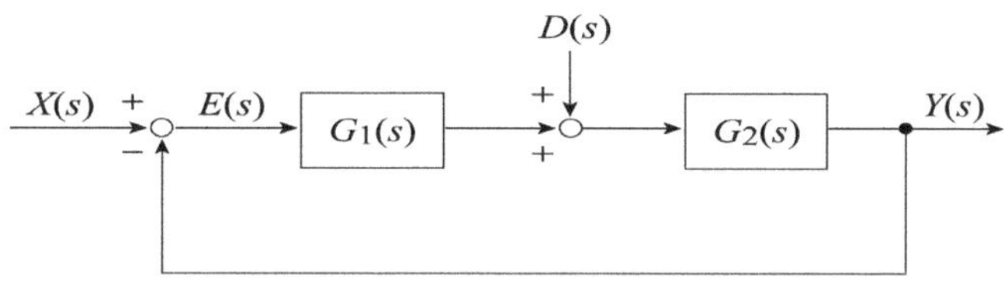

그림 5-16

계의 편차를 적게 하려면 $G_2(s)$에 비하여 $G_1(s)$를 크게 하는 것이 필요하다.

따라서, 외란 $D(s)$에 대한 정상편차는

$$e_{ds} = \lim_{t\to\infty} e_d(t) = \lim_{s\to 0} sE(s) = -\lim_{s\to 0} \frac{s\,G_2(s)}{1+G_1(s)G_2(s)} D(s) \tag{5.96}$$

와 같이 주어진다.

예제 5-6

그림 5-17과 같은 자동제어계에서 단위 계단형 외란을 가했을 때의 정상편차를 구하라.

■ **풀이** 정상편차는

$$e_{ds} = \lim_{s\to 0} s\,E(s) = -\lim_{S\to 0} \frac{s\,U(s)}{1+G(s)H(s)} \cdot D(s)$$

그림에서 $G(s) = \dfrac{50}{1+s}$, $H(s) = 1, U(s) = 1, D(s) = \dfrac{1}{s}$이므로

$$e_{ds} = \left| \frac{1}{1+\dfrac{50}{1+s}} \right|_{s=0} = \left| \frac{1}{1+50} \right| = \frac{1}{51}$$

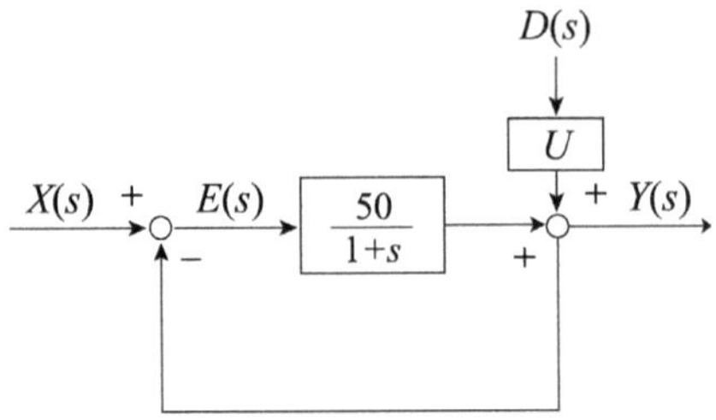

그림 5-17

5.2.5 감도

제어계의 해석이나 설계에 있어서 제일 먼저 계의 여러 요소에 대한 수학적 모델을 만들게 된다. 이때 모델의 정확도는 지정 파라미터 값이 얼마나 실제의 파라미터 값에 접근하는가 또는, 계의 동작 중에 이들 파라미터가 얼마나 지정값에서 벗어나는가에 달려 있다.

즉, 계의 전달함수로 표시되는 물리 소자들은 항상 주위 환경이나 세월이 지나면 경시효과로 인해 특성이 변하므로 제어계의 파라미터 값이 변한다. 예를 들면 전동기는 장시간 사용하면 온도 상승에 의해 권선 저항값이 변하게 된다. 그러므로 계의 감도는 그 계의 전달함수의 한 파라미터가 지정값에서 벗어났을 때의 전달함수가 지정값에서 벗어난 량의 크기로 정의된다. 즉, 계를 구성하는 한 요소의 특성 변화가 계 전체의 특성 변화에 미치는 영향 정도를 감도(sensitivity)라 한다.

지금, 계의 폐루프 전달함수를 $W(s)$, 출력을 $Y(s)$라 하면 출력의 상대적 변화량은

$$\frac{\Delta Y(s)}{Y(s)} \fallingdotseq \frac{\Delta W(s)}{W(s)} \fallingdotseq \left(\frac{dW(s)}{dK(s)}\frac{K(s)}{W(s)}\right)\frac{dK(s)}{K(s)} \tag{5.97}$$

로 표시할 수 있다.

감도 계수는 $\frac{dW(s)}{dK(s)} \cdot \frac{K(s)}{W(s)}$이며, 간단히 $\frac{dW}{dK} \cdot \frac{K}{W}$로 표시한다.

따라서 주어진 요소 K의 특성에 대한 계의 폐루프 전달함수 $W(s)$의 미분감도는 S_K^T로 표시하며 다음 식과 같이 정의한다.

$$S_K^T = \frac{dW}{dK} \cdot \frac{K}{W} = \frac{K}{W} \cdot \frac{dW}{dK} \tag{5.98}$$

감도는 주파수의 함수이며, 이상적인 계에서는 어떤 파라미터의 변화에 대해서도 감도는 0이다.

5.3 Matlab에 의한 응답 분석

5.3.1 Matlab의 개요

매트랩(Matlab)은 제어시스템을 해석하고 설계하는 데 주로 활용되는 응용 소프트웨어이다. 당초에는 행렬과 미적분 연산을 위주로 하는 수학적인 문제들을 컴퓨터를 이용하여 쉽게 풀 수 있게 함으로써 과학기술 분야의 문제 해석과 설계를 돕는 용도로 개발되었다. 특히 이 소프트웨어에 포함되어 있는 시뮤링크(Simulink) 기능은 자동제어계의 주요 표현법 가운데 하나인 블록선도를 그림과 선 그리고 필요한 함수들의 조합으로 선도와 유사하게 표현하고 이를 통해 그 응답을 구할 수 있는 시뮬레이션 기능을 갖고 있어서 제어계 해석 및 설계에 유용하게 활용된다. Matlab과 Simulink에 관한 상세한 내용과 활용법은 본 교재의 범위를 벗어나므로 전문 서적이나 소프트웨어 설명서를 참고하기 바란다.

다음의 5.3.2와 5.3.3에서는 이 Matlab 소프트웨어를 이용하여 시스템의 과도응답 및 정상응답을 구하는 방법에 대해 살펴보기로 한다.

5.3.2 과도응답 분석

(1) 1차시스템의 응답

우선 Matlab을 이용하여 1차시스템의 단위계단응답을 구해보자. 그림 5-18에 식 (5.99)와 같은 1차지연요소의 인디셜응답을 Matlab으로 구하는 프로그래밍의 한 예를 보인다.

$$G(s) = \frac{2}{10s+1} \tag{5.99}$$

우선 1행에서 변수 'num'에 전달함수의 분자 다항식의 계수를, 그리고 변수 'den'에 전달함수의 분모 다항식의 계수를 각각 입력한다. 다음 2행에서와 같이 변수 시간 't'에 대한 시작과 증분값, 그리고 종료 시점을 설정해 준다. 마지막으로 3행에서와 같이 원하는 응답에 상당하는 함수명을 'step', 'impluse', 'lsim' 등과 같이 설정하고 위에서 설정한 변수들을 괄호 안에 기입하여 실행시키면 각각의 희망하는 응답을 볼 수 있다.

인디셜응답의 경우에는 특정 명령어 'step'을, 임펄스응답의 경우에도 특정 명령어 'impulse'를 선택하면 된다. 하지만 경사응답이나 포물선응답의 경우 명령어가 따로 없다. 이 경우에는 명령어 'lsim'을 사용하여 임의의 다양한 입력 파형에 대한 시스템의 응답들을 계산할 수 있다. 명령어 'lsim'은 다음과 같은 방법으로 사용한다.

```
lsim(num, den, y, x);
```

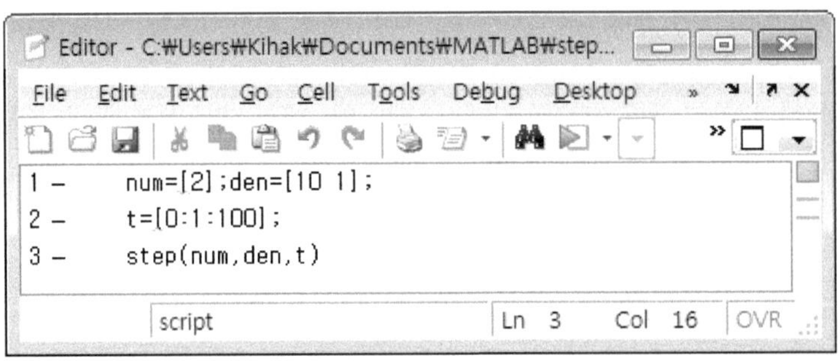

그림 5-18 m-file 작업창에서의 인디셜응답 프로그래밍

예를 들어 그림 5-18의 3행에서 명령어 'step' 대신 'lsim'을 기입하고, 시스템의 분자, 분모 다항식의 계수를 변수명 'num'과 'den'에 입력한다. 괄호 내의 'x'항은 시간함수이므로 변수 't'를 기입하고 단위경사함수의 응답을 구할 경우에는 $y = x$이므로 y항에는 변수명 't'를, 그리고 포물선함수의 응답을 구할 경우에는 $y = x^2$이므로 변수명 't.^2'을 기입한다. 이러한 활용 예를 그림 5-20에 보인다.

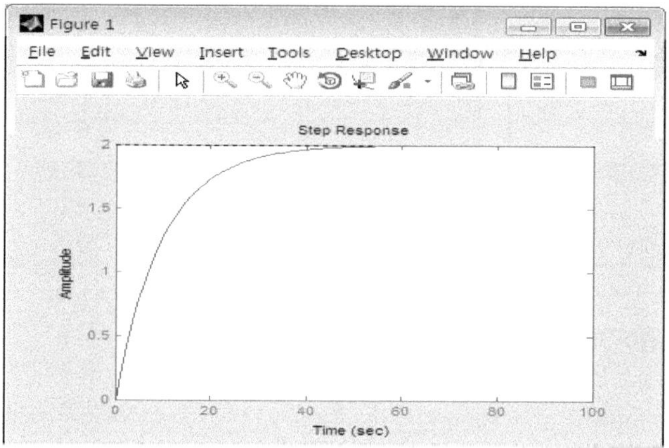

step(num, den, t)

(a)

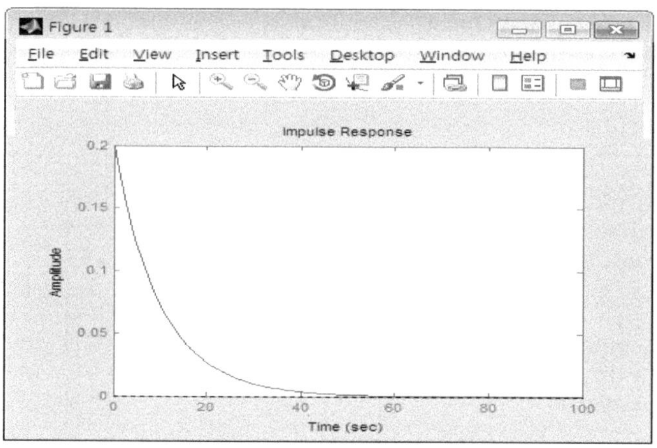

impulse(num, den, t)

(b)

그림 5-19 m-file 작업창에서의 인디셜응답 및 임펄스 응답프로그래밍

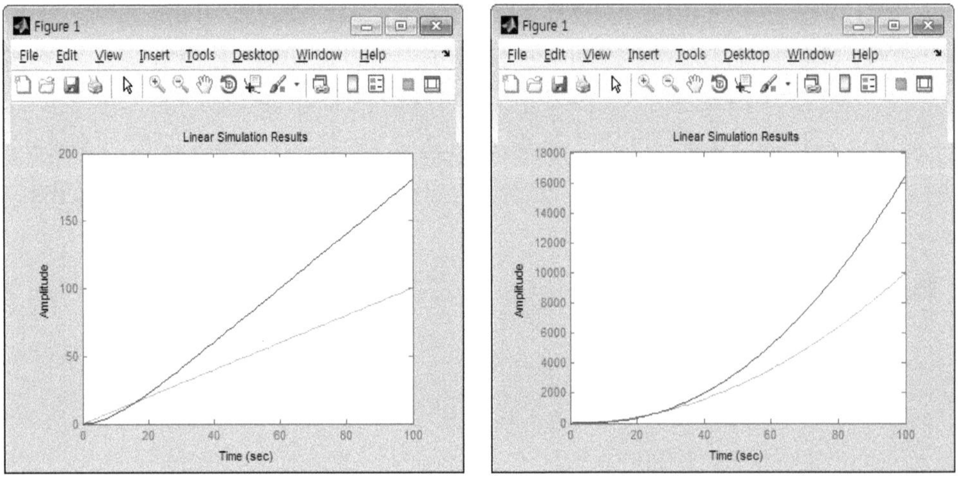

lsim(num, den, t, t) lsim(num, den, t.^2 ,t)

(a) (b)

그림 5-20 명령어 'lsim'에 의한 임의 함수 응답 프로그래밍

(2) 2차시스템의 응답

2차시스템에서는 감쇄비에 따른 각 응답을 Matlab을 통해서 구하는 방법에 대해 살펴보기로 하자.

우선 고유진동수와 감쇠비가 $\omega_n = 2$, $\zeta = 0.1$, 0.5, 1.5일 때 아래와 같이 m파일을 작성한다.

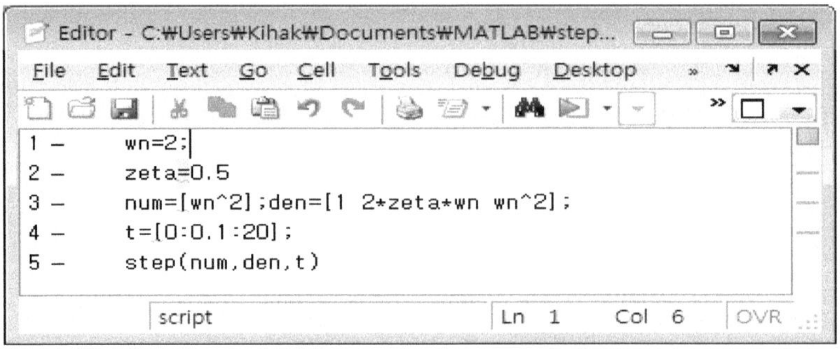

그림 5-21 2차시스템 응답 프로그래밍

$\zeta = 0.5$인 경우에는 변수 'zeta'에 0.5를 넣고, $\zeta = 1.5$인 경우에는 변수 'zeta'에 1.5를 넣으면 된다. m파일을 실행시키면 아래 그림과 같은 그래프가 나타난다. 그림을 통해 ζ의 크기에 따라서 과감쇠와 부족감쇠가 일어나는 것을 볼 수 있으며 ζ가 작을수록 오버슈트가 커지는 것을 알 수 있다.

이렇듯 Matlab을 이용하면 번거로운 수학적 계산 필요 없이 응답 그래프의 파형을 쉽게 볼 수 있으므로 이를 통해 대상 시스템의 과도상태의 특성을 이해하기 쉬워진다.

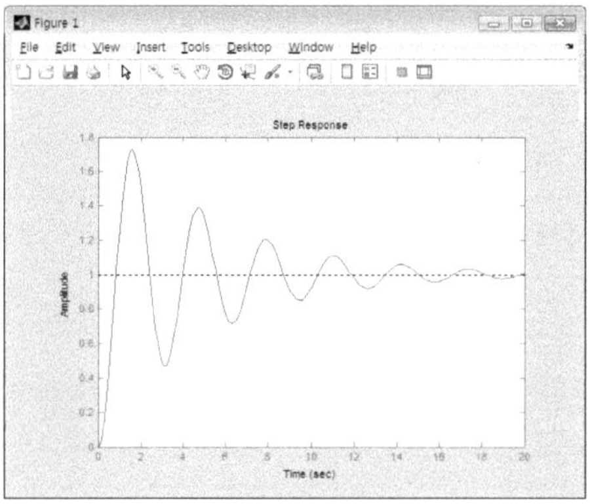

(a) $\zeta = 0.1$인 경우

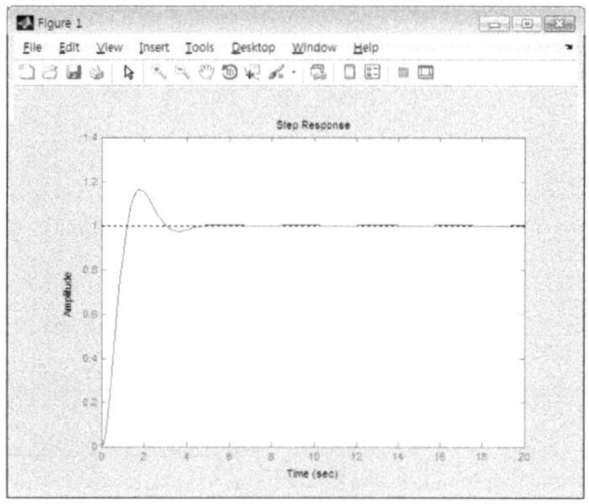

(b) $\zeta = 0.5$인 경우

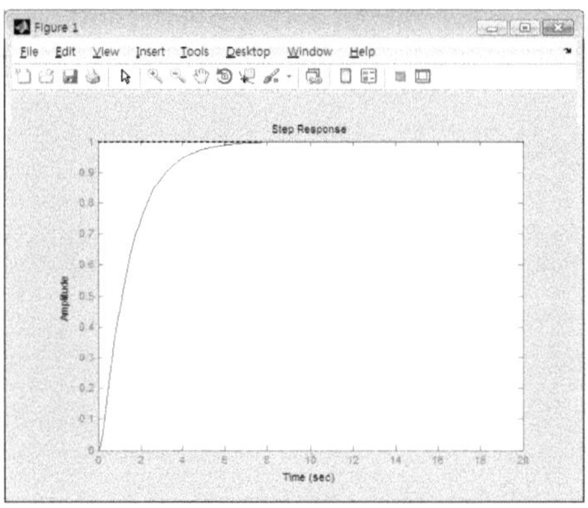

(c) $\zeta = 1.5$인 경우

그림 5-22 2차시스템의 감쇠비에 따른 인디셜 응답

(3) 과도응답 성능지표

과도응답의 성능 지표를 Matlab을 통해 구하는 방법을 알아보자. 2차시스템을 대상으로 먼저 오버슈트와 피크 시간(peak time)을 구해 보자.

<단계1> 먼저, 2차시스템의 단위계단응답을 계산한다.

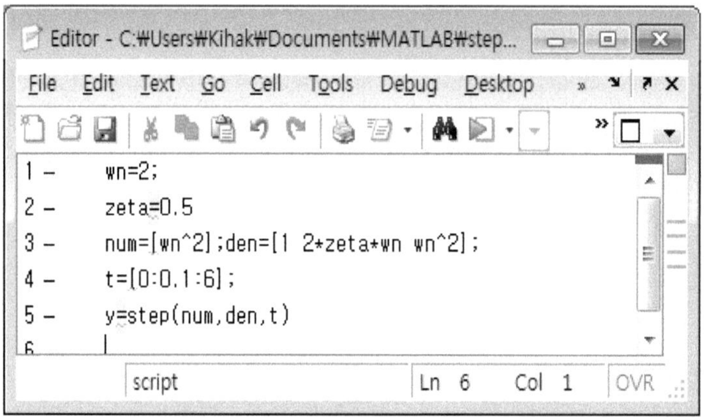

(a)

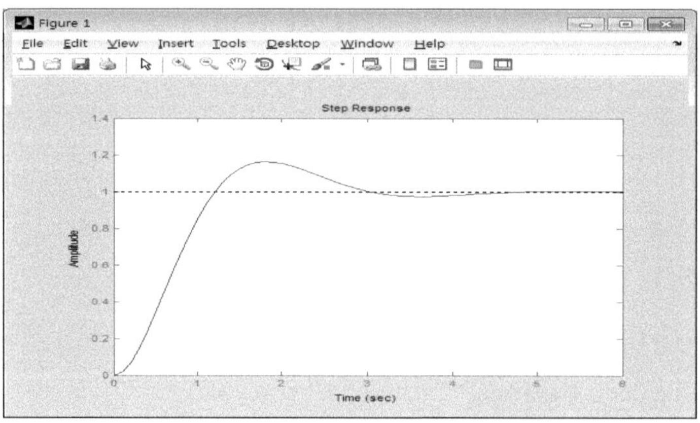

(b)

그림 5-23 2차시스템의 인디셜응답 프로그래밍 및 결과

<단계2> 출력응답에서 가장 큰 값인 오버슈트 최대값은 명령어 'max'를 사용해 구할 수 있다. 변수 'y' 중에서 가장 큰 값과, 그 값의 위치(index)는 다음 그림 5-24와 같이 프로그래밍하여 찾는다.

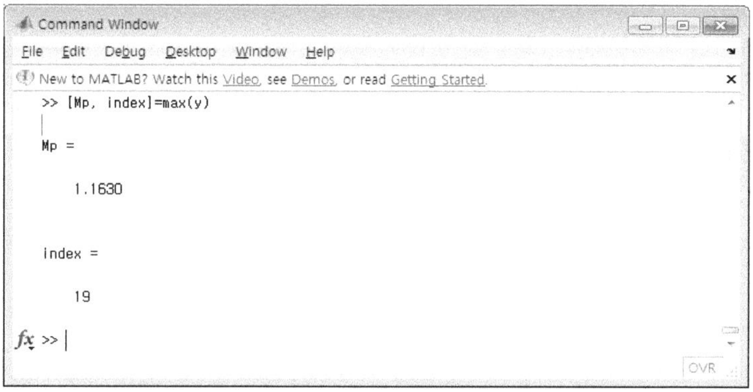

그림 5-24 2차시스템의 첨두값 및 그 시간 구하기

<단계3> 최고값이 1.163이므로 퍼센트오버슈트(P.O)는 16.3[%]가 되며 이때 피크 시간은 아래와 같이 계산한다.

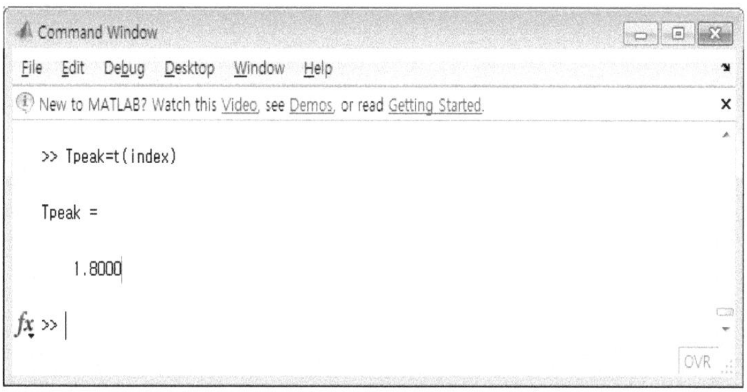

그림 5-25 2차시스템의 피크 시간 구하기

Matlab을 통해 오버슈트가 16.3[%]에 달하는 이때의 시간은 1.8[초]이며 그림 5-23의 그래프와 일치함을 알 수 있다.

두 번째로 정착시간을 구해보자.

<단계1> 2차시스템의 계단응답을 계산한다. 오버슈트와 피크 시간을 구할 때의 과정과 동일하다.

<단계2> 정상상태 출력값의 2[%] 상한선을 그린다. 벡터 ‘t’ 또는 ‘y’와 길이가 같고, 값은 모두 1.02*정상상태 출력이 되도록 상한선 벡터 ‘u1’을 만든다. 이때, 벡터의 길이는 명령어 ‘length’를 쓰면 쉽게 알 수 있다.

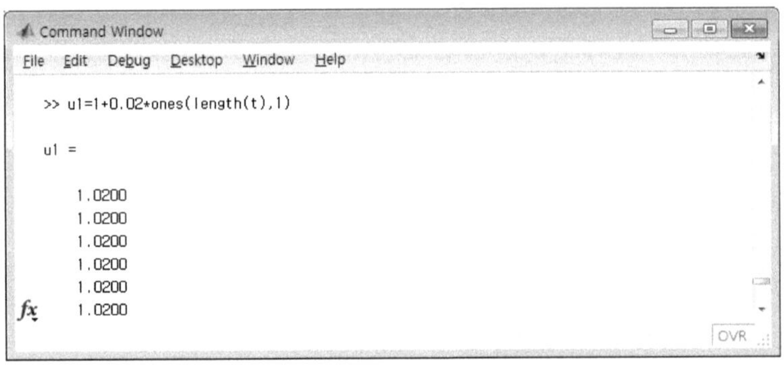

그림 5-26 2차시스템의 2[%] 상한선 구하기

<단계3> 이제, 정상상태 출력의 2[%] 하한선을 그린다.

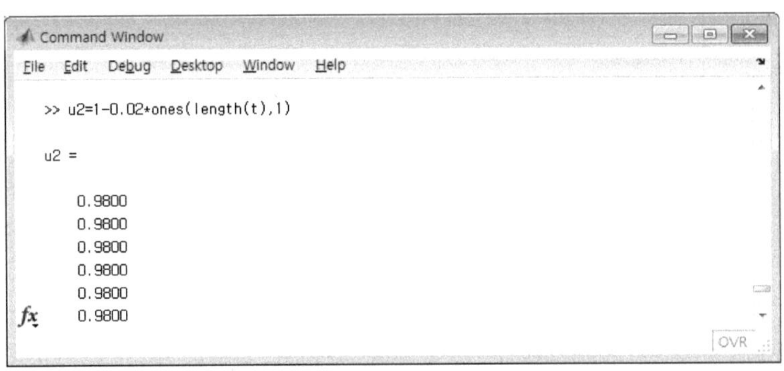

그림 5-27 2차시스템의 2[%] 하한선 구하기

<단계4> 위에서 구한 두 한계선을 〈단계 1〉에서 작성한 그래프에 동시에 그리기 위해, 명령어 'hold on'을 실행시킨 다음에 이 기준선들을 그린다. 이 과정을 나타내는 프로그래밍 및 그래프 결과가 그림 5-28, 5-29에 각각 나타나 있다.

그림 5-27에서 정착시간을 확인하면 약 4[초]이며 정착시간의 근사식인 $t_s \approx 4/\zeta\omega_n = 4$와 일치한다.

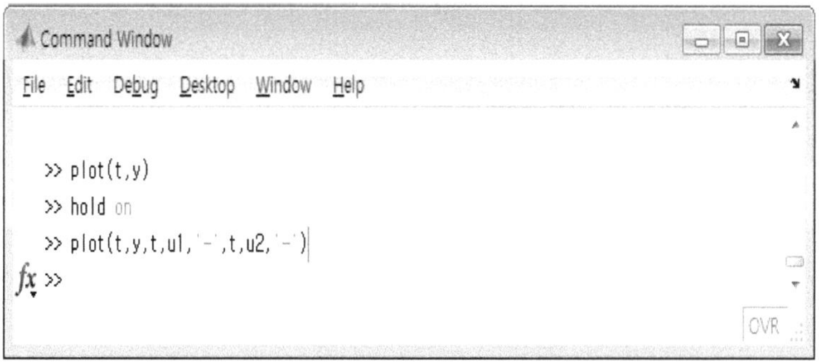

그림 5-28 2[%] 상, 하한선 그리기 프로그래밍

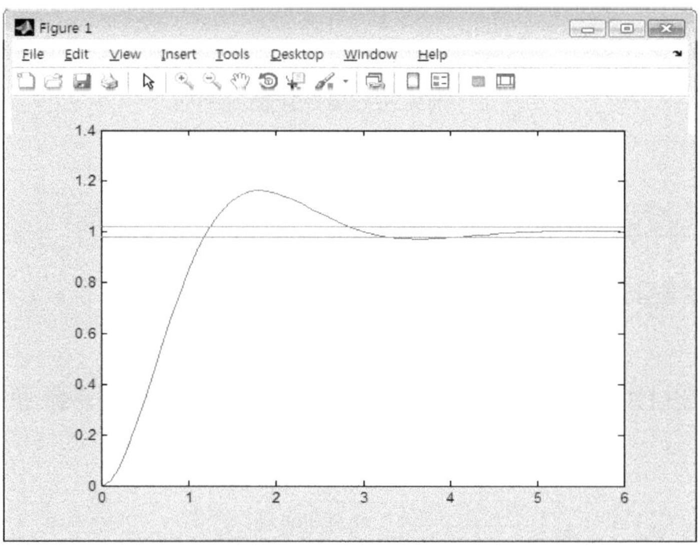

그림 5-29 2[%]상, 하한선 그리기 프로그래밍 실행 결과

연 습 문 제

1. 다음 용어를 설명하라.

(1) 상승시간 (2) 정정정착시간 (3) 지연시간

2. 어떤 제어계의 단위계단입력에 대한 출력 응답 $C(t)=1-e^{-t}$일 때 지연시간 t_d 를 구하라.

3. $G(s)=\dfrac{1}{(s+a)^2}$인 계의 임펄스응답을 구하라.

4. $G(s)=\dfrac{5s}{s+2}$인 계의 단위램프응답을 구하라.

5. $G(s)=\dfrac{1}{s(1+Ts)}$인 계의 인디셜응답을 구하라.

6. 개루프 전달함수 $G(s)=\dfrac{3}{s(s+4)}$인 단위 피드백계의 임펄스응답 및 인디셜응답을 구하라.

7. 인디셜응답이 $y(t)=3t-3t^2-e^{-t}$인 제어계의 전달함수를 구하라.

8. $G(s)=\dfrac{\omega_n^2}{s^2+2\zeta\omega_n s+\omega_n^2}$인 제어계에서 $\omega_n=2,\ \zeta=0$으로 할 때 단위임펄스응답을 구하라.

9. 특성방정식 $s^2+bs+c^2=0$이 감쇠 진동하는 경우 감쇠율을 구하라.

10. 그림 5-30과 같은 안정계에서 위치, 속도 및 가속도 편차상수를 구하라.

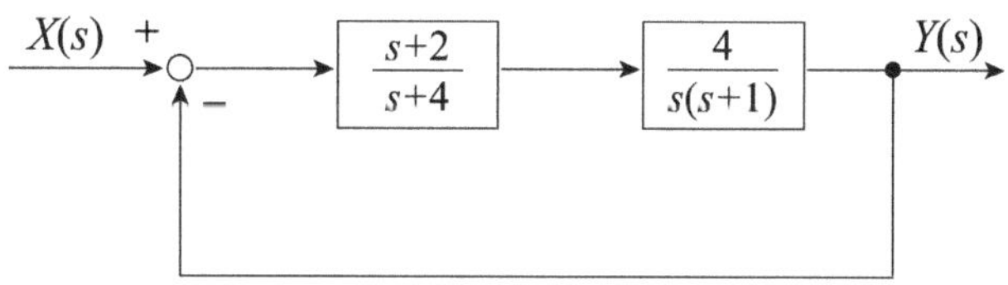

그림 5-30

11. 개루프 전달함수가 다음과 같을 때 단위 피드백 제어계의 계단, 램프 및 포물선 오차상수를 구하라.

(1) $G(s)=\dfrac{1000}{(1+0.1s)(1+10s)}$

(2) $G(s)=\dfrac{100}{s(s^2+10s+100)}$

(3) $G(s)=\dfrac{K}{s(s+0.1s)(1+0.5s)}$

(4) $G(s)=\dfrac{100}{s^2(s^2+10s+100)}$

(5) $G(s)=\dfrac{1000}{s(s+10)(s+100)}$

12. 그림 5-31과 같은 제어계에서 단위계단외란 $D(s)$가 인가되었을 때의 외란에 대한 정상편차는?

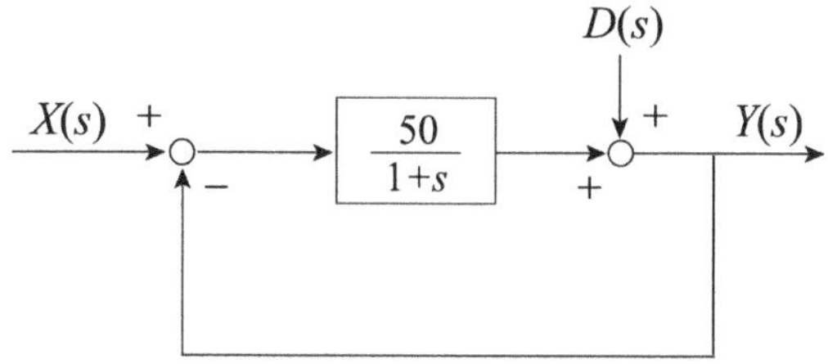

그림 5-31

13. 그림 5-32와 같은 제어계에서 단위 포물선 입력에 대한 정상상태 오차가 0.01이 되기 위한 K의 값을 구하라.

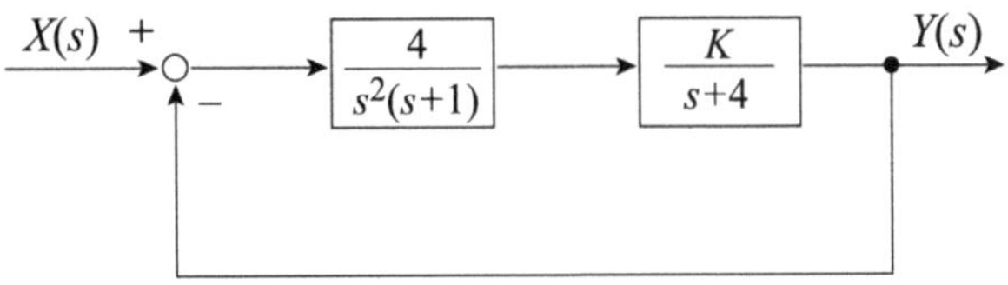

그림 5-32

14. 개루프 전달함수 $G(s)=\dfrac{4}{s^N(s+4)}$ 인 요소는 어떤 형에 속하는가?

15. 그림 5-33과 같은 안정한 2형 단위 피드백계에서 위치, 속도 및 가속도 편차 상수를 구하라.

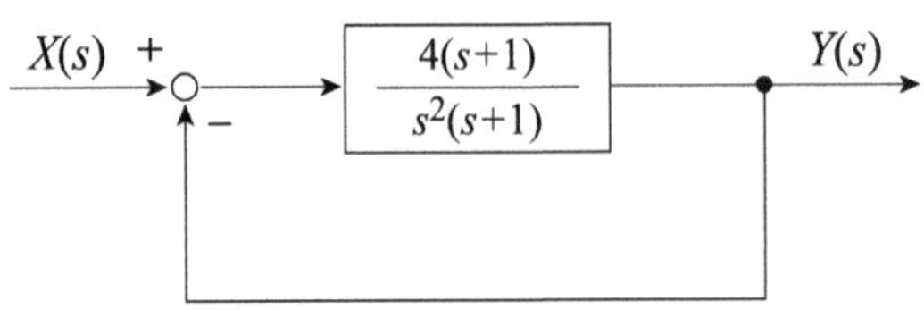

그림 5-33

16. 그림 5-34와 같은 블록선도를 표시되는 계에서 $K_1 = K_2 = 100$일 때 K_1에 대한 계의 감도 $S_{K_1}^{W_1}$을 구하라.

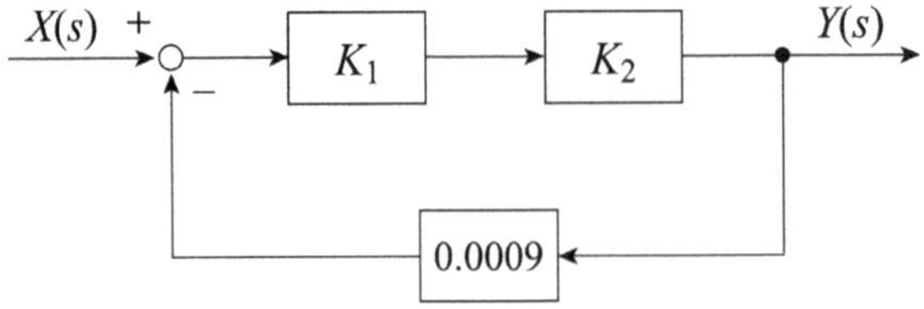

그림 5-34

6
CHAPTER

주파수 응답법

6.1 주파수 응답과 주파수 전달함수

주파수 응답법은 그림 6-1과 같이 임의의 제어계 전달함수 $G(s)$에 정현파 입력 $x(t)$를 인가할 때, 정상상태에서의 출력 $y(t)$에 주목한다. 즉, 입력 정현파의 진폭을 일정하게 유지하고 주파수만을 변경하여,

$$\text{진폭비} = \frac{\text{출력의 진폭}}{\text{입력의 진폭}}$$

$$\text{위상차} = \text{입력의 위상과 출력 위상의 차}$$

의 변화 특성을 표시하는 방법이 **주파수 응답법**이다.

그림 6-2에서,

$$\text{입력 정현파} = a\sin\omega t \qquad a : \text{진폭}, \quad \omega : \text{주파수}$$

$$\text{출력 정현파} = b\sin(\omega t - \theta) \qquad b : \text{진폭}, \quad \theta : \text{위상}$$

로 하면, 진폭비와 위상차는 다음 식으로 된다.

$$\text{진폭비} = \frac{\text{출력의 진폭}}{\text{입력의 진폭}} = \frac{b}{a} \qquad \text{위상차} = \theta$$

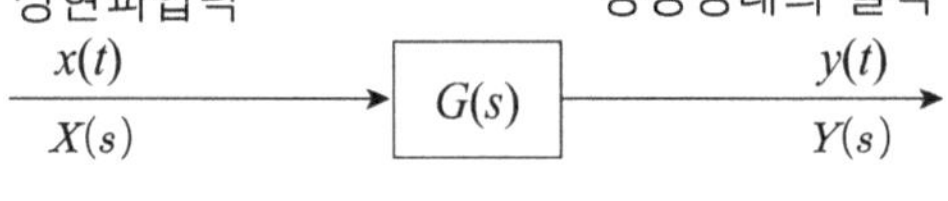

그림 6-1 입출력 블록선도

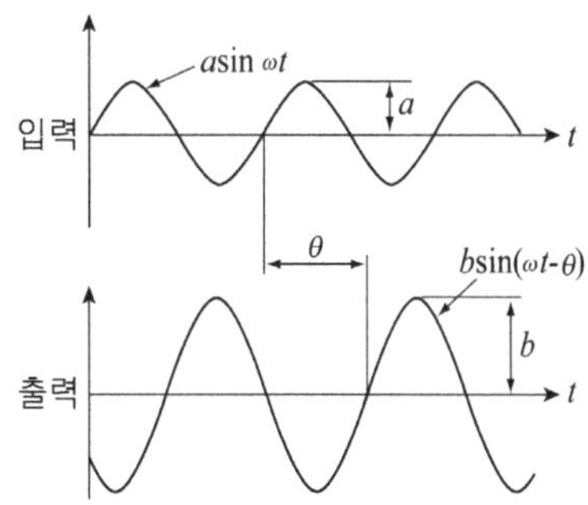

그림 6-2 주파수 응답법

그러므로 제어계의 주파수 응답은 ω의 변화에 대한 b/a와 θ의 변화를 각각 구하면 된다. 그러나 계가 선형이면 ω를 변화시키면서 실험하지 않고도, 계의 전달함수 $G(s)$로부터 주파수 응답을 이론적으로 계산할 수 있다. 결론적으로, 전달함수 $G(s)$인 요소에 $a\sin\omega t$의 정현파 입력을 인가한 때의 주파수 응답(진폭비와 위상차)은, $G(s)$에 $s = jw$ (단, $j = \sqrt{-1}$)를 대입하여 얻어지는 주파수 전달함수 $G(j\omega)$의 절대값 및 편각과 동일하다. 즉, $G(j\omega)$가 주파수 특성을 결정하게 된다. 이제 $G(j\omega)$의 계산으로부터 위의 결론을 유도해 보자. 계산 방법은 전달함수가 $G(s)$인 계에 입력 $x(t)$=$a\sin\omega t$를 가하여, 그 응답 $y(t)$를 구한 뒤, $t\to\infty$로 한 정상상태에서의 진폭과 위상으로부터 진폭비와 위상차를 구하면 된다.

먼저, 입력으로 진폭 a, 주파수 ω인 정현파 (6.1)을 가정한다.

$$x(t) = a\sin\omega t \tag{6.1}$$

양변을 라플라스 변환하면 (6.2)로 된다.

$$X(s) = \frac{aw}{s^2+w^2} = \frac{aw}{(s+jw)(s-jw)} \tag{6.2}$$

출력에 대한 라플라스 변환은 (6.3)으로 되고,

$$Y(s) = X(s)\cdot G(s) = \frac{aw}{(s+jw)(s-jw)}G(s) \tag{6.3}$$

여기서, $G(s)$를 (6.4)로 하여 (6.3)에 대입하면 (6.5)가 얻어진다.

$$G(s) = \frac{A(s)}{B(s)} = \frac{A(s)}{(s-s_1)(s-s_2)\cdots\cdots(s-s_n)} \tag{6.4}$$

$$\begin{aligned} Y(s) &= \frac{aw}{(s+jw)(s-jw)}\cdot\frac{A(s)}{(s-s_1)(s-s_2)\cdots\cdots(s-s_n)} \\ &= \frac{C_1}{s+jw}+\frac{C_2}{s-jw}+\frac{K_1}{s-s_1}+\frac{K_1}{s-s_2}+\cdots\cdots+\frac{K_n}{s-s_n} \end{aligned} \tag{6.5}$$

단, C_1, C_2, K_1, K_2, ……, K_n은 계수이다.

각 항의 계수는 식 (6.5)가 복소 공액 극점을 포함하고 있는 경우이므로, 이 경우의 부분 분수 전개법을 적용하여 다음과 같이 C_1부터 순차적으로 결정할 수 있다. 먼저 C_1에 대해서는 식 (6.5)의 양변에 $(s+j\omega)$를 곱한 후 $s=-j\omega$를 대입하면, C_1이 얻어진다.

$$(s+jw)Y(s)=\frac{aw}{s-jw}G(s)=C_1+\frac{s+jw}{s-jw}C_2+\frac{s+jw}{s-s_1}K_1 \tag{6.6}$$

$$+\cdots\cdots+\frac{s+jw}{s-s_n}K_n$$

$$\frac{aw}{-2jw}G(-jw)=C_1 \qquad \text{즉, } C_1=-\frac{a}{2j}G(-jw) \tag{6.7}$$

같은 방법으로 식 (6.5)의 양변에 $(s-j\omega)$를 곱하고, $s=j\omega$를 대입하면, C_2가 다음과 같이 얻어진다.

$$\frac{aw}{2jw}G(jw)=C_2 \qquad \text{즉, } C_2=\frac{a}{2j}G(jw) \tag{6.8}$$

한편, $K_i(i=1,\ n)$는 서로 다른 실근의 경우이므로, 식 (6.5)의 양변에 $(s-s_i)$를 곱한 뒤 $s=s_i$로 하면 구해진다. 이와 같이 하여 각 계수가 결정되면 (6.5)는 (6.9)로 되고,

$$\begin{aligned}Y(s)&=\frac{C_1}{s+jw}+\frac{C_2}{s-jw}+\frac{K_1}{s-s_1}+\cdots\cdots+\frac{K_n}{s-s_n}\\&=-\frac{a}{2j}\frac{G(-jw)}{s+jw}+\frac{a}{2j}\frac{G(jw)}{s-jw}+\frac{K_1}{s-s_1}+\cdots\cdots+\frac{K_n}{s-s_n}\\&=\frac{a}{2j}\left\{\frac{G(jw)}{s-jw}-\frac{G(-jw)}{s+jw}\right\}+\frac{K_1}{s-s_1}+\cdots\cdots+\frac{K_n}{s-s_n}\end{aligned} \tag{6.9}$$

식 (6.9)를 라플라스 역변환 하면 출력 $y(t)$가 구해진다. 여기서, $G(j\omega)$, $G(-j\omega)$는 s를 포함하지 않는 공액 복소수이므로 복소수의 지수 표시 방법에 의하면 크기가 $|G(jw)|$, 편각 $\theta = \angle G(jw)$의 복소 벡터로 표시된다.

$$G(jw) = |G(jw)| \cdot e^{j\theta} \tag{6.10}$$

$$G(-jw) = |G(jw)| \cdot e^{-j\theta} \tag{6.11}$$

이 관계를 식 (6.9)에 대입하면

$$\begin{aligned} Y(s) &= \frac{a}{2j}\left[\frac{|G(jw)|e^{j\theta}}{s-jw} - \frac{|G(jw)|e^{-j\theta}}{s+jw}\right] + \frac{K_1}{s-s_1} + \cdots\cdots + \frac{K_n}{s-s_n} \\ &= \frac{a}{2j}|G(jw)|\left[\frac{e^{j\theta}}{s-jw} - \frac{e^{-j\theta}}{s+jw}\right] + \frac{K_1}{s-s_1} + \cdots\cdots + \frac{K_n}{s-s_n} \end{aligned} \tag{6.12}$$

식 (6.12)를 라플라스 역변환하여 출력 $y(t)$를 구하면 (6.13)이 얻어진다.

$$\begin{aligned} y(t) &= \frac{a}{2j}|G(jw)|\{e^{j\theta}e^{jwt} - e^{-j\theta}e^{-jwt}\} + K_1 e^{s_1 t} + \cdots\cdots + K_n e^{s_n t} \\ &= \frac{a}{2j}|G(jw)|\{e^{j(wt+\theta)} - e^{-j(wt+\theta)}\} + K_1 e^{s_1 t} + \cdots\cdots + K_n e^{s_n t} \\ &= a|G(jw)|\left\{\frac{e^{j(wt+\theta)} - e^{-j(wt+\theta)}}{2j}\right\} + K_1 e^{s_1 t} + \cdots\cdots + K_n e^{s_n t} \\ &= a|G(jw)|\sin(wt+\theta) + K_1 e^{s_1 t} + \cdots\cdots + K_n e^{s_n t} \end{aligned} \tag{6.13}$$

식 (6.13)에서 $t \to \infty$로 할 때의 정상상태를 생각하면, 제1항은 진폭 $b = a|G(jw)|$의 진동이므로 $t \to \infty$로 하여도 단순히 위상이 증가할 뿐, 절대값은 $a|G(jw)|$ 보다 크게 되지는 않는다. 따라서 만약 출력이 발산할 때는 제2항의 $K_1 e^{s_1 t}$ 이하가 유한값으로 수렴하지 않고 증가하는 것을 나타낸다. 즉, 전달함수 $G(s) = A(s)/B(s)$의

분모인 $B(s)=0$의 근인 s_1, s_2, ……, s_n이 정(+)의 실수부를 가진 복소수 ($s_n=\alpha+j\beta$로 할 때 $\alpha>0$)를 포함한다.

이와 같이 응답이 발산할 때는 계가 불안정하게 되어 정상상태에 도달하지 않기 때문에 주파수 응답도 구할 수 없다. 그러므로 식 (6.13)이 $t\to\infty$로 갈 때 정상상태에 도달하기 위해서는 적어도 제2항 이하의 $k_i e^{s_i t}$의 모든 항이 $t\to\infty$로 될 때 보두가 0이 되면, 정상상태로 남는 항은 제1항의 진농성분뿐이므로, 이와 같이 $y(t)$를 $y(\infty)$로 하면 정상상태의 $y(t)$는 최종적으로 다음과 같이 얻어진다.

$$y(t)=y(\infty)=a|G(jw)|\sin(wt+\theta) \tag{6.14}$$

이 $y(\infty)$는

$$\text{진폭} : b=a|G(jw)| \tag{6.15}$$

$$\text{위상} : \theta$$

의 진동 파형을 표시하며, 입력파인 $a\sin\omega t$와 비교하면

$$\text{진폭비} : \frac{b}{a}=\frac{a|G(jw)|}{a}=|G(jw)| \tag{6.16}$$

$$\text{위상차} : \theta=\angle G(jw) \tag{6.17}$$

즉, 계의 전달함수 $G(s)$의 s를 $j\omega$로 치환한 주파수 전달함수 $G(j\omega)$의 복소 벡터의 절대값 $|G(jw)|$와 편각 $\angle G(jw)$로 계의 주파수 특성이 표시됨을 알 수 있다. 이상의 결과를 그림으로 나타내면 그림 6-3과 같고, 전달함수 $G(s)$의 주파수 특성이 $G(j\omega)$라는 복소 벡터로 표시된다. 이것은 대단히 간단한 표현이면서 제어계의 특성 해석에 극히 중요한 사항이므로 $G(j\omega)$의 내용을 충분히 이해할 필요가 있다.

그림 6-3에서 진폭비와 위상차는 각각 다음 식으로 된다.

$$\text{진폭비} : |G(jw)|=G(jw)\ \text{벡터의 길이} \tag{6.18}$$

$$=\sqrt{(\text{실수부})^2+(\text{허수부})^2}$$

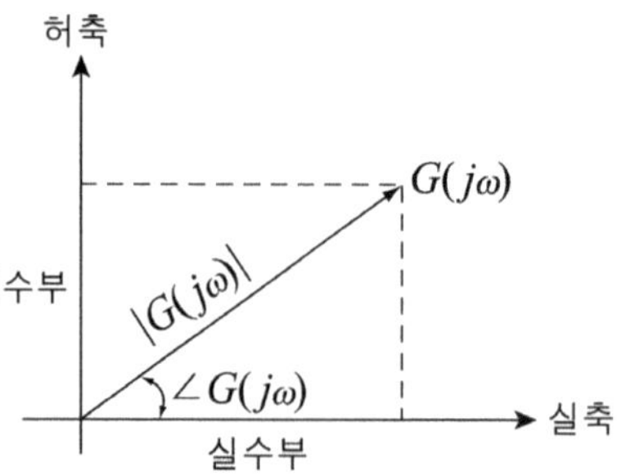

그림 6-3 $G(j\omega)$의 벡터 표시

$$\text{위상차} : \angle G(jw) = G(jw) \text{ 벡터의 편각} \qquad (6.19)$$
$$= \tan^{-1}\frac{\text{허수부}}{\text{실수부}}$$

이와 같은 $G(j\omega)$를 주파수 전달함수(frequency transfer function)라 하며 $|G(jw)|$를 이득(gain)이라 한다.

이상과 같이 요소의 전달함수 $G(s)$가 주어지면 그 주파수 응답은 주파수 전달함수 $G(j\omega)$로부터 용이하게 구할 수 있다.

6.2 주파수 응답을 나타내는 각종 선도

주파수 응답은 그 특성을 한눈에 알 수 있도록 그림으로 나타내는 것이 바람직하여, 보드(Bode) 선도, 나이키스트(Nyquist) 선도, 니콜스(Nichols) 선도 등이 제안되어 있다.

이들은 자동 제어의 해석에 매우 중요한 사항이며 특히 보드 선도가 많이 이용되고 있다.

이 절에서는 보드 선도 및 나이키스트 선도의 간단한 특성만을 살펴보고, 상세한 내용은 6.3절 이하에서 순차적으로 다루기로 한다.

6.2.1 보드 선도(Bode diagram)

주파수 전달함수 $G(j\omega)$는 일반적으로 복소수이므로 벡터로 표현되며 그 크기는 진폭비$|G(j\omega)|$, 편각은 위상차$\angle G(j\omega)$로 표시된다. 보드 선도는 다음 식으로 나타낸 이득과 위상차를 종축에 취하고, 횡축에는 주파수 ω의 변화를 대수 눈금으로 취해 도시한 것이다.

$$\text{이 득 } g = 20\log(\text{진폭비})\ [\text{dB}] \tag{6.20}$$

$$\text{위상차} = \theta\ [\text{deg}] \tag{6.21}$$

그러므로

$$\text{진폭비} = |G(j\omega)| \tag{6.22}$$

$$\text{위상차} = \angle G(j\omega) \tag{6.23}$$

의 관계를 대입하면

$$g = 20\log|G(j\omega)|\ [\text{dB}] \tag{6.24}$$

$$\theta = \angle G(j\omega)\ [\text{deg}] \tag{6.25}$$

라는 형태로 보드 선도가 작성된다. 각종 요소의 보드 선도는 6.3절에서 다룬다.

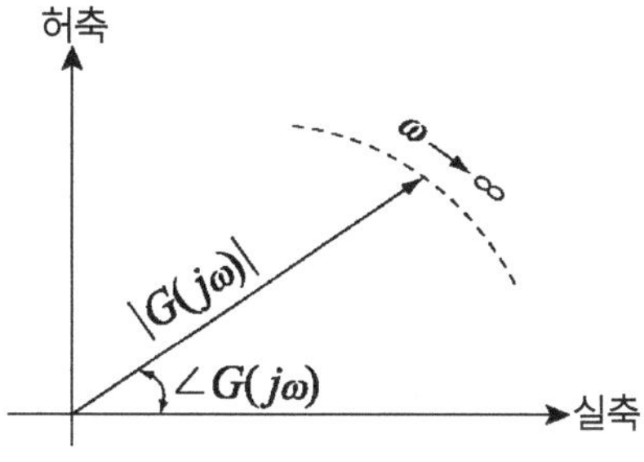

그림 6-4 $G(j\omega)$의 벡터

6.2.2 나이키스트 선도(Nyquist diagram)

나이키스트 선도는 주파수 ω에 대한 개루프 주파수 전달함수 $G(j\omega)$의 크기와 위상을 극좌표 상에 나타낸 선도이다. 즉, 주파수 ω가 0에서 ∞로 변할 때, 복소 벡터 $|G(j\omega)|$와 $\angle G(j\omega)$의 궤적을 그린 것이다. 이 선도는 주파수 전달함수 $G(j\omega)$의 주파수 응답을 극좌표 상에 나타내므로 극좌표 선도라고도 한다. 주파수 응답은 앞에서 설명한 바와 같이 $|G(j\omega)|$와 $\angle G(j\omega)$로 주어지며, 이것을 복소 평면상에 벡터로 나타내면 그림 6-4와 같이 된다. ω가 증가하면 $|G(j\omega)|$, $\angle G(j\omega)$가 변화하여, 벡터의 선단은 어느 곡선을 표시한다.

이때 표시되는 벡터 선단의 궤적을 벡터 궤적이라 하며, 파라미터로서 ω의 증가에 따라서 이 두 값이 어떻게 변화하는가 하는 상대적 관계를 직감적으로 알 수 있으므로 제어계의 특성 이해에 널리 이용되고 있다.

6.3 각종 전달함수의 보드 선도

이제까지는 각종 선도에 대하여 그 내용을 간략히 설명하였지만, 여기에서는 주파수 응답 해석에서 가장 많이 이용되는 보드 선도에 대해 구체적으로 설명한다. 일반적으로 제어계의 전달함수 $G(s)$는 다음과 같이 주어진다.

$$\begin{aligned} G(s) &= \frac{A(s)}{B(s)} = k\frac{s^m + a_1 s^{m-1} + \cdots\cdots + a_m}{s^n + b_1 s^{n-1} + \cdots\cdots + b_n} \\ &= k\ \frac{(s-\alpha_1)(s-\alpha_2)\cdots\cdots(s-\alpha_m)}{(s-\beta_1)(s-\beta_2)\cdots\cdots(s-\beta_n)} \end{aligned} \tag{6.26}$$

여기서, α_1, α_2, $\cdots$, α_m은 $A(s)=0$의 근, β_1, β_2, $\cdots$, β_n은 $B(s)=0$의 근으로 이들은 실수 또는 복소수이다. 복소근의 경우는 반드시 공액으로 되어 나타난다. 그리고 복소근만을 2차식으로 표시하면 식 (6.26)은 다음 식으로 표현된다.

$$G(s)=k\frac{\prod_i(s-\alpha_i)\prod_k(s^2+2\zeta_k\,\omega_{nk}s+\omega_{nk}{}^2)}{\prod_j(s-\beta_j)\prod_l(s^2+2\zeta_l\,\omega_{nl}s+\omega_{nl}{}^2)} \tag{6.27}$$

(단, $\prod$는 각각의 인수의 곱을 나타낸다.)

어떤 복잡한 전달함수라도 실근과 공액 복소근을 갖고 있는 한, 식 (6.27)과 같이 s의 1차식과 2차식의 승·제산 형으로 표시된다. 분자에서 s의 2차식이 나타나는 경우는 실제로 거의 없으며, 대개는 정수이거나 기껏해야 1차식이다.

주파수 응답은 식 (6.27)에 있어서 $s=j\omega$로 놓으면 구해지지만, 이득에 대하여는 [dB]단위의 대수 표시로 하면, 분자의 각 항은 가산, 분모의 각 항은 감산이 되어, 절대값인 경우의 승·제산이 가·감산으로 변한다. 위상에 대하여는 처음부터 가·감산이므로, 결국 $G(j\omega)$의 이득 g와 위상 θ는

$$\left.\begin{aligned} g &= 20\log k+\Sigma g_A-\Sigma g_B \\ \theta &= \Sigma\theta_A-\Sigma\theta_B \end{aligned}\right\} \tag{6.28}$$

단, Σg_A =분자 이득의 합, Σg_B =분모 이득의 합, $\Sigma\theta_A$ =분자의 편각 합, $\Sigma\theta_B$ =분모의 편각 합을 각각 나타낸다.

이와 같이 각 항의 주파수 특성을 알고 있으면, 계 전체의 이득 g와 위상 θ는, 식 (6.28)의 연산에 의해 보드 선도 상에서 간단한 가산과 감산의 조작에 의해 용이하게 구해진다. 이것이 보드 선도의 최대 이점이며, 그 구체적인 연산의 실례를 이하에 보인다.

6.3.1 간단한 요소

가장 간단한 전달함수로서 자주 나타나는 요소로는 비례요소, 미분요소, 적분요소의 3가지가 있다. 이들의 보드 선도에 대해서 우선 설명한다.

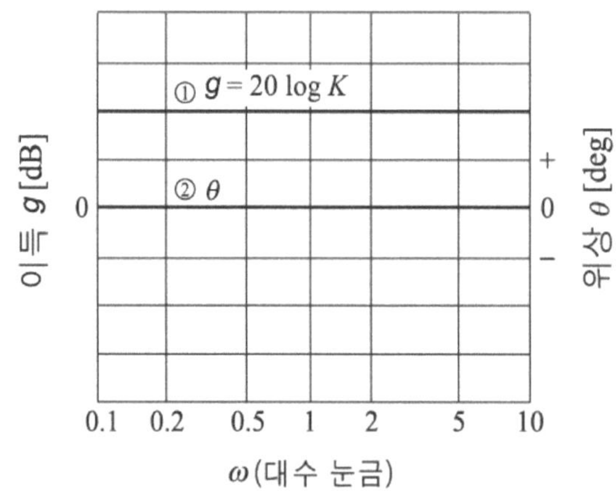

그림 6-5 비례요소의 보드 선도

(1) 비례요소

정수 K로 주어지는 비례요소의 주파수 전달함수는

$$G(s) = K \tag{6.29}$$

$$G(j\omega) = K(\text{허수부는 없다}) \tag{6.30}$$

$$g = 20\log K = \text{일정} \tag{6.31}$$

$$\theta = \angle K = 0 \tag{6.32}$$

이며, 따라서 이 값들을 도시한 보드 선도는 그림 6-5와 같이 된다.

(2) 미분요소

$G(s) = s$로 주어지는 미분요소의 주파수 전달함수는

$$\text{주파수 전달함수} G(j\omega) = j\omega \tag{6.33}$$

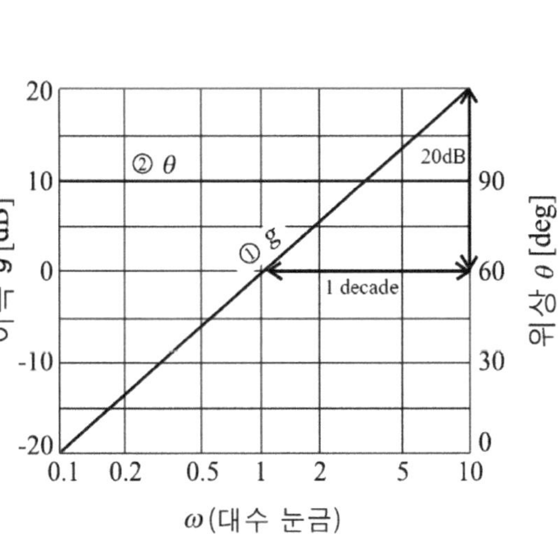

그림 6-6 미분요소의 보드 선도

$$\text{진폭비}|j\omega| = \omega \tag{6.34}$$

$$\text{위상차}\theta = \angle j\omega = 90^\circ \tag{6.35}$$

$$\text{이득 } g = 20\log|j\omega| = 20\log\omega \tag{6.36}$$

로 된다.

g는 $\log\omega$에 비례하므로, $\log\omega$를 횡축, g를 종축에 나타내면 그림 6-8이 얻어진다. 이득 특성은 1 decade에 20[dB]씩 증가하는 직선 ①이 되며, θ는 $j\omega$의 순 허수이므로 편각은 90[°]로 수평선 ②가 된다. 이 관계를 나타낸 것이 그림 6-6이다.

(3) 적분요소

적분요소는 $G(s) = 1/s$로 주어지며, 주파수 전달함수 및 이득과 위상차는 각각 다음과 같다.

$$\text{주파수 전달함수}G(j\omega) = \frac{1}{j\omega} = \frac{1}{j\omega} \times \frac{j}{j} = -\frac{j}{\omega} \tag{6.37}$$

$$\text{진폭비} = \left|\frac{1}{j\omega}\right| = \left|-\frac{j}{\omega}\right| = \frac{1}{\omega} \tag{6.38}$$

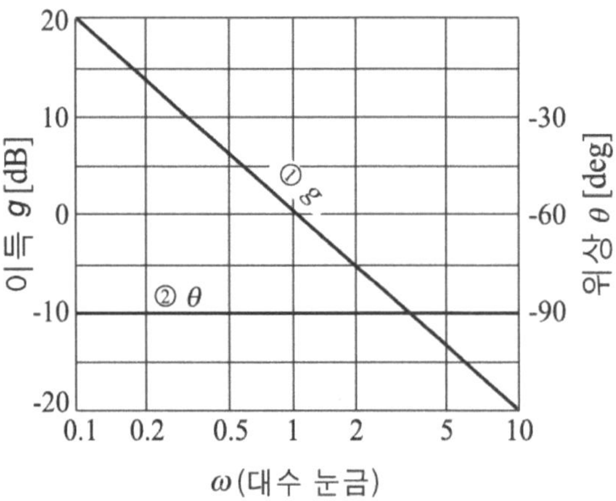

그림 6-7 적분요소의 보드 선도

$$\text{이득}\, g = 20\log\left|\frac{1}{j\omega}\right| = 20\log\frac{1}{\omega} = -20\log\omega \tag{6.39}$$

$$\text{위상차}\, \theta = \angle\frac{1}{j\omega} = \angle\left(-\frac{j}{\omega}\right) = -90^{\circ} \tag{6.40}$$

이득 g는 $\log\omega$에 비례하여 감소하므로, 그림 6-7에 나타낸 바와 같이 1 decade에 20[dB]씩 감소하는 직선 ①이 되며, 편각 θ는 $-j/\omega$의 순 허수이므로 -90[°]로 수평선 ②가 된다.

6.3.2 1차지연요소

1차지연요소는 전달함수가

$$G(s) = \frac{1}{1+Ts} \tag{6.41}$$

로 주어지며 주파수 전달함수는 식 (6.42)와 같이 된다.

$$G(j\omega) = \frac{1}{1 + j\omega T} \tag{6.42}$$

분모, 분자에 $(1 - j\omega T)$를 곱하여 분모를 유리화하면

$$G(j\omega) = \frac{1}{1 + \omega^2 T^2} - j\frac{\omega T}{1 + \omega^2 T^2} \tag{6.43}$$

로 되어, 실수부와 허수부로 분리된다. 그래서 이 복소 벡터는

$$\begin{aligned} |G(j\omega)| &= \sqrt{(\text{실수부})^2 + (\text{허수부})^2} = \sqrt{Re^2 + Im^2} \\ &= \frac{1}{1 + \omega^2 T^2}\sqrt{1 + (-\omega T)^2} = \frac{1}{\sqrt{1 + \omega^2 T^2}} \end{aligned} \tag{6.44}$$

$$\angle G(j\omega) = \tan^{-1}\frac{\text{허수부}}{\text{실수부}} = \tan^{-1}\frac{Im}{Re} = \tan^{-1}(-\omega T) = -\tan^{-1}\omega T \tag{6.45}$$

로 되어 이득과 위상차는 다음과 같이 구해진다.

(1) **이득**

$$\begin{aligned} g &= 20\log|G(j\omega)| = 20\log\frac{1}{\sqrt{1 + \omega^2 T^2}} = -20\log\sqrt{1 + \omega^2 T^2} \\ &= -10\log(1 + \omega^2 T^2) \end{aligned} \tag{6.46}$$

$\omega T \ll 1$에서는 $g \fallingdotseq -10\log 1 \fallingdotseq 0$ 에서, $g = 0$의 수평선이 점근선

$\omega T = 1$에서는 $g = -10\log(1+1) = -10\log 2 \fallingdotseq -3$

$\omega T \gg 1$에서는 $g \fallingdotseq -10\log\omega^2 T^2 = -20\log\omega T$

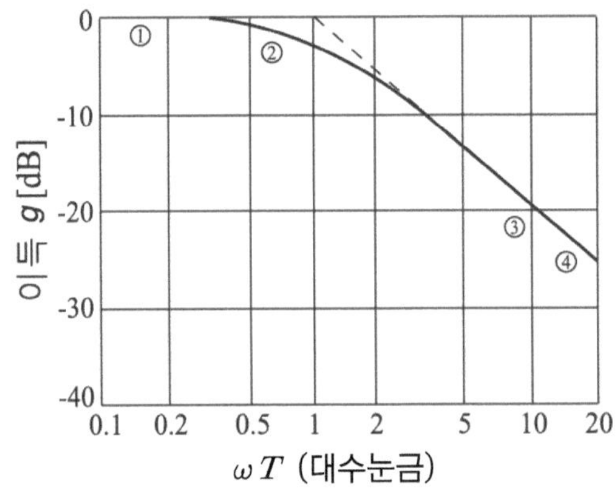

그림 6-8 $\dfrac{1}{1+j\omega T}$ 의 이득 특성

이므로 1 decade에 20[㏈]씩 감소하는 직선이 점근선이 되는 그림 6-8과 같은 이득 곡선(실제는 절선에 가까운 것)이 얻어진다.

(2) 위상차

식 (6.45)에서 보인 바와 같이 위상차는 $\theta = \angle G(j\omega) = -\tan^{-1}\omega T$로 주어진다. $\omega T > 0$ 이므로 θ는 (-)의 값이 되어 그림 6-9에 나타낸 바와 같이, 시계 방향으로 회전하는 각이 된다.

그리고 ωT의 대소로 각의 크기를 개략적으로 구해보면,

① $\omega T \ll 1$: $\omega T \to 0$ 으로 $\theta = -\tan^{-1} 0 \fallingdotseq 0\,[\text{deg}]$

② $\omega T = 1$: $\theta = -\tan^{-1} 1 = -45\,[\text{deg}]$

③ $\omega T \gg 1$: $\omega T \to \infty$로 $\theta = -\tan^{-1}\infty = -90\,[\text{deg}]$

가 되며, 이득 g와 위상차 θ를 log ωT에 대하여 한 그림 상에 나타내면 그림 6-10과 같다.

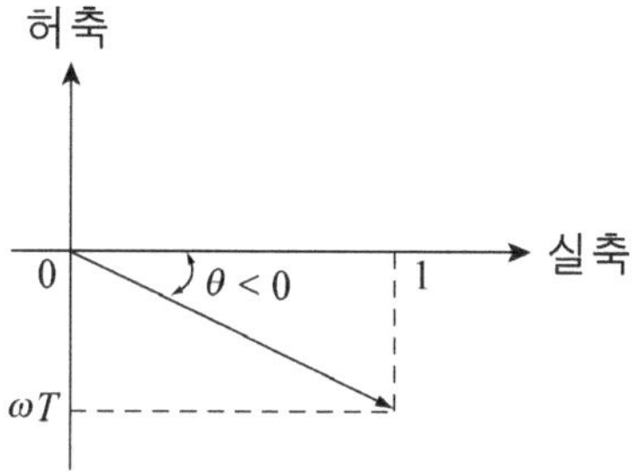

그림 6-9 $\theta = -\tan^{-1}\omega T$ 의 위상

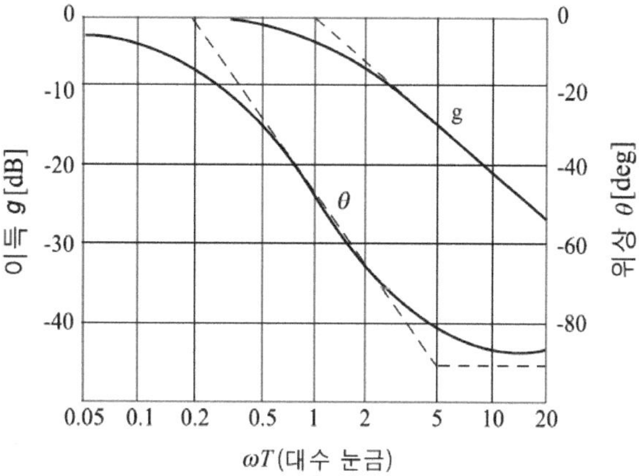

그림 6-10 $\dfrac{1}{1+jwT}$의 보드 선도

6.3.3 2차지연요소

그림 6-11과 같은 기계계 또는 전기계는 전달 특성이 2차지연요소로 나타난다.

(1) 기계계

입력 $x(t)$를 물체에 가해지는 하방향의 힘, 출력 $y(t)$를 물체의 하방향 변위로 하면, 뉴턴의 운동법칙에 의하여 다음 미분방정식이 성립한다.

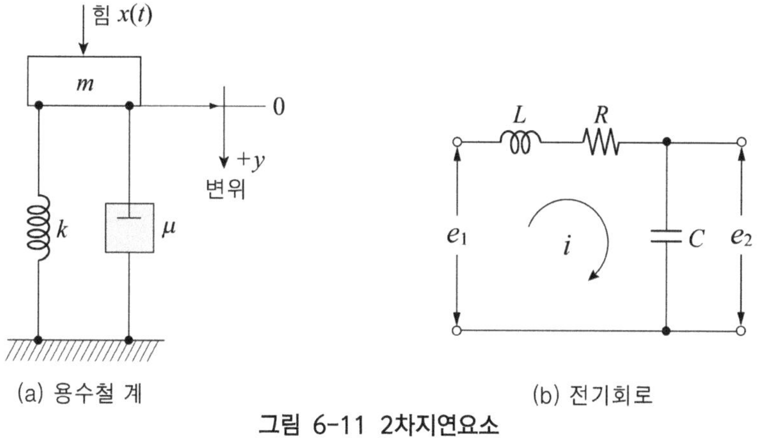

그림 6-11 2차지연요소

$$m\frac{d^2y}{dt^2}+\mu\frac{dy}{dt}+ky=x \tag{6.47}$$

단, m은 질량, μ는 저항 계수(점성마찰계수), 그리고 k는 용수철 정수이다.

이 요소의 전달함수 $G(s)$를 구하는 과정은 다음과 같다.

$$\begin{aligned} &ms^2Y(s)+\mu sY(s)+kY(s)=X(s) \\ &(ms^2+\mu s+k)Y(s)=X(s) \end{aligned} \tag{6.48}$$

$$G(s)=\frac{Y(s)}{X(s)}=\frac{1}{ms^2+\mu s+k}=\frac{1}{s^2+(\mu/m)s+(k/m)} \tag{6.49}$$

(2) 전기계

입력 $e_1(t)$를 LRC측의 단자 전압으로 하고, 출력 $e_2(t)$를 C측의 단자 전압, 그리고 전류를 $i(t)$로 하면, e_1 및 e_2 측의 회로에서는 다음 식이 성립한다.

$$e_1=L\frac{di}{dt}+Ri+\frac{1}{C}\int idt \tag{6.50}$$

$$e_2=\frac{1}{C}\int idt \tag{6.51}$$

이들의 라플라스 변환을 각각 $E_1(s)$, $E_2(s)$, $I(s)$로 하면,

$$E_1(s)=sLI(s)+RI(s)+\frac{1}{Cs}I(s) \tag{6.52}$$

$$E_2(s)=\frac{1}{Cs}I(s) \tag{6.53}$$

로 되고, 두 식에서 $I(s)$를 소거하면,

$$\begin{aligned} E_1(s) &= \left(sL + R + \frac{1}{Cs}\right)I(s) = \left(sL + R + \frac{1}{Cs}\right)CsE_2(s) \\ &= (CLs^2 + CRs + 1)E_2(s) \end{aligned} \tag{6.54}$$

로 된다. 따라서 이 요소의 전달함수는 다음과 같이 얻어진다.

$$G(s) = \frac{E_2(s)}{E_1(s)} = \frac{1}{CLs^2 + CRs + 1} = \frac{\frac{1}{CL}}{s^2 + \frac{R}{L}s + \frac{1}{CL}} \tag{6.55}$$

이상의 두 가지 예에 나타난 바와 같이, 2차지연요소의 전달함수의 분모는 s의 2차식이 되며 다음과 같은 표준형으로 된다.

$$G(s) = \frac{\omega_n^2}{s^2 + 2\zeta\omega_n s + \omega_n^2} \tag{6.56}$$

위 식의 주파수 특성을 구해보면

$$\begin{aligned} G(s) &= \frac{{\omega_n}^2}{(j\omega)^2 + 2\zeta\omega_n(j\omega) + {\omega_n}^2} \\ &= \frac{{\omega_n}^2}{({\omega_n}^2 - \omega^2) + j\,2\zeta\omega_n\omega} \\ &= \frac{{\omega_n}^2}{({\omega_n}^2 - \omega^2) + j\,2\zeta\omega_n\omega} \times \frac{({\omega_n}^2 - \omega^2) - j\,2\zeta\omega_n\omega}{({\omega_n}^2 - \omega^2) - j\,2\zeta\omega_n\omega} \\ &= \frac{{\omega_n}^2}{({\omega_n}^2 - \omega^2)^2 + (2\zeta\omega_n\omega)^2}\left\{({\omega_n}^2 - \omega^2) - j\,2\zeta\omega_n\omega\right\} \end{aligned} \tag{6.57}$$

그러므로 $G(j\omega)$의 복소 벡터의 크기는

$$\begin{aligned}|G(j\omega)| &= \sqrt{Re^2 + Im^2} \\ &= \omega_n{}^2 \frac{\sqrt{(\omega_n{}^2 - \omega^2)^2 + (2\zeta\omega_n\omega)^2}}{(\omega_n{}^2 - \omega^2)^2 + (2\zeta\omega_n\omega)^2} \\ &= \frac{\omega_n{}^2}{\sqrt{(\omega_n{}^2 - \omega^2)^2 + (2\zeta\omega_n\omega)^2}}\end{aligned} \tag{6.58}$$

식 (6.58)의 대수를 합하여 이득을 구해보면

$$\begin{aligned}g &= 20\log|G(j\omega)| = 20\ \log\frac{\omega_n{}^2}{\sqrt{(\omega_n{}^2 - \omega^2)^2 + (2\zeta\omega_n\omega)^2}} \\ &= 20\log\omega_n{}^2 - 10\log\left\{(\omega_n{}^2 - \omega^2)^2 + (2\zeta\omega_n\omega)^2\right\}\end{aligned} \tag{6.59}$$

다음 편각 θ는

$$\theta = \angle G(jw) = \tan^{-1}\frac{Im}{Re} = -\tan^{-1}\frac{2\zeta\omega_n\omega}{\omega_n^2 - \omega^2} \tag{6.60}$$

가 된다. 식 (6.62), (6.63)에서 g, θ는 ζ와 ω_n에 의해서 각각 다른 특성을 갖게됨을 알 수 있다. 대표적으로, $\omega_n = 1$인 경우의 g와 θ를 구해보면,

$$g = -10\log\{(1-\omega^2) + (2\zeta\omega)^2\} \tag{6.61}$$

$$\theta = -\tan^{-1}\frac{2\zeta\omega}{1-\omega^2} \tag{6.62}$$

가 되며, 몇 개의 ζ에 대하여 ω의 변화에 따른 g 및 θ와의 관계를 계산하면 표 6-1 및 표 6-2와 같이 된다.

표 6-1 ω와 ζ값 변화에 따른 g의 계산식

ω	$1-\omega^2$	$(1-\omega^2)^2$	$\zeta\omega$			
			ζ=0.1	ζ=0.5	ζ=1	ζ=2
0.1	0.99	1	0.01	0.05	0.1	0.2
0.5	0.75	0.56	0.05	0.25	0.5	1
1	0	0	0.1	0.5	1	2
5	-24	576	0.5	2.5	5	10
10	-99	9800	1	5	10	20

표 6-2 ζ=0.1일 때 ω값 변화에 따른 g와 θ

ω	① $(1-\omega^2)^2$	② $(2\zeta\omega)^2$	③ ①+②	④ log ③	⑤ $g=-10\times$④	⑥ $\frac{2\zeta\omega}{1-\omega^2}$	⑦ $\theta=-\tan^{-1}$⑥
0.1	1	0	1	0	0	0.02	-1.1
0.5	0.56	0.01	0.57	-0.245	2.45	0.133	-7.6
1	0	0.04	0.04	-1.400	14.00	∞	-90
5	576	1	577	2.760	-27.60	-0.042	-178
10	9800	4	9804	3.991	-39.91	-0.020	-179

ζ = 0.5, 1, 2에 대해 같은 계산 방식으로 값을 구해 그 결과를 그림으로 나타내면 그림 6-12와 같이 된다.

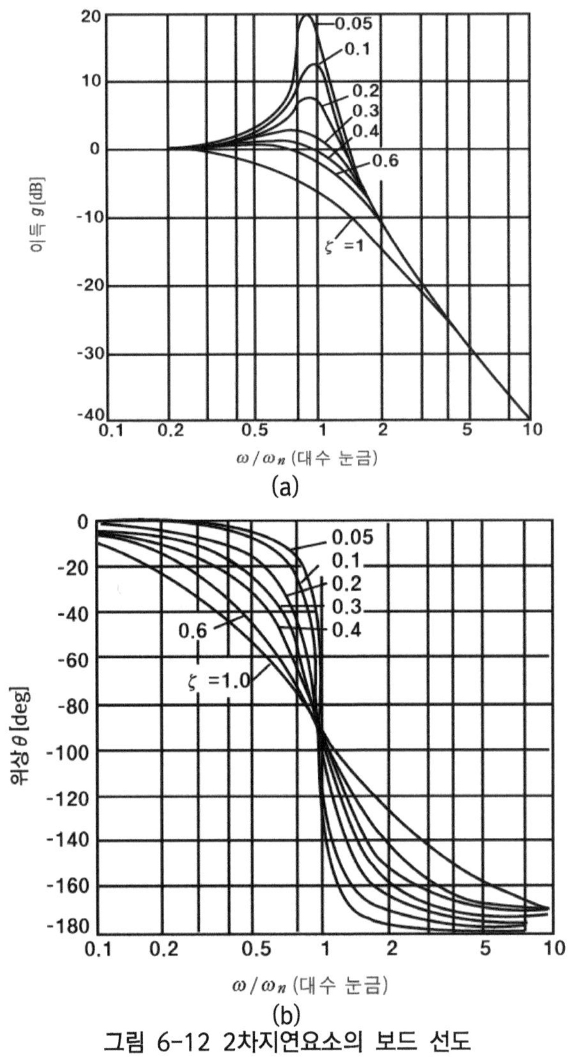

그림 6-12 2차지연요소의 보드 선도

6.3.4 Matlab에 의한 보드 선도 작성

보드 선도를 그리는데 필요한 이득의 크기나 위상의 값들을 Matlab 상에서는 명령어 'bode'를 이용하여 계산한다. 다른 명령어와 마찬가지로 대상 전달함수의 분자와 분모 다항식을 하나의 벡터로 표현하여 입력한다.

먼저, 계산하고자 하는 주파수 영역을 명령어 'logspace'를 사용하여 벡터로 지정해야 한다. 원하는 주파수 영역이 0.1부터 1000까지라면 주파수 범위는 십진법의 지수만으로 표시한다.

```
w=logspace(-1, 3, 400);    ← 주파수 영역 지정
```

여기서 400은 0.1부터 1000까지의 주파수를 로그 간격으로 400칸 나눔을 말한다.

보드 선도를 그리기 위한 프로그래밍은 아래와 같다.

```
bode(num, den, w);
```

만약에 보드 선도를 그리지 않고 크기와 위상 값만을 계산하고자 하면, 다음과 같이 출력 인자를 지정하여 프로그래밍 하면 된다.

```
[mag, phase]=bode(num, den, w);
```

여기서 위상 phase는 단위가 [deg]로 계산되고, 변수 'mag' 는 진폭비를 나타낸다. x축을 로그로 나타내는 보드 선도를 그리기 위해서는 먼저 y축의 진폭비를 데시벨 [dB] 단위로 바꾸어야 한다. 그런 다음 보드 선도를 명령어 'semilogx'를 사용하여 다음과 같이 작성한다.

```
magdB = 20*log10(mag);   ← dB 환산
semilogx(w, magdB);      ← 이득선도
semilogx(w, phase);      ← 위상선도
```

이와 같은 방법으로 구한 2차지연요소의 보드 선도의 예를 그림 6-13에 나타내었다.

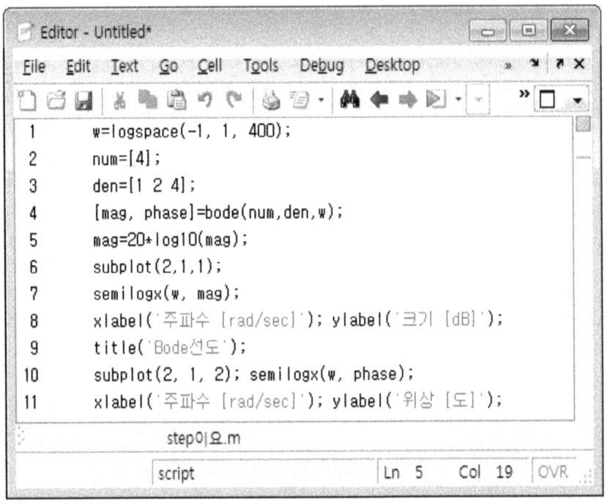

(a)

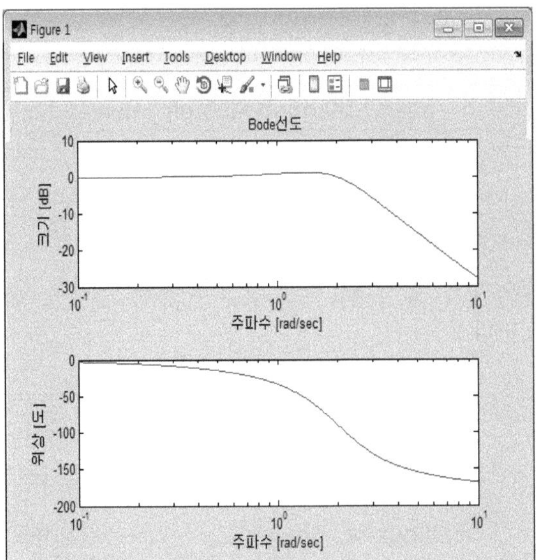

(b)

그림 6-13 Matlab으로 구한 2차지연요소의 보드 선도 프로그래밍 및 결과

6.4 기본 요소의 나이키스트 선도

주파수 전달함수 $G(j\omega)$의 복소 벡터에 대해서는

$$\text{벡터의 길이} = |G(j\omega)| \tag{6.63}$$

$$\text{벡터의 위상} = \angle G(j\omega) \tag{6.64}$$

의 두 가지 양이 있다. 그래서 실수부를 횡축, 허수부를 종축으로 하는 복소 평면에서 ω를 변화(보통은 $\omega = 0$에서 ∞로 증가)시킬 때의 $G(j\omega)$벡터의 선단을 이어 얻어지는 곡선은 $G(j\omega)$의 벡터 궤적으로 일컬어지고, 이 곡선의 형이 제어계의 평가 등에 중요한 역할을 수행하므로 충분한 이해가 필요하다. 한 예로 $G(j\omega)$에서 ω를 $\omega_1, \omega_2, \cdots$ 로 변화시킬 때, $G(j\omega)$ 벡터의 선단 궤적이 그림 6-14와 같이 주어지면, 임의의 ω에 대한 $|G(j\omega)|$나 $\angle G(j\omega)$의 값이 그림에서 직관적으로 이해되어 모든 것을 파악하는데 매우 유용하게 된다.

다음 몇 가지의 예에 대하여 벡터 궤적도를 나타내 보기로 하자.

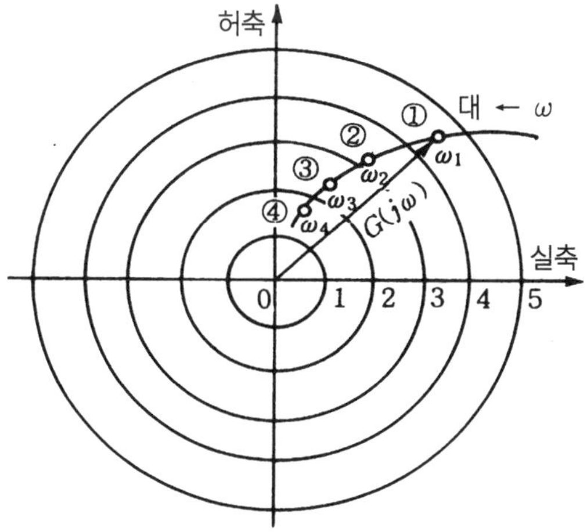

그림 6-14 $G(j\omega)$의 벡터 궤적

(1) 비례요소

비례요소 $G(s)=K$는 일정의 실수값이므로 그림 6-15와 같이 실축 상 K 위치에 오직 한 점이 결정된다.

(2) 미분요소

미분요소 $G(s)=s$의 주파수 전달함수인 $G(j\omega)=j\omega$는 오직 허수부만을 갖는다. ω를 크게 하면 $j\omega$는 허축 상에서 위로 향하여 증가하므로, 그림 6-16과 같은 상방향의 직선이 된다.

(3) 적분요소

적분요소의 주파수 전달함수 $G(j\omega)=1/j\omega=-j/\omega$는 오직 허수부만을 갖는다. $\omega\to 0$에서는 허축 상 $-\infty$, $\omega\to\infty$에서는 허축 상에서 원점에 가까워지므로 그림 6-17과 같은 상방향의 직선이 된다.

(4) 1차지연요소

1차지연요소의 주파수 전달함수는 다음과 같다. 이 식에서 실부와 허부를 분리하면,

$$G(j\omega)=\frac{1}{1+j\omega T}=\frac{1-j\omega T}{1+\omega^2T^2}$$

$$Re=\frac{1}{1+\omega^2T^2},\quad Im=\frac{-\omega T}{1+\omega^2T^2}$$

로 되므로,

$$Re^2+Im^2=\frac{1+\omega^2T^2}{(1+\omega^2T^2)^2}=\frac{1}{1+\omega^2T^2}=Re$$

이 관계로부터 그림 6-18과 같은, 중심 (1/2, $j0$), 반경=1/2인 원이 된다. 이 관계는 앞서 6.2.2에서도 설명하였으므로 참조하기 바란다.

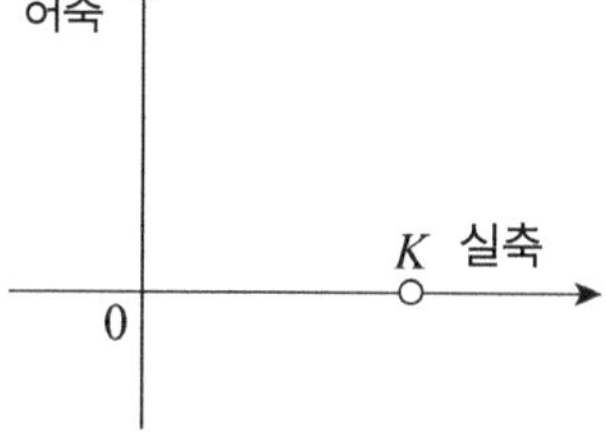

그림 6-15 $G(j\omega)=K$의 벡터 궤적

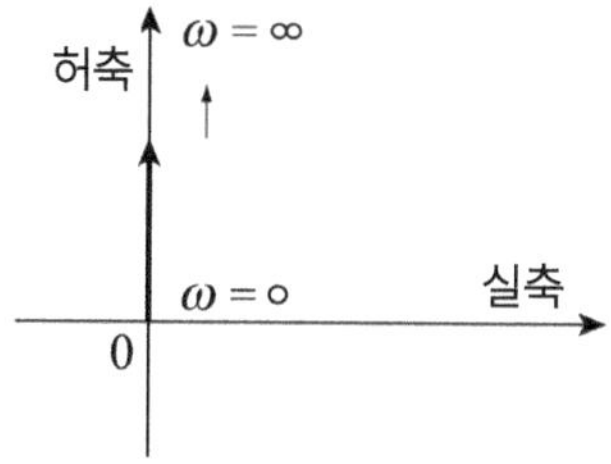

그림 6-16 $G(j\omega)=j\omega$의 벡터 궤적 (극좌표 선도)

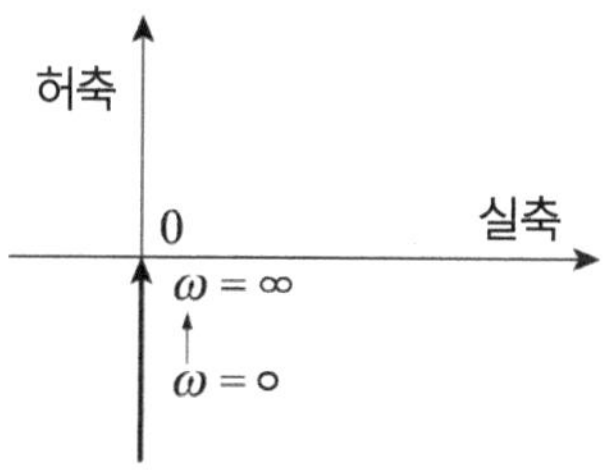

그림 6-17 $G(j\omega)=\dfrac{1}{j\omega}$의 벡터 궤적

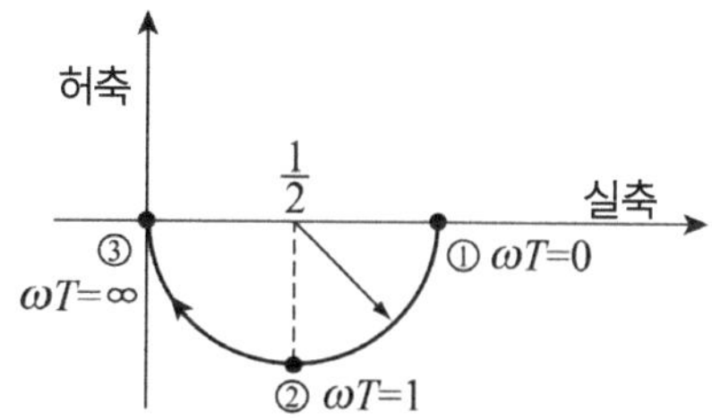

그림 6-18 $G(j\omega)=\dfrac{1}{1+j\omega T}$의 벡터 궤적

(5) 2차지연요소

2차지연요소의 전달함수는

$$G(s)=\frac{\omega_n^2}{s^2+2\zeta\omega_n s+\omega_n^2}$$

이므로, 주파수 전달함수는 다음 식과 같이 된다.

$$G(j\omega)=\frac{{\omega_n}^2}{-\omega^2+j2\zeta\omega_n\omega+{\omega_n}^2}=\frac{{\omega_n}^2}{({\omega_n}^2-\omega^2)+j2\zeta\omega_n\omega}$$

$$={\omega_n}^2\frac{({\omega_n}^2-\omega^2)-j2\zeta\omega_n\omega}{({\omega_n}^2-\omega^2)^2+(2\zeta\omega_n\omega)^2}=\frac{\left(1-\frac{\omega^2}{{\omega_n}^2}\right)-j2\zeta\frac{\omega}{\omega_n}}{\left(1-\frac{\omega^2}{{\omega_n}^2}\right)^2+\left(2\zeta\frac{\omega}{\omega_n}\right)^2} \quad (6.65)$$

$\frac{\omega}{\omega_n}=\lambda$로 하여, $G(j\omega)=|G(j\omega)|e^{j\theta}$의 복소 지수함수 식으로 표현하면,

$$G(j\omega)=\frac{(1-\lambda^2)-j2\zeta\lambda}{(1-\lambda^2)^2+(2\zeta\lambda)^2}=|G(j\omega)|e^{j\theta}$$
$$=|G(j\omega)|(\cos\theta+j\sin\theta) \quad (6.66)$$

여기서,

$$|G(j\omega)|=\frac{1}{\sqrt{\left(1-\frac{\omega^2}{{\omega_n}^2}\right)^2+\left(2\zeta\frac{\omega}{\omega_n}\right)^2}}=\frac{1}{\sqrt{(1-\lambda^2)^2+(2\zeta\lambda)^2}} \quad (6.67)$$

$$\theta=\angle G(j\omega)=\tan^{-1}\frac{-2\zeta\lambda}{1-\lambda^2}=-\tan^{-1}\frac{2\zeta\lambda}{1-\lambda^2} \quad (6.68)$$

식 (6.68)에서 λ를 파라미터로 하여 각 ζ의 값에 대한 $|G(j\omega)|$와 θ의 계산식을 구해보면 다음과 같은 결과가 얻어진다.

표 6-3의 계산식 중에서, 한 예로서 $\zeta=0.4$에 대한 $G(j\omega)$의 값을 구하면 표 6-4와 같다.

동일한 식에서 $\zeta=0.5$, 1, 2, 5에 대한 $|G(j\omega)|$, θ를 각각 구해 벡터 궤적을 도시하면 그림 6-19와 같이 된다.

표 6-3 ζ값 변화에 따른 계산식

ζ	ζ^2	$4\zeta^2$	$\lvert G(j\omega)\rvert$	2ζ	θ의 계산식
0.4	0.16	0.64	$1/\sqrt{(1-\lambda^2)^2+0.64\lambda^2}$	0.8	$-\tan^{-1}0.8\lambda(1-\lambda^2)$
0.6	0.36	1.44	$1/\sqrt{(1-\lambda^2)^2+1.44\lambda^2}$	1.2	$-\tan^{-1}1.2\lambda(1-\lambda^2)$
0.8	0.64	2.56	$1/\sqrt{(1-\lambda^2)^2+2.56\lambda^2}$	1.6	$-\tan^{-1}1.6\lambda(1-\lambda^2)$
1.0	1.00	4.00	$1/\sqrt{(1-\lambda^2)^2+4.00\lambda^2}$	2.0	$-\tan^{-1}2.0\lambda(1-\lambda^2)$
1.5	2.25	9.00	$1/\sqrt{(1-\lambda^2)^2+9.00\lambda^2}$	3.0	$-\tan^{-1}3.0\lambda(1-\lambda^2)$

표 6-4 $\zeta=0.4$인 경우의 계산값

λ	① λ^2	② $(1-\lambda^2)^2$	③ $0.6\lambda^2$	④ ②+③	⑤ $\lvert G(j\omega)\rvert$	⑥ 0.8λ	⑦ $(1-\lambda^2)$	⑧ ⑥/⑦	⑨ θ[deg]
0	0	1	0	1	1	0	1	0	0
0.5	0.25	0.562	0.160	0.722	1.18	0.4	0.750	0.533	-28.2
0.75	0.562	0.192	0.360	0.552	1.34	0.6	0.438	1.370	-53.7
1	1	0	0.640	0.640	1.25	0.8	0	∞	-90
1.5	2.25	1.560	1.440	3.000	0.58	1.2	-1.25	-0.960	-136.2
2	4.00	9.00	2.560	11.560	0.29	1.6	-3.00	-0.533	-151.2

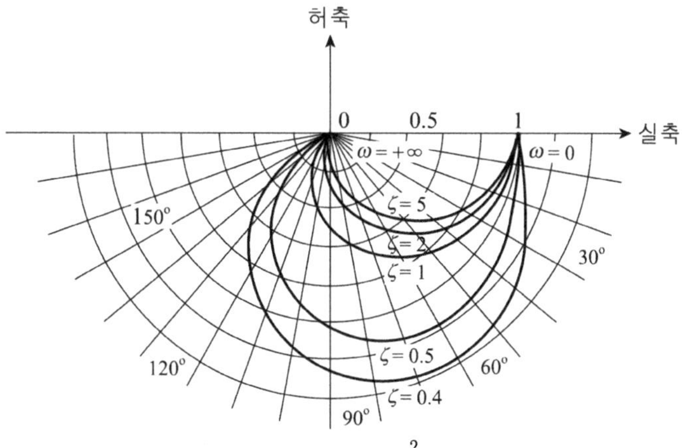

그림 6-19 $G(j\omega)=\dfrac{\omega_n^{\ 2}}{s^2+2\zeta\omega_n s+\omega_n^{\ 2}}$의 벡터 궤적

연 습 문 제

1. 주파수 전달함수가 다음과 같이 표시되는 계의 벡터 궤적을 그려라.

(1) $\dfrac{K}{j\omega}$

(2) $\dfrac{1}{(j\omega)^2}$

(3) $\dfrac{K}{1+j\omega T}$

(4) $\dfrac{1}{(1+j3\omega)(1+j5\omega)}$

(5) $\dfrac{1}{j\omega(1+j2\omega)(1+j3\omega)}$

2. 다음의 전달함수의 주파수 응답을 보드 선도에 그려라.

(1) $\dfrac{100}{j\omega}$

(2) $\dfrac{100}{(j\omega)^2}$

(3) $\dfrac{100}{1+j\omega}$

(4) $\dfrac{1+0.2j\omega}{1+j\omega}$

(5) $\dfrac{1+j\omega}{1+0.2j\omega}$

3. 다음 개루프 전달함수를 가진 단위 피드백계의 보드 선도를 그려라.

$$G(j\omega) = \frac{10(1 + j0.5\omega)}{j\omega(1 + j0.2\omega)(1 + j2\omega)}$$

4. 그림 6-20은 어떤 제어계의 블록 선도이다. 폐루프의 주파수 응답을 구하여라. 또한, $K_2 = 0$으로 하면(이 피드백을 제거하면) 응답은 어떻게 변하는가?

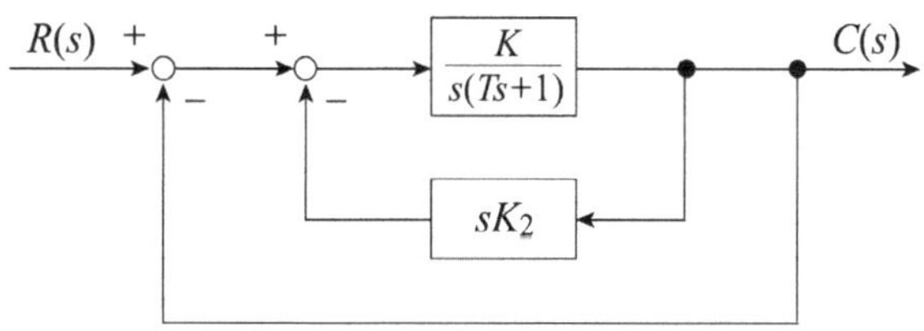

그림 6-20

5. 2차계에 있어서 오버슈트량을 25[%]로 하면 M_p및 ω_p는 얼마가 되는가? 또한 이 때 감쇠 계수는 얼마인가?

7
CHAPTER

제어계의 안정성 판별

피드백제어계의 가장 기본적인 특성은 제어량을 목표값에 일치시키는 것이다. 목표값의 변화 또는 외란에 의하여 제어계에는 과도현상이 생기는데, 이것이 시간의 진행에 따라 감쇠하는 경우를 안정(stable)하다 하고, 반대로 시간의 변화에 따라 커져가는 경우를 불안정(unstable)하다고 한다. 또한 안정과 불안정의 중간, 즉 과도현상이 감쇠도 증대도 하지 않고 일정한 진폭으로 지속되는 경우를 안정한계(stability limit)라 한다. 따라서 피드백제어계는 가장 먼저 안정되어 있지 않으면 그 본래의 목적을 이룰 수 없다.

그러면 안정이란 이론적으로 어떠한 것인가? 제어계가 안정 또는 불안정한가를 알기 위한 구체적인 방법에 대해 살펴보기로 하자.

7.1 제어계의 안정성

제어계의 동작이 안정하기 위해서는 특별한 조건이 만족되어야 하는데, 우선 이에 대해 이론적으로 검토해 보사.

그림 7-1과 같은 피드백제어계에 있어서, 그 특성방정식의 근이 서로 다른 단근인 경우, 인디셜 입력 $x(t)$에 대한 제어량의 응답 $y(t)$는 특성방정식의 근으로부터 구해진 몇 개의 지수함수의 합으로 표시할 수 있다.

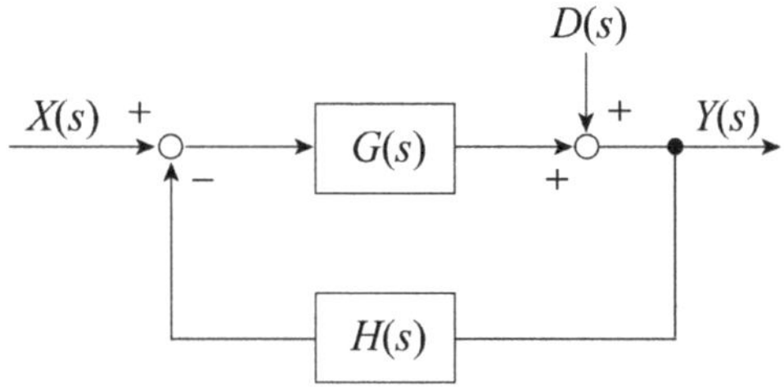

그림 7-1 피드백제어계

특성방정식의 근(특성근)이 각각 다른 단근 $-s_1$, $-s_2$, $-s_3$, $\cdots$, $-s_n$이라 하면

$$
\begin{aligned}
y(t) &= \mathcal{L}^{-1}[Y(s)] = \mathcal{L}^{-1}\left[\frac{G(s)}{1+G(s)H(s)}\frac{1}{s}\right] \\
&= \mathcal{L}^{-1}\left[\frac{G(s)}{s(s+s_1)(s+s_2)(s+s_3)\cdots(s+s_n)}\right] \\
&= \mathcal{L}^{-1}\left[\frac{K_0}{s}+\frac{K_1}{s+s_1}+\frac{K_2}{s+s_2}+\cdots+\frac{K_n}{s+s_n}\right] \\
&= K_0+K_1e^{-s_1t}+K_2e^{-s_2t}+\cdots+K_ne^{-s_nt}
\end{aligned}
\tag{7.1}
$$

로 표시된다.

식 (7.1)에서 특성방정식의 근이 모두 (-)의 실근 혹은 (-)의 실수부를 갖는 복소근이라면, 마지막 식 우변 제2항 이하는 시간의 진행에 따라 감쇠하여 정상값에 도달하므로, 이와 같은 경우를 안정이라고 판정한다. 만약 특성근에 (+)의 실근 혹은 (+)의 실수부를 갖는 복소근을 포함하면 그와 관련된 항의 진폭은 시간의 변화에 따라 커지게 되는데 이와 같은 경우는 불안정이라고 판정한다.

또한 특성근에 순허근이 포함되면 그에 대한 응답 성분은 지속 진동이 되므로, 이때는 안정한계에 있다고 한다.

즉, 제어계의 안정성은 특성방정식의 근을 조사해 봄으로써 알 수 있고, 안정을 위한 필요충분조건은 제어계 특성방정식의 근이 모두 (-)의 실수부를 갖는 것이다.

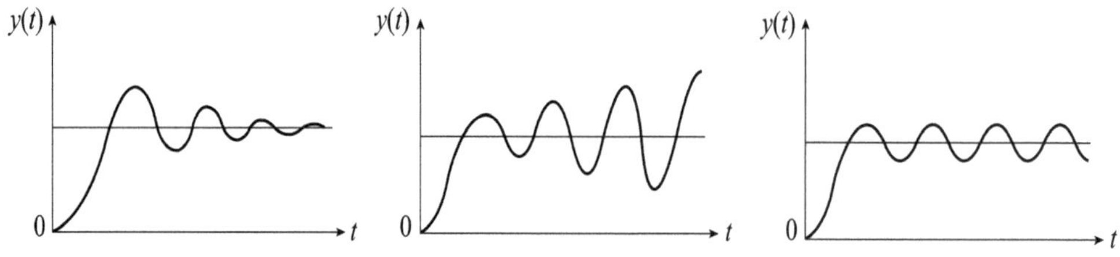

그림 7-2 피드백제어계의 인디셜응답

표 7-1 특성근의 성질과 계의 안정성

특성근의 성질		제어계의 안정성
특성근 실수부의 (+), (-)	복소 평면상의 위치	
모두 (-)	모든 근이 허축의 왼쪽에 있다.	안정
한 개 이상 0이고 나머지는 모두 (-)	한 개 이상의 근이 허축상에 있고, 나머지는 허축의 왼쪽에 있다.	안정한계(지속 진동)
한 개 이상 (+)	적어도 한 개의 근이 허축의 오른쪽에 있다.	불안정

제어계의 안정성과 특성방정식의 관계를 나타내면 표 7-1과 같다.

특성방정식의 근을 구하는 과정은 s의 고차 대수방정식을 풀이하는 것으로써 방정식이 고차가 될수록 해를 구하는 것이 어렵게 된다. 따라서 안정한가 불안정한가를 판정하는데 특성방정식을 직접 풀지 않고 해석하는 방법이 있다면 편리하다. 이와 같은 방법을 총칭하여 안정성 판별법(stability criterion)이라 한다.

다음에 설명하는 루스-후르비쯔 안정성 판별법 및 나이키스트 안정성 판별법 등은 어느 것이나 특성근의 실수부가 (+)일까 (-)일까 즉, 특성근이 모두 복소 평면의 좌반면에 있는지 여부를 조사하는 것이다.

7.2 루스-후르비쯔 안정성 판별법

1800년 말에 A. Hurwitz 와 E. J. Routh는 각각 특성방정식의 계수 크기와 부호로부터 선형계의 안정성을 판별하는 필요충분조건을 제시하였다.

7.2.1 후르비쯔(Hurwitz)의 안정성 판별법

후르비쯔(Hurwitz)는 다음 절에서 설명할 루스(Routh)와는 달리 다음과 같은 안정 판별법을 제시했다. 즉 제어계의 특성방정식을

$$F(s) = a_0 s^n + a_1 s^{n-1} + \cdots + a_{n-1} s + a_n = 0$$

로 했을 때, 이 방정식의 근이 모두 복소 평면의 좌반면에 있고, 제어계가 안정하기 위한 필요충분조건은 다음과 같다.

① 계수 a_0, a_1, ⋯, a_n이 모두 존재하고 또한 (+)일 것

② 다항식의 모든 계수가 같은 부호일 것

③ 다음 행렬식(Hurwitz 행렬식)Δ_i가 모두 (+)일 것

단, 행렬식에 있어서 임의의 요소 a_k는 $k<0$ 및 $k>n$일 때는 0으로 놓는다.

$$\Delta_i = \begin{vmatrix} a_1 & a_3 & a_5 & \cdots & a_{2i-1} \\ a_0 & a_2 & a_4 & \cdots & a_{2i-2} \\ 0 & a_1 & a_3 & \cdots & a_{2i-3} \\ 0 & a_0 & a_2 & \cdots & a_{2i-4} \\ \vdots & \vdots & \vdots & \cdots & \vdots \\ 0 & 0 & 0 & \cdots & a_i \end{vmatrix} \qquad \begin{array}{l} i = 1,2,3,\cdots,(n-1) \\ n\text{은 특성방정식의 차수} \end{array} \tag{7.2}$$

예를 들어, 특성방정식이 3차일 때 i의 최대값은 $n-1=2$ 이므로, 앞의 안정 조건 ③에서 후르비쯔 행렬식은

$$\Delta_2 = \begin{vmatrix} a_1 & a_3 \\ a_0 & a_2 \end{vmatrix} = a_1a_2 - a_0a_3 > 0 \tag{7.3}$$

을 만족해야 한다.

4차방정식일 때는 $n-1=3$이므로 안정 조건 ③으로부터

$$\left.\begin{array}{l} \Delta_2 > 0 \\ \Delta_3 = \begin{vmatrix} a_1 & a_3 & 0 \\ a_0 & a_2 & a_4 \\ 0 & a_1 & a_3 \end{vmatrix} = a_1a_2a_3 - a_1^2a_4 - a_0a_3^2 > 0 \end{array}\right\} \tag{7.4}$$

가 성립해야 한다. 또 5차방정식일 때는 $n-1=4$이므로 안정 조건 ③의

$$\left.\begin{aligned} &\Delta_2 > 0, \\ &\Delta_3 > 0, \\ &\Delta_4 = \begin{vmatrix} a_1 & a_3 & a_5 & 0 \\ a_0 & a_2 & a_4 & 0 \\ 0 & a_1 & a_3 & a_5 \\ 0 & a_0 & a_2 & a_4 \end{vmatrix} > 0 \end{aligned}\right\} \tag{7.5}$$

이 전부 성립해야 한다. 즉 구체적인 계산식으로 표시하면 다음과 같다.

(i) 3차식에서는 $a_1a_2 - a_0a_3 > 0$

(ii) 4차식에서는 $\begin{cases} a_1a_2 - a_0a_3 > 0, \\ a_3(a_1a_2 - a_0a_3) - a_1^2a_4 > 0 \end{cases}$

(iii) 5차식에서는 $\begin{cases} a_1a_2 - a_0a_3 > 0, \\ a_3(a_1a_2 - a_0a_3) - a_1^2a_4 > 0, \\ (a_1a_2 - a_0a_3)(a_3a_4 - a_2a_5) - (a_1a_4 - a_0a_5)^2 > 0 \end{cases}$

예제 7-1

특성방정식이 $s^3 + 6s^2 + 11s + 6 = 0$ 인 피드백제어계의 안정 여부를 후르비쯔 판별법으로 구하여라.

■ **풀이** 후르비쯔 행렬식은 다음과 같다.

$$\Delta_2 = \begin{vmatrix} 6 & 6 \\ 1 & 11 \end{vmatrix} = 60 > 0$$

후르비쯔의 안정 조건 ①~③을 만족한다. 따라서 이 계는 안정하다.

예제 7-2

다음의 특성방정식을 가진 제어계가 안정하기 위한 K의 값을 구하여라.

$$s^4 + 20Ks^3 + 5s^2 + (10+K)s + 15 = 0$$

■ **풀이** 후르비쯔 안정 조건 ②에 따라, $20K > 0$ 및 $10+K > 0$이 되고, 이 두 식으로부터 $K > 0$으로 된다.

다음 안정 조건 ③의

$$\Delta_2 = \begin{vmatrix} 20K & 10+K \\ 1 & 5 \end{vmatrix} = 99K - 10 > 0 \text{로부터 } K > 0.101$$

및

$$\Delta_3 = \begin{vmatrix} 20K & 10+K & 0 \\ 1 & 5 & 15 \\ 0 & 20K & 10+K \end{vmatrix} = -5901K^2 + 980K - 100 > 0$$

가 동시에 성립하는 것이다. 그러나, $\Delta_3 > 0$을 만족하는 정수 K가 존재하지 않기 때문에, 이 제어계는 K 값과는 관계 없이 불안정하다.

7.2.2 루스(Routh)의 안정성 판별법

특성방정식이 다음과 같이 주어진 경우, 그 제어계의 안정성 판별법으로 루스(Routh)는 다음과 같은 방법을 제시하였다. 즉 제어계의 특성방정식이

$$F(s) = a_0 s^n + a_1 s^{n-1} + a_2 s^{n-2} + \cdots + a_{n-1} s + a_n = 0 \tag{7.6}$$

일때, 이 제어계가 안정하기 위해서는 다음의 두 가지 조건을 만족해야 한다.

① 모든 계수 $a_0, a_1, a_2, \cdots, a_n$ 이 존재하고 같은 부호일 것

② 다음과 같은 루스 배열의 제1열의 요소가 모두 (+)일 것

루스 판별법은 제1단계로 다항식의 계수를 두 개의 행으로 배열시키는 것이다. 제1행은 제1, 제3, 제5, … 항의 계수로 되고, 제2행은 제2, 제4, 제6, … 항의 계수로 다음과 같이 구성된다.

$$\left.\begin{array}{ccccc} a_0 & a_2 & a_4 & a_6 & \cdot \\ \downarrow\nearrow & \downarrow\nearrow & \downarrow\nearrow & \downarrow & \\ a_1 & a_3 & a_5 & a_7 & \cdot \\ b_1 & b_3 & b_5 & \cdot & \\ c_1 & c_3 & c_5 & \cdot & \\ d_1 & d_3 & \cdot & \cdot & \\ e_1 & e_3 & \cdot & & \\ f_1 & \cdot & & & \end{array}\right\} \tag{7.7}$$

제2단계는, 식 (7.7)의 $b_1, b_3, b_5, c_1, c_3, c_5, \cdots, f_1$ 을 다음과 같은 연산에 의하여 구한다.

$$\left.\begin{aligned}
b_1 &= \frac{\begin{matrix} a_0 & a_2 \\ a_1 & a_3 \end{matrix}}{a_1} = \frac{a_1 a_2 - a_0 a_3}{a_1} \\
b_3 &= \frac{\begin{matrix} a_0 & a_4 \\ a_1 & a_5 \end{matrix}}{a_1} = \frac{a_1 a_4 - a_0 a_5}{a_1} \\
&\cdots\cdots\cdots\cdots\cdots\cdots \\
c_1 &= \frac{\begin{matrix} a_1 & a_3 \\ b_1 & b_3 \end{matrix}}{b_1} = \frac{b_1 a_3 - a_1 b_3}{b_1} \\
c_3 &= \frac{\begin{matrix} a_1 & a_5 \\ b_1 & b_5 \end{matrix}}{b_1} = \frac{b_1 a_5 - a_1 b_5}{b_1} \\
&\cdots\cdots\cdots\cdots\cdots\cdots \\
d_1 &= \frac{\begin{matrix} b_1 & b_3 \\ c_1 & c_3 \end{matrix}}{c_1} = \frac{c_1 b_3 - b_1 c_3}{c_1} \\
&\cdots\cdots\cdots\cdots\cdots\cdots
\end{aligned}\right\} \tag{7.8}$$

여기서, 식 (7.7)의 제1열을 살펴보면 제1열의 각 요소가 a_0, a_1, b_1, c_1, d_1, e_1, f_1 … 임을 알 수 있다. 따라서 이 제1열의 배열에 대해서 부호 변화 유무를 조사하여 부호 변화가 없으면 안정, 부호 변화가 있으면 그 변화 횟수와 같은 개수의 불안정 근이 있다고 판정한다.

특성방정식이 6차인 경우를 예로 들어서 루스의 안정성 판별법을 구체적으로 설명해 보면 다음과 같다. 제어계의 특성방정식이

$$a_0 s^6 + a_1 s^5 + a_2 s^4 + a_3 s^3 + a_4 s^2 + a_5 s + a_6 = 0 \tag{7.9}$$

일때 식 (7.7), 식 (7.8)에 의하여 다음과 같은 배열을 만들 수 있다.

$$\begin{array}{l|llll}
s^6 & a_0 & a_2 & a_4 & a_6 \\
s^5 & a_1 & a_3 & a_5 & 0 \\
s^4 & b_1 = \dfrac{a_1 a_2 - a_0 a_3}{a_1} & b_3 = \dfrac{a_1 a_4 - a_0 a_5}{a_1} & b_5 = \dfrac{a_1 a_6 - a_0 0}{a_1} & 0 \\
s^3 & c_1 = \dfrac{b_1 a_3 - a_1 b_3}{b_1} & c_3 = \dfrac{b_1 a_5 - a_1 b_5}{b_1} & c_5 = \dfrac{b_1 0 - a_1 0}{b_1} & 0 \\
s^2 & d_1 = \dfrac{c_1 b_3 - b_1 c_3}{c_1} & d_3 = \dfrac{c_1 b_5 - b_1 c_5}{c_1} & 0 & 0 \\
s^1 & e_1 = \dfrac{d_1 c_3 - c_1 d_3}{d_1} & e_3 = \dfrac{d_1 0 - c_1 0}{d_1} & 0 & 0 \\
s^0 & f_1 = \dfrac{e_1 d_3 - d_1 e_3}{e_3} & 0 & 0 & 0
\end{array} \tag{7.10}$$

식 (7.10)과 같은 루스 배열을 구성했을 때, 제1열의 각 요소 즉 a_0, a_1, b_1, c_1, d_1, c_1, f_1의 부호가 전부 같지 않으면, 이 열에 있어서 부호가 변하는 횟수와 같은 개수의 특성근이 복소 평면의 우반면에 존재하는 것을 나타내고 있다. 또, 루스 배열을 구성하는 경우에 임의의 행 전체 요소에 (+)의 수를 곱해도 루스 배열의 좌단열의 부호가 변하지 않으므로 이 성질을 이용해서 계산을 간단히 할 수 있다.

예제 7-3

피드백제어계의 특성방정식이 $s^4 + 8s^3 + 18s^2 + 16s + 5 = 0$ 이다.

이 계의 안정성을 판별하라.

■ **풀이** 주어진 식의 루스 배열은 다음과 같다.

$$
\begin{array}{l|lll}
s^4 & 1 & 18 & 5 \\
s^3 & 8 & 16 & 0 \\
s^2 & \dfrac{8\times 18-1\times 16}{8}=16 & \dfrac{8\times 5-1\times 0}{8}=5 & 0 \\
s^1 & \dfrac{16\times 16-8\times 5}{16}=13.5 & \dfrac{16\times 0-8\times 0}{16}=0 & 0 \\
s^0 & \dfrac{13.5\times 5-16\times 0}{13.5}=5 & 0 & 0
\end{array}
$$

이 배열의 제1열의 요소는 전부 (+)이므로, 특성방정식의 근은 모두 s 평면의 좌반면에 존재하여, 이 계는 안정하게 된다.

예제 7-4

제어계의 특성방정식이 $3s^4+10s^3+5s^2+s+2=0$일 때, 이 계의 안정성을 판별하라.

■ **풀이** 주어진 식의 루스 배열은 다음과 같다.

$$
\begin{array}{l|lll}
s^4 & 3 & 5 & 2 \\
s^3 & 10 & 1 & 0 \\
s^2 & \dfrac{10\times 5-3\times 1}{10}=4.7 & \dfrac{10\times 2-3\times 0}{10}=2 & 0 \\
s^1 & \dfrac{4.7\times 1-10\times 2}{4.7}=-3.26 & 0 & 0 \\
s^0 & \dfrac{(-3.26)\times 2-4.7\times 0}{-3.26}=2 & 0 & 0
\end{array}
$$

이 배열에서 제1열의 부호 변화는 s^2 행의 (+)에서 s^1 행의 (-)로 1회, s^1 행의 (-)에서 s^0 행의 (+)로 1회, 총 2회의 부호 변화가 있으므로, 근의 실수부가 (+)인 특성근이 2개 있게 된다. 즉, 특성방정식의 근이 s평면의 우반면 내에 2개가 존재하므로 계는 불안정하게 된다.

7.3 나이키스트 안정성 판별법

앞에서 설명한 루스-후르비쯔 판별법은 특성방정식의 근이 허수축 우측에 몇 개나 있는가를 파악하여 공칭 안정도를 알아내는 방법으로서 큰 장점을 가지고 있지만, 제어계가 어느 정도 불안정한지 그리고 어떻게 하면 안정도를 개선할 수 있는지에 대한 정보를 제공하지 못하는 단점이 있다.

이에 나이키스트(H. Nypuist)는 1932년 나이키스트 안정 판별법을 발표하게 되는데, 이것은 주파수 개루프 전달 함수 $G(j\omega)H(j\omega)$의 주파수 벡터 궤적(나이키스트 선도라고도 함)을 그려서 제어계의 안정성을 판별하는 방법으로, 제어계의 해석과 설계에 필요한 다음과 같은 특징을 가지고 있다.

① 나이키스트 판별법은 제어계의 절대 안정도에 관해서 루스-후르비쯔의 판별법과 같은 정보를 제공한다.

② 나이키스트 판별법은 계의 안정 정도를 제시하며 필요한 때에는 계의 안정도를 개선할 수 있는 방법을 제공한다.

③ 개루프 전달함수 $G(j\omega)H(j\omega)$의 주파수 영역은 폐루프계의 주파수 영역 특성에 대한 정보를 제공한다.

(1) 특성방정식

그림 7-3과 같은 피드백제어계에서 계의 폐루프 전달함수를 $W(s)$, 루프 전달함수를 $\Delta(s)$라 하면

$$W(s) = \frac{Y(s)}{X(s)} = \frac{G(s)}{1+G(s)H(s)} = \frac{G(s)}{1+\Delta(s)} \tag{7.11}$$

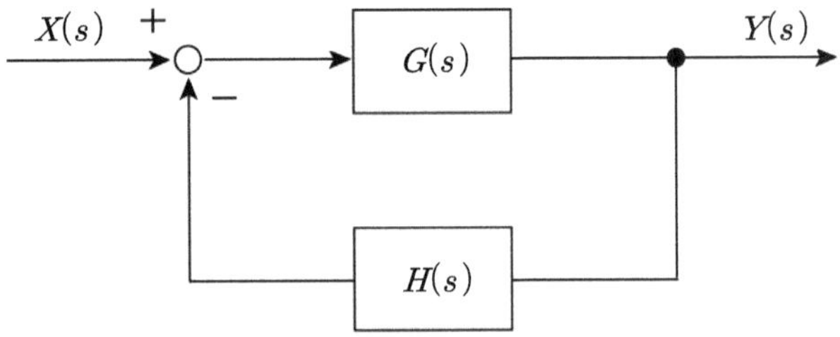

그림 7-3 표준 피드백제어계

로 주어진다. 여기서 분모를 0으로 놓으면 폐루프 제어계의 특성방정식은

$$1+\Delta(s)=1+G(s)H(s)=0 \tag{7.12}$$

로 표시된다.

여기서, $G(s)$와 $H(s)$는 일반적으로 s의 다항식의 비(즉 분수식)로 주어지므로

$$\left.\begin{aligned} G(s)&=\frac{A_1(s)}{B_1(s)} \\ H(s)&=\frac{A_2(s)}{B_2(s)} \end{aligned}\right\} \tag{7.13}$$

라고 쓸 수 있다. 또한 일반적으로 분자의 차수는 분모의 차수보다 작다. 따라서 특성방정식은

$$\begin{aligned} 1+G(s)H(s)&=1+\frac{A_1(s)}{B_1(s)}\frac{A_2(s)}{B_2(s)} \\ &=\frac{A_1(s)A_2(s)+B_1(s)B_2(s)}{B_1(s)B_2(s)}=0 \end{aligned} \tag{7.14}$$

로 되며, 이로부터 특성방정식의 근은 분자 = 0에 의하여 얻어진다. 분모 분자를 각각 인수분해 하여

$$\begin{aligned} \text{분자} &= A_1(s)A_2(s) + B_1(s)B_2(s) \\ &= a_0(s-z_1)(s-z_2)\cdots\cdots(s-z_m) \end{aligned} \tag{7.15}$$

$$\begin{aligned} \text{분모} &= B_1(s)B_2(s) \\ &= b_0(s-p_1)(s-p_2)\cdots\cdots(s-p_n) \end{aligned} \tag{7.16}$$

라 하면

$$1+G(s)H(s) = C_0\frac{(s-z_1)(s-z_2)\cdots(s-z_m)}{(s-p_1)(s-p_2)\cdots(s-p_n)} \tag{7.17}$$

단,

$$C_0 = \frac{a_0}{b_0}$$

로 되며, $z_1, z_2, \cdots, z_m$은 분자 = 0의 근, 즉 특성방정식의 근(특성근)과 같고, 이것을 $1+G(s)H(s)$의 영점이라 하며, $p_1, p_2, \cdots, p_n$은 분모 = 0의 근으로, $s=p_1, p_2, \cdots, p_n$으로 하면 $1+G(s)H(s)=\infty$로 된다.

이와 같은 값을 $1+G(s)H(s)$의 극이라고 한다. 이것은 $G(s)H(s)=\infty$, 즉 개루프 전달함수의 극과도 일치하며, 폐루프 전달함수의 영점이 된다.

그런데 제어계가 안정하기 위해서는 특성방정식의 근 모두가 (-)의 실수부를 갖지 않으면 안된다는 것은 앞에서 이미 말한 바와 같다. 이것은 근의 값이 복소평면에서 허축을 포함하지 않는 좌반면에만 존재하는 것으로, 허축 상이나 우반면에는 존재하지 않음을 의미한다.

이와 같이 근의 값을 나타내는 복소 평면을 s평면(s-plane)이라고 하고, 특성방정식의 근이 1개라도 s평면의 우반면에 존재하면 제어계는 불안정하게 된다.

이처럼 특성방정식의 근이 s평면의 우반면에 존재하는가, 존재하지 않는가로 계의 안정 여부를 판별하는 것이 바로 나이키스트 판별법이다. 식 (7.17)의 근

$z_1,\ z_2,\ \cdots,\ z_m$ 이 s 평면의 우반면에 나타나면 계는 불안정으로 판별된다. 따라서 특성근 $z_1,\ z_2,\ \cdots,\ z_m$ 을 하나하나 구하지 않고도, 이들 특성근이 s 평면의 우반면에 있는가, 없는가를 알면 그것으로 안정 판별이 가능하다.

(2) 영점과 극 그리고 벡터의 회전

지금, $1+\Delta(s)=0$, 즉 $1+G(s)H(s)=0$ 의 영점과 극점이 s 평면에 그림 7-4(a)의 $z_1,\ z_2,\ \cdots,\ p_1,\ p_2,\ \cdots$ 와 같이 배치되었다고 가정한다. 이들은 실근 또는 복소근이지만, 복소근일 때는 반드시 공액으로 존재한다.

여기서, 임의로 영점 z_1 을 선택하고 점 z_1 의 부근에 s 를 정하여 보자. 이때 점 z_1 에서 점 s 로 향하는 벡터 $\overrightarrow{z_1 s}$ 는 $(\vec{s}-\vec{z_1})$ 가 됨을 그림에서 벡터 연산으로 쉽게 알 수 있을 것이다.

그리고, 이 s 의 값을 바꾸어 z_1 의 부근을 작은 반경으로 시계 방향으로 1회전시키면 벡터 $\overrightarrow{z_1 s}$, 즉 $(\vec{s}-\vec{z_1})$ 도 1회전 하지만, 이 작은 원의 외부에 있는 다른 점에서의 벡터 $(\vec{s}-\vec{z_2}),\cdots,(\vec{s}-\vec{p_3})$ 에 대해서는 회전은 일어나지 않는다. 따라서 이와 같은 s 평면상에서 s 가 z_1 의 주위를 1회전 할 때 $[1+\Delta(s)]$ 벡터의 변화를 그림으

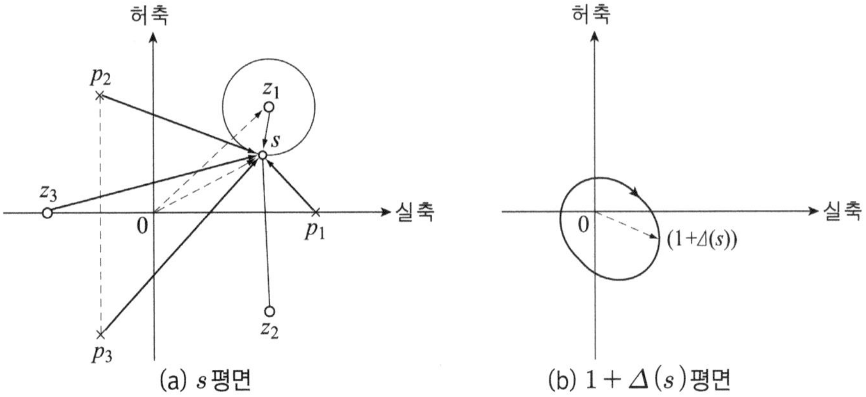

(a) s 평면　　(b) $1+\Delta(s)$ 평면

그림 7-4 벡터의 회전

로 나타내면 그림 7-4(b)와 같이 되고, $(\vec{s}-\vec{z_1})$의 회전과 같은 시계 방향으로 원점 주위를 1회전 하는 것이 된다.

다음, s의 변화 경로를 극 p_1을 포함하는 작은 원으로 선택하고 시계 방향으로 1회전할 때 $[1+\Delta(s)]$ 벡터의 변화는 $(\vec{s}-\vec{p_1})$와는 달리 반시계 방향으로 원점 주위를 1회전 하는 것이 된다.

$(\vec{s}-\vec{p_1})$ 벡터의 회전과 $[1+\Delta(s)]$ 벡터의 회전이 반대로 되는 것은 식 (7.17)에 나타낸 바와 같이 $(\vec{s}-\vec{p_1})$이 분모 측에 있어서, 위상각 계산으로 $\angle(\vec{s}-\vec{p_1})$이 (+)이더라도 $\angle[1+\Delta(s)]$에서는 $-\angle(\vec{s}-\vec{p_1})$으로 나타나기 때문이다. 이와 같이 s 평면상에서 s를 변화시킬 때 나타나는 $[1+\Delta(s)]$ 벡터 궤적을 s 변화에 대한 영상(image)이라 하고, s의 궤적을 나타내는 s 평면에 대하여 $[1+\Delta(s)]$ 벡터의 궤적을 나타내는 복소 평면을 $[1+\Delta(s)]$ 평면이라 한다.

위에서 설명한 바와 같은 이유에서 s의 경로로 그림 7-5와 같이 s 평면의 우반면 전체를 포함하도록 ①의 $-j\infty \rightarrow 0 \rightarrow +j\infty$인 허축상의 경로를 지나서 다시 $+j\infty$에서 ②와 같이 반경이 무한대인 원을 따라 $-j\infty$에 도달하면 s는 s 평면의 우반면을 오른쪽으로 1회전하는 것이 된다.

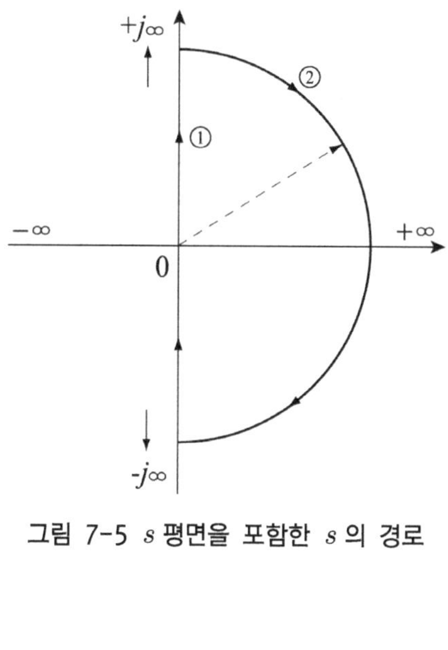

그림 7-5 s 평면을 포함한 s의 경로

그러면 그 안에 $[1+\Delta(s)]=0$의 영점이 Z개, 극점이 P개 있다고 하면 $[1+\Delta(s)]$ 평면에서는 $[1+\Delta(s)]$ 벡터 궤적이 원점 주위를 오른쪽으로

$$Z-P=N \tag{7.18}$$

횟수만큼 회전하는 것이 된다.

따라서, s 경로가 s 평면의 우반면 전체를 포함하여 오른쪽으로 1회전 하면 $[1+\Delta(s)]$ 평면의 $[1+\Delta(s)]$ 벡터는 Z와 P의 수에 따라 원점의 주위를 같은 방향으로 $N=Z-P$회 우회전 한다. 마찬가지로 s 경로가 s 평면에서 좌회전 할 때는 $[1+\Delta(s)]$ 평면의 $[1+\Delta(s)]$ 벡터도 $N=Z-P$회 좌회전 하는 것이 된다.

(3) 안정도 판별

s와 $[1+\Delta(s)]$ 벡터 간의 대응은 위에서 설명한 바와 같은 관계가 있으며, $\Delta(s)$와 $[1+\Delta(s)]$ 간에는 벡터적으로 간단한 관계가 성립하므로, 위에서 설명한 관계를 s와 $\Delta(s)$의 관계로 바꾸어 생각할 수 있다.

우선, $\Delta(s)$ 벡터와 $[1+\Delta(s)]$ 벡터 간의 관계를 그림으로 나타내면, 그림 7-6과 같이 되고, $[1+\Delta(s)]$ 평면의 좌표계 ①은 $\Delta(s)$ 평면의 좌표계 ②의 원점에서 1만큼 좌측으로 이동시킨 것과 같고, ②의 좌표계에서 표시된 $\Delta(s)$ 벡터의 선단과

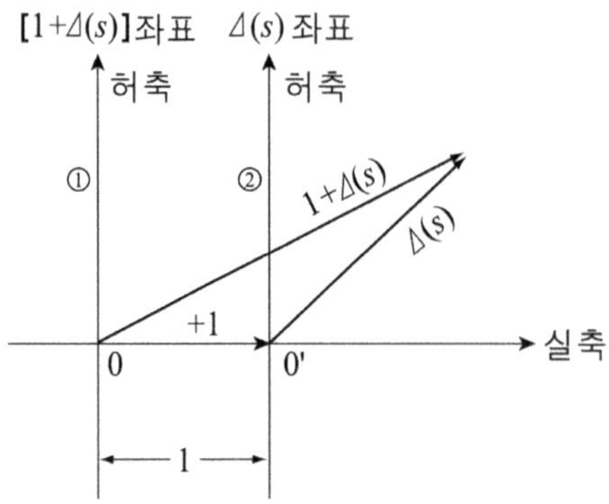

그림 7-6 $\Delta(s)$와 $[1+\Delta(s)]$와의 관계

① 좌표계의 원점 0을 연결한 벡터는 ① 좌표계에서는 $[1+\Delta(s)]$ 벡터로 된다.

결과적으로, $[1+\Delta(s)]$ 벡터 궤적이 원점 0의 주위를 회전하는 것은, $\Delta(s)$ 좌표계에서는 $\Delta(s)$ 벡터 궤적이 점$(-1,\ j0)$ 주위를 회전하는 것과 같게 되고, $[1+\Delta(s)]$ 벡터의 원점 0 주위를 회전하는 횟수는 $\Delta(s)$ 벡터가 점$(-1,\ j0)$ 주위를 회전하는 횟수와 일치한다. 이 관계로부터 s 평면에서 ∞의 반경으로 우반면을 회전하는 s의 변화에 대응하여, $\Delta(s)$ 궤적이 점 $(-1,\ j0)$를 회전하는 횟수 N으로부터 $[1+\Delta(s)]$의 영점과 극 중에서 s 평면의 우반면에 존재하는 영점과 극의 갯수 차이$(N=Z-P)$를 알 수 있다.

이때 무한대의 반경을 갖는 s 평면의 우반원$(s=\infty)$에 대해서는

$$\Delta(s)=0 \text{ 또는 유한값} \tag{7.19}$$

으로 된다. 그것은 $\Delta(s)$ 식에서 분자의 s 차수보다 분모의 s 차수가 크거나 같은 상태로 되기 때문이고

$$\left.\begin{array}{lll} \text{분자의 차수} < \text{분모의 차수} & \rightarrow & \Delta(\infty)=0 \\ \text{분자의 차수} = \text{분모의 차수} & \rightarrow & \Delta(\infty)=\text{유한값} \end{array}\right\} \tag{7.20}$$

s 평면의 우반면을 포함하는 s의 경로는 앞에서 설명한 대로 s 평면상에서 허축상을 $-j\infty \rightarrow 0 \rightarrow +j\infty$로 이동하여 무한대 반경의 우회전으로 $-j\infty$에 도달하는 것이지만, 이것에 대응하는 $\Delta(s)$의 궤적은 무한대 반경의 s에 대하여 $\Delta(s)$의 s를 $j\omega$로 놓고 ω를 $-\infty \rightarrow 0 \rightarrow +\infty$로 변화시켰을 때의 벡터 궤적을 구하는 것과 같다.

그리고 공액 복소근은 실축에 대하여 대칭 관계에 있으므로, 실제로는 $\omega=0 \rightarrow +\infty$의 변화에 대한 궤적을 실축에 대하여 반전하면, $\omega=-j\infty \rightarrow 0$에 대응하는 궤적이 얻어진다. 이와 같은 $\Delta(j\omega)$의 벡터 궤적을 나이키스트 선도라고도 한다.

보통의 제어계에서는 $\Delta(s)$의 극이 s 평면의 우반면에 존재하는 일은 거의 없으므로, 일반적으로는 $P=0$으로 생각해도 좋다.

따라서 계의 안정 판별은

$$N = Z - P = Z - 0 = Z \tag{7.21}$$

로 행해지고, $\Delta(j\omega)$ 벡터의 $-\infty < \omega < \infty$에 대한 궤적, 즉 $\Delta(s)$의 나이키스트 선도가 $(-1, j0)$점을 회전하는 횟수 N으로, s평면의 우반면에 존재하는 영점의 수를 알 수 있다. 따라서 $N=0$이면 $Z=0$이므로 계는 안정하다고 할 수 있다. 이것이 나이키스트 판별법이라고 하는 것이다.

만일, $P \neq 0$으로 되어 s평면의 우반면에 $\Delta(s)$의 극이 존재할 경우, 이 계가 안정되기 위해서는 $Z=0$이 되지 않으면 안되므로, $Z=0$으로 해서

$$N = Z - P = -P$$

가 되고, $\Delta(j\omega)$궤적이 점$(-1, j0)$ 주위를 $-P$회 즉, 좌회전으로 P회 회전하면, 그 계는 안정이라고 할 수 있다. 이와 같은 경우의 판정을 확장된 나이키스트 판별법이라 한다.

7.4 나이키스트 안정성 판별의 예

7.4.1 $\Delta(s)$가 0형인 계

$$\Delta(s) = \frac{K}{(1+T_1 s)(1+T_2 s)} \tag{7.22}$$

로 주어지는 계의 나이키스트 선도를 구하면

$$\Delta(j\omega) = \frac{K}{(1+j\omega T_1)(1+j\omega T_2)} \tag{7.23}$$

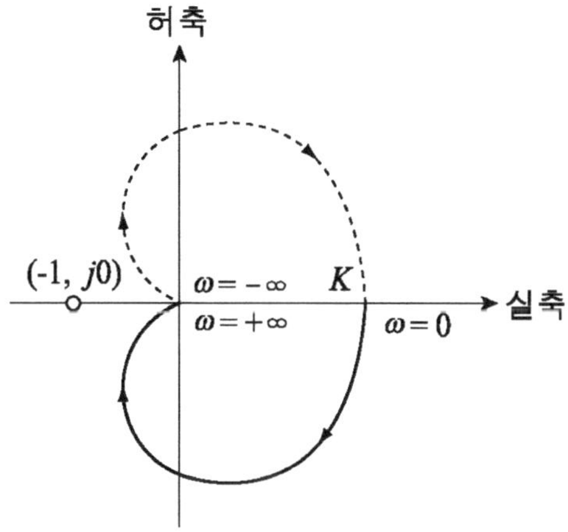

그림 7-7 $\Delta(s)=\dfrac{K}{(1+T_1 s)(1+T_2 s)}$ 의 나이키스트 선도

$$|\Delta(j\omega)|=\frac{K}{|(1+j\omega T_1)(1+j\omega T_2)|}=\frac{K}{\sqrt{1+\omega^2\ {T_1}^2}\sqrt{1+\omega^2\ {T_2}^2}} \tag{7.24}$$

$$\angle\Delta(j\omega)=-\angle(1+j\omega T_1)-\angle(1+j\omega T_2)=-\tan^{-1}\omega T_1-\tan^{-1}\omega T_2 \tag{7.25}$$

$\omega=0\rightarrow\infty$ 의 변화에 대하여 $|\Delta(j\omega)|=(K\rightarrow 0)$, $\angle\Delta(j\omega)=(0\rightarrow-\pi)$와 같이 변화하여 그림 7-7의 실선과 같이 되므로, 이것을 반전한 점선부와 연결하면 $s=-j\infty\rightarrow 0\rightarrow+j\infty$ 로 변화시킬 때의 $\Delta(j\omega)$ 궤적이 얻어진다.

이 곡선은 점$(-1, j0)$을 내부에 포함하고 있지 않으므로 점$(-1, j0)$ 주위를 회전하지 않는다. 따라서 이 계는 안정하다.

7.4.2 $\Delta(s)$가 1형인 계

다음 식과 같이 $\Delta(s)$가 1형인 계를 고찰해 보자.

$$\Delta(s)=\frac{K}{s(1+Ts)} \tag{7.26}$$

이 경우, $s=0$에 $\Delta(s)$의 극이 존재한다. 이와 같이 s평면의 원점에 극이 있을 때는 그림 7-8과 같이 원점을 통과하지 않고($s=0$를 제외한다) 원점 부근을 미소 반경으로 우회한다. 이때 회전하는 경로의 미소 반경을 δ, 위상을 θ라 하고

$$s=\delta e^{j\theta},\ \text{단},\ -\frac{\pi}{2}\leqq\theta\leqq+\frac{\pi}{2} \tag{7.27}$$

로 변화하는 것으로 하면, 이때 $\Delta(s)$궤적은

$$\Delta(s)\fallingdotseq\frac{K}{s}=\frac{K}{\delta e^{j\theta}}=\frac{\mathrm{K}}{\delta}e^{-j\theta} \tag{7.28}$$

로 되고, $|\Delta(s)|=\infty$, $\angle\Delta(s)=-(-\frac{\pi}{2}\to\frac{\pi}{2})=(\frac{\pi}{2}\to-\frac{\pi}{2})$로 변화하므로, 무한대 반경으로 $\frac{\pi}{2}$에서 $-\frac{\pi}{2}$로 우회전함을 알 수 있다.

따라서 식 (7.28)의 $\Delta(s)$궤적은 그림 7-8과 같이 된다. 우측 반원의 $s\fallingdotseq0$ 이외의 $\Delta(j\omega)$벡터 궤적을 구하면

$$\Delta(j\omega)=\frac{K}{j\omega(1+j\omega T)} \tag{7.29}$$

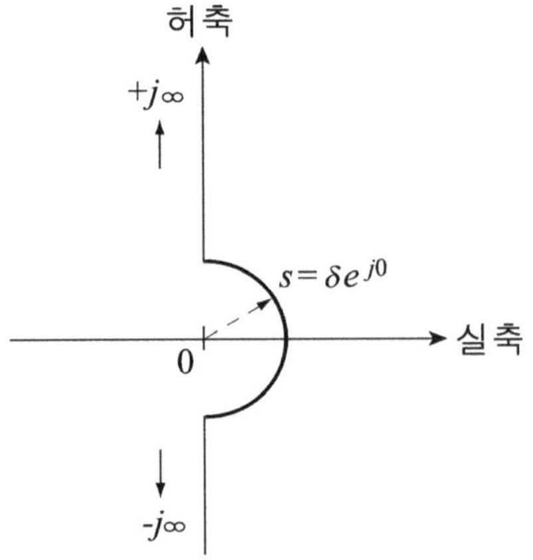

그림 7-8 원점 부근의 우회

$$|\Delta(j\omega)| = \frac{K}{|j\omega(1+j\omega T)|} = \frac{K}{\omega\sqrt{1+\omega^2 T^2}} \tag{7.30}$$

$$\angle\Delta(j\omega) = -\angle j\omega - \angle(1+j\omega T) = -\frac{\pi}{2} - \tan^{-1}\omega T \tag{7.31}$$

따라서, $\omega = 0 \rightarrow +\infty$로 변하면

$$|\Delta(j\omega)| = \infty \rightarrow 0$$

$$\angle\Delta(j\omega) = (-\frac{\pi}{2} \rightarrow -\frac{\pi}{2} - \frac{\pi}{2}) = (-\frac{\pi}{2} \rightarrow -\pi)$$

$s \rightarrow 0$ 부근에서는 무한대 반경으로 우회전 하는 것으로 그림 7-9의 실선과 같이 되고, 이 실선과 점선부를 합하면 우회전의 폐곡선이 얻어진다. 결국, 점$(-1, j0)$ 주위를 회전하지 않으므로 이 계는 안정하다.

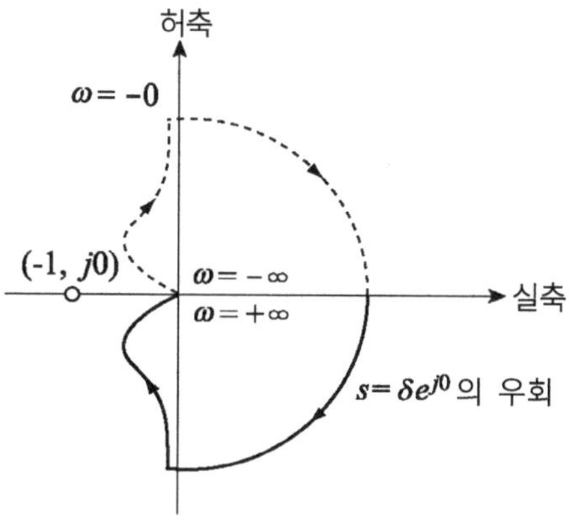

그림 7-9 $\Delta(s) = \frac{K}{s(1+Ts)}$ 의 나이키스트 선도

7.4.3 $\Delta(s)$가 2형인 계

$$\Delta(s) = \frac{K(1+T_2 s)}{s^2(1+T_1 s)} \tag{7.32}$$

$$\Delta(j\omega) = \frac{K(1+j\omega T_1)}{(j\omega)^2(1+j\omega T_1)} = \frac{K(1+j\omega T_2)}{-\omega^2(1+j\omega T_1)} \tag{7.33}$$

$$|\Delta(j\omega)| = K\frac{|(1+j\omega T_2)|}{\omega^2|(1+j\omega T_1)|} = \frac{K\sqrt{1+\omega^2 {T_2}^2}}{\omega^2\sqrt{1+\omega^2 {T_1}^2}} \tag{7.34}$$

$$\begin{aligned} \angle\Delta(j\omega) &= \angle\left(-\frac{K}{\omega^2}\right) + \angle(1+j\omega T_2) - \angle(1+j\omega T_1) \\ &= -\pi + \tan^{-1}\omega T_2 - \tan^{-1}\omega T_1 \end{aligned} \tag{7.35}$$

이때도 원점에 있어, 원점의 부근을 회전하는 것으로 하여 $s = \delta e^{j\theta}$(단, δ=미소 반경, $-\frac{\pi}{2} \leqq \theta \leqq \frac{\pi}{2}$)라 하면

$$\Delta(s) \fallingdotseq \frac{K}{s^2} = \frac{K}{\delta^2} e^{-j2\theta} \tag{7.36}$$

따라서

$$\left.\begin{aligned} &|\Delta(s)|_{s\to 0} = \infty \\ &\angle\Delta(s) = -2\left(-\frac{\pi}{2} \to \frac{\pi}{2}\right) = (\pi \to -\pi) \end{aligned}\right\} \tag{7.37}$$

즉, 무한대 반경으로 오른쪽으로 회전하는 것을 알 수 있다. 그러나 이 나이키스트 선도는 T_1과 T_2의 대소 관계로 큰 차이가 있고, 그것을 그림으로 표시하면 그림 7-10과 같이 된다.

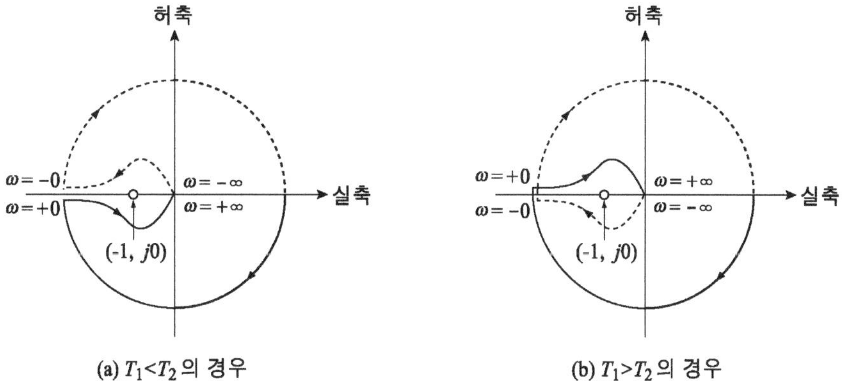

그림 7-10 $\Delta(s)=\dfrac{K(1+T_2 s)}{s^2(1+T_1 s)}$ 의 나이키스트 선도

즉, 그림 7-10(a)는 $T_1 < T_2$의 경우로 식 (7.35)에 의하여 $\angle\Delta(j\omega)$는

$$\angle\Delta(j\omega)=(\tan^{-1}\omega T_2-\tan^{-1}\omega T_1)-\pi \tag{7.38}$$

이므로, $\omega>0$에 대해서는 $(\tan^{-1}\omega T_2-\tan^{-1}\omega T_1)>0$으로 벡터 궤적은 그림 7-10(a)의 실선과 같이 (-) 실축보다 아래쪽에 나타난다. 또한 $\omega<0$에 대해서는 그림 7-10(a)의 점선과 같이 (-) 실축보다 위쪽에 나타난다. 또 s평면에 있어서 원점 부근의 우회로에 대해서는 앞에서 설명한 바와 같이 무한대 반경으로 π에서 $-\pi$까지 오른쪽으로 회전하므로, 전체 궤적은 그림에 표시된 대로 점$(-1, j0)$을 포위하지 않는다. 즉 점$(-1, j0)$ 주위를 회전하지 않으므로 안정이 된다.

그림 7-10(b)는 $T_1 > T_2$의 경우로 $\omega>0$에 대하여 $(\tan^{-1}\omega T_2-\tan^{-1}\omega T_1)<0$으로 되고 벡터 궤적은 그림의 실선과 같이 (-) 실축보다 위쪽에 나타나고, $\omega<0$에 대하여 점선과 무한대 반경의 $\pi\to-\pi$로 오른쪽으로 회전하는 궤적을 합하면 전체 궤적은 그림에 표시한 대로 점$(-1, j0)$를 포위하게 된다.

이것은 점$(-1, j0)$ 주위를 회전하는 것이 되므로 불안정으로 판정된다.

7.5 나이키스트 안정성 판별법의 결론

7.5.1 우반면에 극이 없는 경우

$P=0$인 경우, s평면의 우반면을 포함하는 s경로에 대하여 $\Delta(s)$ 궤적이 점 $(-1, j0)$를 회전하지 않으면 안정, 회전하면 불안정으로 판정된다.

이때 s평면의 원점에 $\Delta(s)$의 극이 존재할 경우, 점$(-1, j0)$ 주위의 $\Delta(s)$ 궤적의 회전을 조사하려면, s평면의 원점 주위의 우회로에 대한 $\Delta(s)$궤적을 구하여야 한다.

그러나 $P=0$의 경우에는 점$(-1, j0)$ 주위의 회전을 조사하지 않아도 간단히 안정을 판별할 수가 있다. 그림 7-9와 그림 7-10(a)와 같은 안정의 경우를 조사하면 $\Delta(j\omega)$의 $\omega>0$에 대한 벡터 궤적은, ω의 증가 방향으로 궤적을 따라갈 때 점$(-1, j0)$를 좌측으로 보게 된다.

이에 대해 그림 7-10(b) 및 불안정의 경우에는 ω의 증가 방향으로 벡터 궤적을 따라갈 때 점$(-1, j0)$를 우측으로 보게 된다.

이와 같은 성질은, 위 예의 경우만이 아니고, 일반성을 갖는 것으로서, $P=0$인 경우 나이키스트 안정론은 다음과 같이 간략화 할 수가 있다.

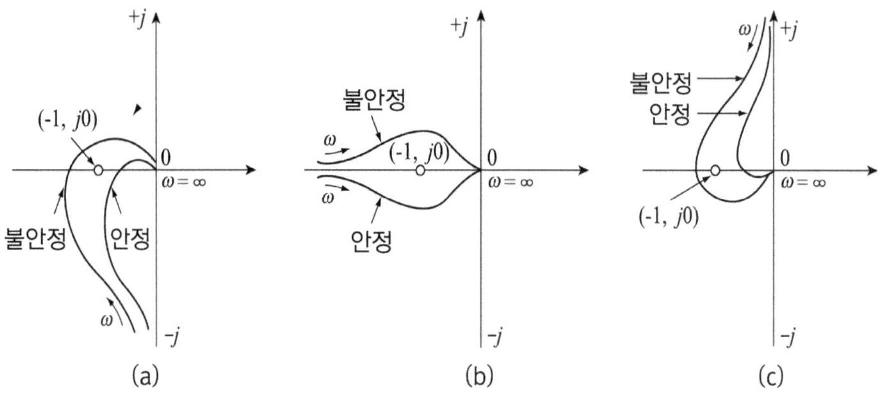

그림 7-11 나이키스트 판별법

즉, 폐루프 전달함수 $\Delta(s)$의 $s=j\omega\ (0<\omega<+\infty)$에 대한 벡터 궤적을 그리고, ω의 증가 방향으로 이 궤적을 따라갈 때 점$(-1, j0)$을 좌측으로 보면 안정, 우측으로 보면 불안정이라고 할 수 있다. 그림 7-11에 벡터 궤적의 몇 개의 형에 대하여 안정과 불안정의 경우를 나타내었다.

또한, 벡터 궤적이 점$(-1, j0)$을 통과할 때 그 주파수를 ω_1이라 하면 $1+\Delta(j\omega)=0$로, $j\omega_1$이 특성방정식의 근이 되므로, 과도 응답에 $ce^{j\omega_1 t}$ 항이 나타내는 지속 진동이 생긴다. 즉, 벡터가 점$(-1, j0)$를 통과할 때가 안정 한계이다. 이와 같이 간략화된 나이키스트 안정론에서는 벡터 궤적만으로 안정이 판별된다.

7.5.2 우반면에 극이 있는 경우

$P\neq 0$인 경우에는, s평면의 우반면에 존재하는 극의 수 P를 구하고, s평면의 우반면을 포함하도록 우회전의 s경로에 대하여 $\Delta(s)$궤적을 그리고, 점$(-1, j0)$의 주위를 $-P$회 즉, 좌회전으로 P회만 회전하였다면 안정, 그렇지 않으면 불안정으로 판정된다. 이 확장된 나이키스트 안정론에서는 점$(-1, j0)$ 주위의 회전을 조사하지 않으면 안되므로, s평면의 원점에 극을 가지는 경우는 그림 7-10과 같이 원점 주위의 우회로에 대한 무한대 반경의 $\Delta(s)$궤적의 연결 상태가 중요한 의미를 갖는다.

7.6 보드 선도에 의한 안정성 판별법

그림 7-12와 같이 제어계의 주파수 특성을 표현하기 위해, 가로축을 각주파수 ω의 대수 눈금으로 하고, 세로축을 이득 $|G(j\omega)|$의 대수값 $20\log_{10}|G(j\omega)|$와 위상차로 한, 이득선도와 위상선도 한 쌍을 보드 선도(Bode diagram) 또는 대수선도(logarithmic plot)라 한다. 보드 선도는 루프 전달함수의 주파수 응답으로부터 폐루프계의 안정도를 추정할 수 있는 안정도 판별법에 사용된다.

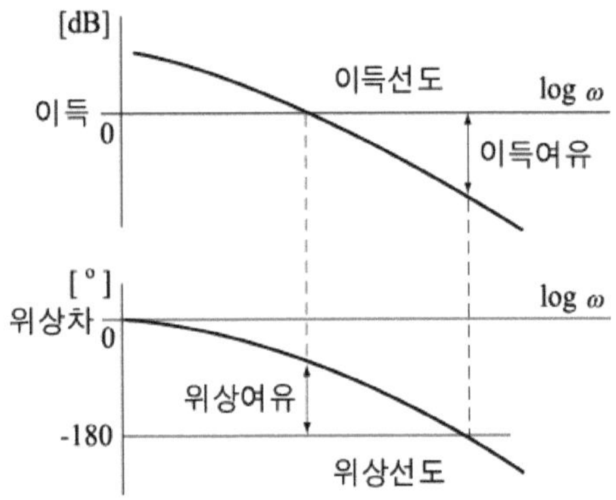

그림 7-12 보드 선도

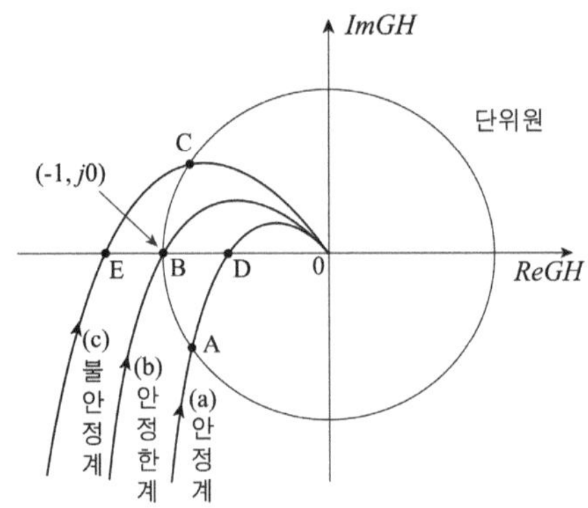

그림 7-13 나이키스트 선도와 단위 원

7.6.1 나이키스트 선도와 보드 선도

루프 전달함수 $G(s)H(s)$가 s평면의 우반면에 극을 갖지 않는 경우, 나이키스트 선도가 그림 7-13과 같이 그려진다면, 간단화된 나이키스트 판별법에 의해 곡선 (a)의 경우 제어계는 안정하고, 곡선 (b)의 제어계는 안정한계에 있으며, 곡선 (c)의 제어계는 불안정함을 알 수 있다.

일반적으로, 원점을 중심으로 한 반지름 1의 원과 나이키스트 선도와의 교점을 이득 교점(gain crossover)이라고 하며, 그림 7-13에서는 A, B, C점이 이득 교점에 해당한다. 또 음(-)의 실축과 나이키스트 선도와의 교점을 위상 교점(phase crossover)이라 하는데, 그림에서는 D, B, E점이 위상 교점이 된다.

지금 이득 교점에 있어서, $G(j\omega)H(j\omega)$의 편각의 절대값을 고려하면

$$\left.\begin{array}{lll} \text{안정계일 때 } \cdots\cdots\cdots\cdots\cdots\ A\text{점에서} & |\angle G(j\omega)H(j\omega)| < \pi \\ \text{안정한계의 계일 때 } \cdots\ B\text{점에서} & |\angle G(j\omega)H(j\omega)| = \pi \\ \text{불안정계일 때 } \cdots\cdots\cdots\cdots\ C\text{점에서} & |\angle G(j\omega)H(j\omega)| > \pi \end{array}\right\} \quad (7.39)$$

로 되는 것을 알 수 있다. 또한, 위상 교점에 있어서 이득 $|G(j\omega)H(j\omega)|$을 고려하면,

$$
\begin{aligned}
&\text{안정계일 때} \cdots\cdots\cdots\cdots\cdots D\text{점에서} \quad |G(j\omega)H(j\omega)| < 1 \\
&\text{안정한계의 계일 때} \cdots B\text{점에서} \quad |G(j\omega)H(j\omega)| = 1 \\
&\text{불안정계일 때} \cdots\cdots\cdots\cdots E\text{점에서} \quad |G(j\omega)H(j\omega)| > 1
\end{aligned}
\tag{7.40}
$$

로 됨을 알 수 있다. 이런 관점을 보드 선도에 적용하면, 다음 두 가지 방법으로 안정성을 판별할 수가 있다.

① $G(j\omega)H(j\omega)$의 보드 선도를 그림 7-14와 같이 그리고, 이득 곡선이 0[dB]선과 교차하는 점 P의 ω에 대한 위상각의 절대값을 구하여 그 값이 180[°] 보다 작으면 제어계는 안정, 180[°]와 같으면 제어계는 안정한계, 180[°]보다 크면 제어계는 불안정으로 판별할 수 있다. 다시 보자면, 그림 7-14의 D, B, E 각 점은 그림 7-15의 D, B, E 각 점에 대응하고 있다. 이 이유는 식 (7.39)에 의해 명백하다.

② $G(j\omega)H(j\omega)$의 보드 선도를 그렸을 때 그림 7-15와 같이, 위상각이 -180[°] 되는 점의 ω에 대한 이득의 데시벨 값[dB]이 음(-)이면 제어계는 안정, 0이면 제어계는 안정한계, 양(+)이면 제어계는 불안정으로 판정할 수 있다. 그 이유는 식 (7.40)에 의해 명백하다.

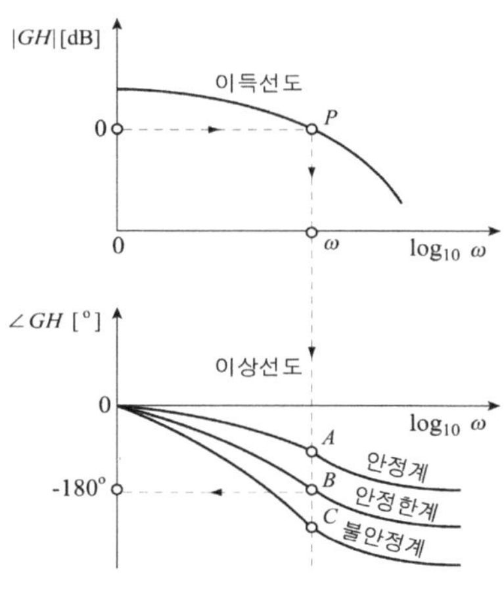

그림 7-14 보드선도에 의한 제어계의 안정 판별 (1)

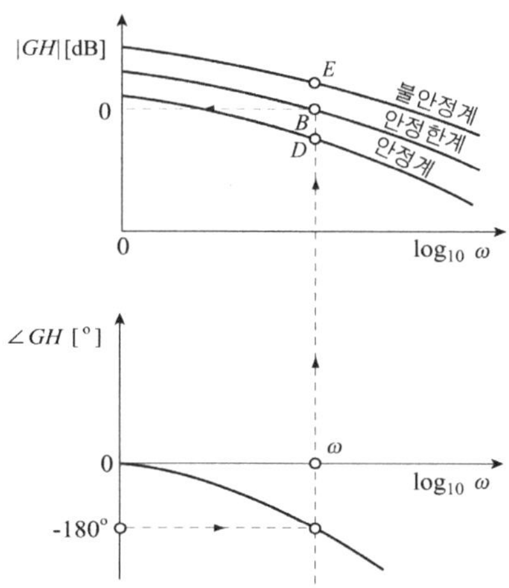

그림 7-15 보드선도에 의한 제어계의 안정 판별 (2)

7.6.2 이득여유

제어계의 안정 정도는 제어계가 안정한계로부터 벗어나 어느 정도 안정축에 가까이 있는가, 결국 안정한계로부터 얼마만큼의 여유가 있는가로 표시할 수 있다. 즉, 안정한계로부터의 거리를 이용하여 안정의 정도를 표시하므로 이득여유(gain margin)와 위상여유(phase margin)라고 하는 개념을 사용하기로 한다.

먼저 안정한 제어계의 나이키스트 선도가 그림 7-16과 같이 그려져 있다고 하자. (-) 실축과의 교점 D의 주파수를 ω_π로 한다. 안정 한계 B의 이득은 0[dB]이므로, B점과 D점과의 차로부터 이득여유를 다음과 같이 정의한다.

$$\left.\begin{aligned} \text{이득여유}(GM) &= 0 - 20\log_{10}|G(j\omega_\pi)H(j\omega_\pi)|\ \text{[dB]} \\ &= 20\log_{10}\left|\frac{1}{G(j\omega_\pi)H(j\omega_\pi)}\right|\ \text{[dB]} \end{aligned}\right\} \tag{7.41}$$

여기서, ω_π를 위상 교점 주파수, 위상교차 주파수, 또는 간단히 위상 교점이라고 한다. 결국, 위상 교점 D에서의 이득의 역수가 이득여유라고 생각해도 좋다. 이득여유가 커지는 만큼 안정성이 커지게 된다.

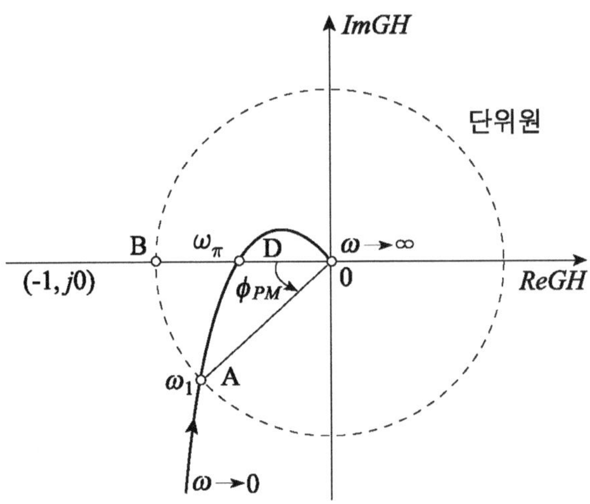

그림 7-16 나이키스트 선도 상의 이득여유와 위상여유

7.6.3 위상여유

그림 7-16의 원점과 A점을 잇는 선이 (-) 실축과 만드는 각을 ϕ_{PM}이라 하면, 안정한 제어계의 나이키스트 선도는 안정한계보다 ϕ_{PM}만큼 위상이 앞서 있는 것으로 된다. 이 ϕ_{PM}이 여유를 나타내는 것으로 생각하여 위상여유를 다음과 같이 정의한다.

$$위상여유(\phi_{PM}) = 180^\circ + Arg\,G(j\omega_1)H(j\omega_1) \tag{7.42}$$

여기서, ω_1을 이득 교점 주파수, 또는 간단히 이득 교점이라 하며, Arg는 $G(j\omega_1)H(j\omega_1)$의 편각(argument)을 나타낸다.

안정도와 관련된 이득여유와 위상여유는 보드 선도 상에 있어서도 연계시킬 수 있다. 그림 7-17에서는 이득 0[㏈]선과 위상각 -180[°]의 선을 일치시켜서 $G(j\omega_1)H(j\omega_1)$의 이득곡선과 위상곡선을 그려 놓았다. 이득 곡선이 0[㏈]을 횡축으로 끊은 R점으로부터 측정한 위상각, RS간의 각도가 위상여유이다. 다음에 위상 곡선이 -180[°]를 횡축으로 끊은 P점에서의 이득의 절대값, 즉 전 PQ간의 이득의 차가 이득여유이다.

그런데, 이득여유와 위상여유는 클수록 제어계의 안정성이 좋다는 것을 나타내고 있지만, 안정도를 너무 과대하게 하면 제어계의 속응성이 떨어지므로, 경험적으로

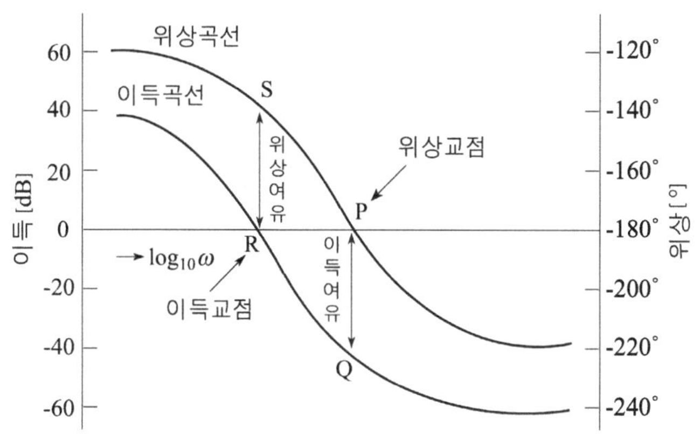

그림 7-17 보드 선도 상의 위상여유와 이득여유

위상여유는 40[˚]~60[˚], 이득여유는 10~20[dB]이 적당하며, 실제는 제어계의 작동 조건에 따라 가감이 필요하다.

7.6.4 Matlab에 의한 상대 안정도 판별

보드 선도에서 이득여유와 위상여유는 Matlab을 통해 쉽게 계산할 수 있다. 여기에 사용되는 명령어는 'margin'이다. 먼저 명령어 'bode'로 이득과 위상 값을 계산한 후, 다음과 같이 안정 여유를 계산한다.

```
w=logspace(-1,3,400);
[mag, phase]=bode(num, den, w);
[GM, PM, wpc, wgc]=margin(mag, phase, w);
```

GM은 이득여유이고, PM은 위상여유, wpc는 위상이 -180[˚]일 때의 위상교차주파수 그리고 wgc는 이득이 0[dB]일 때의 이득교차주파수가 된다. 여유 값들은 모두 양수여야만 폐루프 시스템이 안정하게 된다.

폐루프 전달함수가 다음 식과 같이 주어지는 시스템의 위상여유와 이득여유를 Matlab을 통해서 구해보자.

$$T(s) = \frac{10}{s^3 + 7s^2 + 6s + 10} \tag{7.43}$$

<단계1> 제1행에서와 같이 먼저 주파수 범위를 지정하고, 위에서 주어진 $T(s)$의 분자와 분모 다항식의 각 계수를 제2, 3행과 같이 변수 'num'과 'den'에 각각 입력한다.

그림 7-18 주파수 범위 설정 및 분자 분모 다항식의 계수 입력

<단계2> 명령어 'bode' 함수를 사용해서 이득과 위상을 계산한 다음, 이득의 크기를 데시벨[dB] 단위로 변환한다.

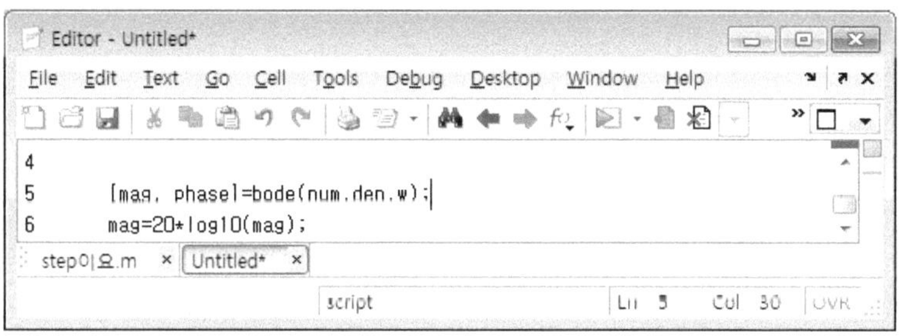

그림 7-19 보드 선도 상의 이득과 위상 계산

<단계3> 보드 선도는 위에 이득선도를, 그리고 아래에는 위상선도를 일반적으로 동시에 나타내므로, 명령어 'subplot'을 사용해서 이득선도와 위상선도를 각각 따로 그린다. 그래프를 그릴 때에는 'semilogx'를 사용한다.

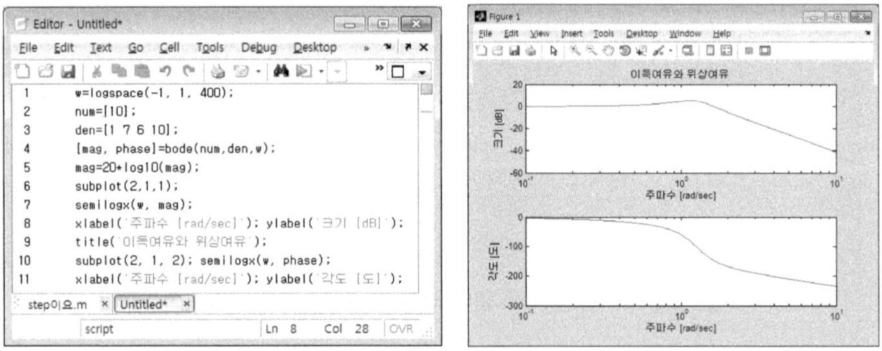

(a) (b)

그림 7-20 이득선도와 위상선도

<단계4> 명령어 'margin'으로 이득여유와 위상여유를 다음과 같이 조사한다.

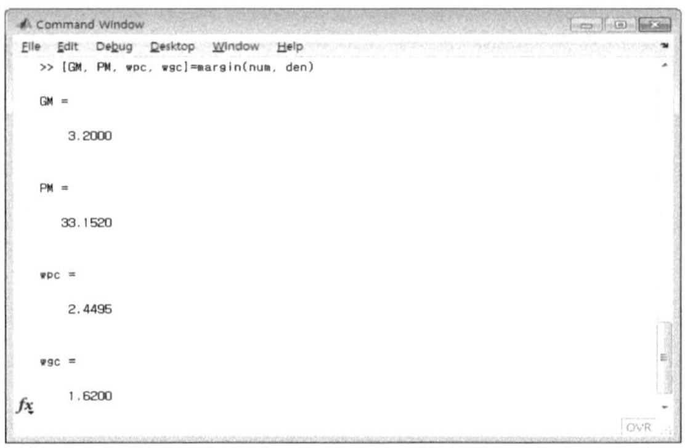

그림 7-21 이득여유와 위상여유의 계산

계산 결과를 통해 이득여유는 $20\log(3.2) = 10.1\,[\mathrm{dB}]$, 그리고 위상여유는 33.15[°]임을 확인할 수 있다. 이득여유, 위상여유가 모두 양수이므로 주어진 폐루프 시스템이 안정하다는 것도 알 수 있다.

연 습 문 제

1. 그림 7-22에 나타낸 계의 특성방정식을 구하라.

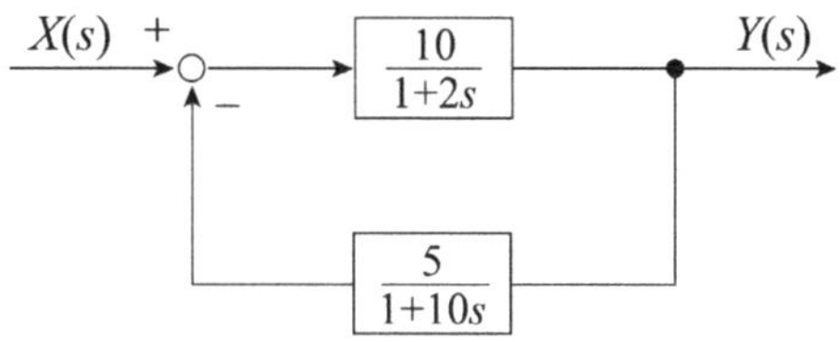

그림 7-22

2. 특성방정식이 $s^3+4s^2+10s+20=0$ 으로 주어진 제어계의 안정을 후르비쯔 판별법으로 판별하라.

3. 루스의 판별법으로 다음 특성방정식을 가진 제어계의 안정, 불안정을 판별하라.

   (1) $s^3+9s^2+26s+24=0$

   (2) $2s^4+s^3+4s^2+10s+20=0$

   (3) $s^5+2s^4+6s^3+24s^2+100s+500=0$

   (4) $2s^6+3s^5+4s^4+4s^3+10s^2+15s+20=0$

4. 다음의 특성방정식을 가진 제어계가 안정되기 위한 K의 값을 구하라.

   (1) $s^3+3Ks^2+(K+2)s+4=0$

   (2) $s^4+20Ks^3+5s^2+(10K)s+15=0$

   (3) $s^3+(K+0.5)s^2+4Ks+50=0$

5. $G(s) = \dfrac{10}{7s^2 + 5s + 3}$ 의 벡터 궤적을 구하여 안정 여부를 판별하라.

6. $G(s)H(s) = \dfrac{50}{s(1 + 0.1s)(1 + 0.5s)}$ 의 벡터 궤적을 구하여 안정 여부를 판별하라.

7. 루프 전달함수가 $G(s)H(s) = \dfrac{K}{(1+s)(1+2s)(1+3s)}$ 로 주어진 제어계에서 게인여유(이득여유)를 20[dB]로 하기 위한 K를 구하라.

8
CHAPTER

근궤적법

8.1 근궤적

제어계의 응답은, 특성방정식 (8.1)의 근에 의해 결정된다. $G(s)H(s)$의 이득 정수를 K라 할 때, 이득 정수 K를 여러 가지로 변화시키면, 계의 특성근이 그에 따라 변화하므로, K의 증감에 따른 불안정한 특성근이 나타날 수 있다. 따라서, 이득 정수 K의 변화에 따라, 계의 특성근이 어떻게 변화하는가를 아는 간단한 방법이 있다면 계의 안정한 설계를 위해 대단히 유용할 것이다. 근궤적법은 이와 같은 목적을 위하여 고안되었다.

$$1 + G(s)H(s) = 0 \tag{8.1}$$

계의 개루프 전달함수 $G(s)H(s)$가 (8.2)인 경우를 생각해 보자.

$$G(s)H(s) = \frac{K}{s(s+2)} \tag{8.2}$$

이 경우 특성방정식은 (8.3)으로 된다.

$$s(s+2) + K = 0 \tag{8.3}$$

식 (8.3)의 특성근은

$$s_{1,2} = -1 \pm \sqrt{1-K}$$

임을 알 수 있다. 이것들은 $0 < K \leq 1$에서 실근을 가지며, $K > 1$일 때 허근으로 된다. K가 변화할 때의 특성근의 궤적을 복소 평면상에 그리면 그림 8-1과 같이 된다. 이 그림으로부터, 이 계는 K값의 대소에 관계 없이 안정하며 K가 커짐에 따라 속응성이 증가하는 것을 알 수 있다.

이 예와 같이 개루프 전달함수가 간단한 경우에는 직접 특성방정식을 풀 수가 있으며 근의 궤적을 그리는 것이 간단하다. 그러나, 일반적인 경우에는 위의 예와 같이 특성방정식을 직접 풀어서 근의 궤적을 구하는 것은 대단히 곤란하다.

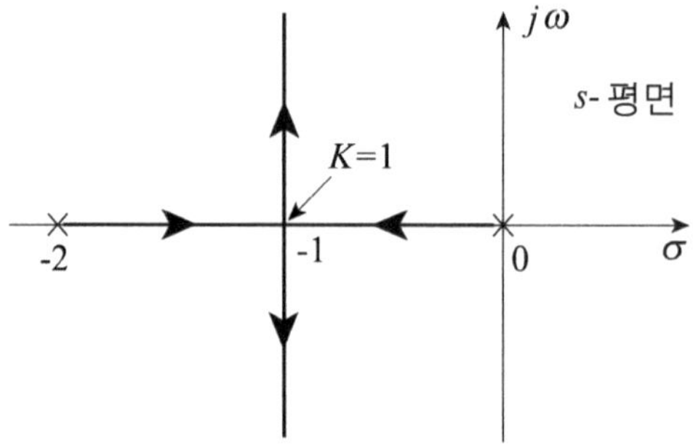

그림 8-1 $1+\dfrac{K}{s(s+2)}=0$**의 근궤적**

이에 대해서 1948년 Evans는 특성방정식을 푸는 조작을 거치지 않고 특성방정식의 일반적 성질을 이용해서 특성근의 궤적의 개략을 그리는 방법을 개발했다. 이것이 근궤적법이다.

8.2 근궤적의 기본 조건

개루프 전달함수의 극점을 $p_1, \cdots p_n$, 영점을 $r_1, \cdots r_m$ 으로 하고, 개루프 전달함수 $G(s)H(s)$를

$$G(s)H(s)=\frac{K\prod_{k=1}^{m}(s-r_k)}{\prod_{i=1}^{n}(s-p_i)}=\frac{Kq(s)}{P(s)} \tag{8.4}$$

로 표시하면, 특성방정식 (8.1)은 (8.5)로 된다.

$$1+G(s)H(s)=\frac{\prod_{i=1}^{n}(s-p_i)+K\prod_{k=1}^{m}(s-r_k)}{\prod_{i=1}^{n}(s-p_i)}=0 \tag{8.5}$$

지금 구하고자 하는 특성근의 궤적은 식 (8.5)에서 K를 0~∞까지 변화시키면 구해진다. 즉,

$$\prod_{i=1}^{n}(s-p_i)+K\prod_{k=1}^{m}(s-r_k)=0 \tag{8.6}$$

을 만족하는 점의 궤적이다. 단, 위 식에서는 제어계의 물리적 성질로부터 항상 $n \geq m$이다. 또, $p(s)$, $q(s)$가 실계수 다항식이라면, 즉 p_i, r_k가 복소수라면 반드시 공액인 $\overline{p_i}$, $\overline{r_k}$도 극점 또는 영점에 포함된다.

$(s-p_i)$, $(s-r_k)$를 각각 식 (8.7), (8.8)과 같이 나타내면, 식 (8.6)은 (8.9)와 같이 된다.

$$s-p_i=P_ie^{j\varphi_i} \quad (i=1,\ \cdots\cdots,\ n) \tag{8.7}$$

$$s-r_k=R_ke^{j\theta_k} \quad (k=1,\ \cdots\cdots,\ m) \tag{8.8}$$

$$\prod_{i=1}^{n}\Gamma_ie^{j\Sigma\phi_i}+K\prod_{k=1}^{m}R_ke^{j\Sigma\theta_k}-0 \tag{8.9}$$

이를 고쳐 쓰면, (8.10)과 같이 되고

$$1+K\frac{\prod_k R_k}{\prod_i P_i}e^{j(\sum_k\theta_k-\sum_i\phi_i)}=0 \tag{8.10}$$

이것을 풀면,

$$K\frac{\prod_k R_k}{\prod_i P_i}=1 \tag{8.11}$$

$$\sum_k \theta_k - \sum_i \varphi_i = \pi + 2l\pi \quad l = 0,\ 1,\ 2,\ \cdots\cdots \tag{8.12}$$

가 얻어진다. 즉, 근궤적상의 점에 있어서는 항상 이 두 식을 만족시키지 않으면 안 된다. 이들 조건을 각각 근궤적의 이득 조건, 위상 조건이라고 한다. 이 중에 이득 조건은 이득 정수 K의 결정에 쓰여질 뿐이고, 평면상의 점이 근궤적 상에 있을까 없을까를 결정하는 것은 식 (8.12)의 위상 조건이다. 근궤적은 식 (8.12)를 만족하는 점을 계속 찾아냄으로써 그려진다. 이 조건을 만족하는 점을 시행착오적으로 찾아내는 것은 곤란하지만, 특성방정식의 성질에 의해 유도되는 몇 가지 조건을 사용하면 근궤적의 개략을 쉽게 그릴 수가 있다.

그림 8-2에 그려진 궤적에 대해서 위에서 설명한 위상 조건과 이득 조건이 성립하는가를 확인하여 보자. 이 경우 개루프 전달함수는

$$G(s)H(s) = \frac{K}{s(s+2)}$$

이고, 영점은 없으며 극점은 0, -2의 두 가지이다. 극점을 각각 $p_1,\ p_2$라고 하면 이득 조건과 위상 조건은 (8.13) 및 (8.14)로 된다.

$$p_1 p_2 = K \tag{8.13}$$

$$\varphi_1 + \varphi_2 = \pi + 2l\pi \quad (l = 0,\ 1,\ 2,\ \cdots\cdots) \tag{8.14}$$

s가 실축상에 있는 경우($K \leqq 1$)에는 $\varphi_1 = \pi,\ \varphi_2 = 0$으로 되어 위상 조건이 만족된다. 또한, s가 BC위에 있는 경우에도 그림에 나타낸 바와 같이 항상 CA=CO이고, $\varphi_1 + \varphi_2 = \pi$가 성립하고 있다.이로부터 위상 조건이 성립하고 있음을 알 수 있다. 이득 조건에 대해서도 궤적상의 각 점에 대응하는 K의 값에 따라 쉽게 확인할 수가 있다. 예를 들면,

$$s_1,\ s_2 = -1 \pm \sqrt{1-K} \quad (K \leqq 1)$$

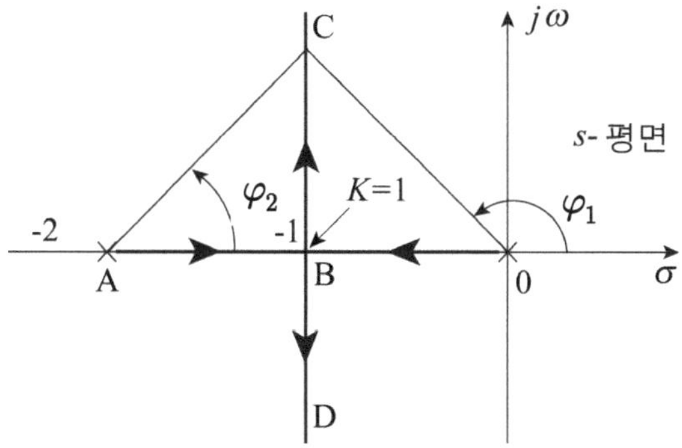

그림 8-2

인 점에서는

$$P_1 = 1 - \sqrt{1-K}, \quad P_2 = 1 + \sqrt{1-K}$$

로 되고,

$$P_1 P_2 = K$$

가 성립하고 있음을 알 수 있다. 또, BC 위의 점에서도

$$P_1 = P_2 = \sqrt{K}$$

로 되어, 마찬가지로 이득 조건을 만족하고 있음을 알 수 있다.

8.3 근궤적의 성질

근궤적을 그리는 경우에는, 특성방정식에 의해 유도되는 다음과 같은 근궤적의 성질이 이용된다. 여기서 개루프 전달함수는

$$G(s)H(s) = \frac{Kq(s)}{p(s)}$$

이고, $p(s)$와 $q(s)$는 각각 n차, m차 실계수 다항식임을 유의해 두자.

① 분기의 수는 n 개이다.

근의 궤적은 앞 절에서 나타낸 바와 같이

$$p(s) + Kq(s) = 0 \tag{8.15}$$

을 만족하는 점의 궤적이다. 제어계에 있어서는 언제나 $n \geqq m$이 성립하며, 위식은 n차 방정식이다. 따라서, 중복도를 포함하여 항상 n개의 근을 가지고 각 근이 근궤적상에 각각 분기하기 때문에 분기의 수는 n개이다.

② 궤적은 실축에 대해서 대칭이다.

$p(s)$, $q(s)$가 실계수 다항식이므로 식 (8.15)는 실계수 방정식이다. 따라서, 식 (8.15)가 어떤 K에서 복소근을 가지면, 반드시 이것과 공액인 복소근을 동시에 갖는다. 공액복소수는 실축에 대칭으로 위치하므로 근궤적은 실축에 대칭인 도형으로 된다.

③ 궤적은 극점에서 출발하여 영점으로 종착한다.

K=0일 때 식 (8.15)는

$$p(s) = 0 \tag{8.16}$$

으로 된다. 이것은 근궤적의 출발점이 개루프 전달함수의 극점과 일치하는 것을 의미한다. 또, 식 (8.15)를 K에 대해 $K \to \infty$ 극한을 고려하면 식 (8.15)는

$$q(s) = 0 \tag{8.17}$$

로 된다. 즉, 근궤적은 $K \to \infty$ 에서 개루프 전달함수의 영점으로 점근(漸近)한다.

④ $n-m$ 개의 분기는 무한원점으로 발산한다.

앞에서 기술한 성질 ③에서 $K \to \infty$ 일 때, 궤적은 개루프 전달함수의 영점에 점근(漸近)하는 것이 설명되었다. 그렇지만 일반적으로 영점의 개수 m은 $m \leq n$이다. 따라서, $n-m$개의 분기는 대칭하는 영점이 없다. 그런데 $n > m$일 때

$$\lim_{s \to \infty} \frac{q(s)}{p(s)} = 0$$

이다. 이것은 무한원전에 개루프 전달함수의 영전이 있는 것을 의미하고, 대응하는 유한영점이 없는 $n-m$개의 분기는 이 무한원점의 영점으로 $K \to \infty$ 에서 점근한다고 생각된다.

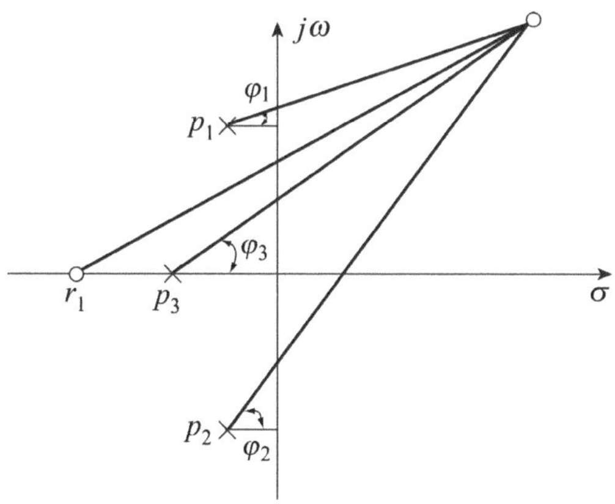

그림 8-3 무한원점의 위상 조건 $\varphi_i = \theta_k$

⑤ 무한원점으로 발산하는 $n-m$ 개의 분기의 점근선이 실축과 이루는 각은,

$\varphi_A = \dfrac{\pi + 2l\pi}{n-m}$ $\quad l=0,\ 1,\ 2,\ \cdots,\ (n-m-1)$**로 주어진다**(그림 8-3 참조).

근궤적상의 점은 전부 위상 조건 식 (8.12)를 만족시키지 않으면 안 된다. 그런데, s가 충분히 먼 거리의 점에 있다면 극점과 영점은 전부 유한이기 때문에 각도 $\varphi_1,\ \theta_k\ (i,\ k=1,\ \cdots)$는 전부 동일 각도 α_0와 같이, $\varphi_i \cong \theta_{k\alpha_0} \cong \alpha_0 (i,\ k=1,\ \cdots)$로 생각된다. 따라서, 이 때 위상 조건은

$$\sum_{k=1}^{m} \theta_k - \sum_{i=1}^{m} \varphi_i = (m-n)\alpha_0 = \pi + 2l\pi$$

로 된다. 이것에 의해 α_0를 구하면

$$\alpha_0 = \frac{\pi + 2l\pi}{n-m} \qquad l=0,\ 1,\ 2,\ \cdots,\ (n-m-1) \tag{8.18}$$

이 얻어진다.

⑥ $n-m>1$일 때, 근을 단위하중의 질점(質點)의 위치를 표시하는 것으로 한다면, 이 질점계의 중심 p_0의 위치는 K의 값에는 의존하지 않고 항상 식(8.19)와 같다.

$$p_0 = \frac{1}{n} \sum_{i=1}^{m} p_i \tag{8.19}$$

어떤 K에 대한 식 (8.15)의 근을 $s_1(K)$, $s_2(K)$, $\cdots$로 쓰면, 이 때의 중심의 위치는

$$\frac{1}{n} \sum_{i=1}^{n} s_i(K)$$

이다. 동시에 $\sum_{i=1}^{n} s_i(K)$는 식 (8.15)의 s^{n-1}의 계수이다. 그런데, $q(s)$는 m차이고, $n-m>1$일 때 $K_q(s)$의 계수는 s^{n-1}의 계수에 영향이 없다.

K=0 일 때,

$$\sum_{i=1}^{n} s_i(0) = \sum_{i=1}^{n} p_i$$

로 식 (8.19)가 얻어진다.

⑦ 무한원점으로 발산하는 $n-m$개의 궤적의 점근선은 $n-m>1$일 때

$$r_\infty = \frac{1}{n-m}\left(\sum_{i=1}^{n} p_i - \sum_{k=1}^{m} r_k\right) \tag{8.20}$$

실제로 점근선의 교점은 무한원점으로 발산하는 근의 중심이다. 이것을 r_∞로 나타낸다. $K\to\infty$일 때 m개는 영점에 수렴하고, 따라서 $K\to\infty$일 때의 중심의 위치는

$$\frac{1}{n}\left\{\sum_{k=1}^{m} r_k + (n-m)r_\infty\right\}$$

로 주어진다. ⑥에 나타낸 바와 같이 $n-1>m$ 일 때 중심의 위치는 변하지 않는다. 이것은 또, $\sum_i p_i/n$와 같다. 따라서

$$\frac{1}{n}\left\{\sum_{k=1}^{m} r_k + (n-m)r_\infty\right\} = \frac{1}{n}\sum_{i=1}^{n} p_i \tag{8.21}$$

이것에 의해 r_∞를 구하면 식 (8.20)이 얻어진다.

⑧ 실축 상의 점을 생각한다. 만일, 이 점의 오른쪽에 있는 실축 상의 영점과 극점의 총합이 기수로 된다면 이 점은 궤적 상의 점이다.

실축 상의 궤적은 실축 상에 있는 영점, 극점의 상태에 따라 결정된다. 지금 실축 상의 점을 s로 나타낸다. 실축 상에 없는 극점 p_i, 영점 r_k에 대해서는 반드시 공액인 극점 $\overline{p_i}$, 영점 $\overline{r_k}$가 존재하여 다음 관계를 만족한다.

$$\angle(s-p_i)+\angle(s-\overline{p_i})=0$$

$$\angle(s-r_k)+\angle(s-\overline{r_k})=0$$

$$\varphi_i+\overline{\varphi_i}=\theta_k+\overline{\theta_k}=2\pi$$

결국 식 (8.12)의 위상 조건의 Σ안에, 실축 상에 없는 극점과 영점은 이 경우 제외시켜 생각할 수가 있다. 또, 실축 상의 점 s의 왼쪽에 있는 극점 p_i, 영점 r_k에 대해서는 전부 $\varphi_i=\theta_k=0$으로 되고, s의 오른쪽에 있는 극점 p_i, 영점 r_k에 대해서는 전부 $\varphi_i=\theta_k=\pi$로 된다(그림 8-4). 즉, 실축 상의 점 s가 위상 조건을 만족하는 것은 그 오른쪽에 있는 실축 상의 극점과 영점의 합이 기수로 되는 경우이다.

⑨ 궤적이 실축으로부터 이탈하는 점의 결정 예

근궤적이 실축으로부터 이탈하는 점(분기점)은 그림 8-1의 예에서도 나타낸 바와

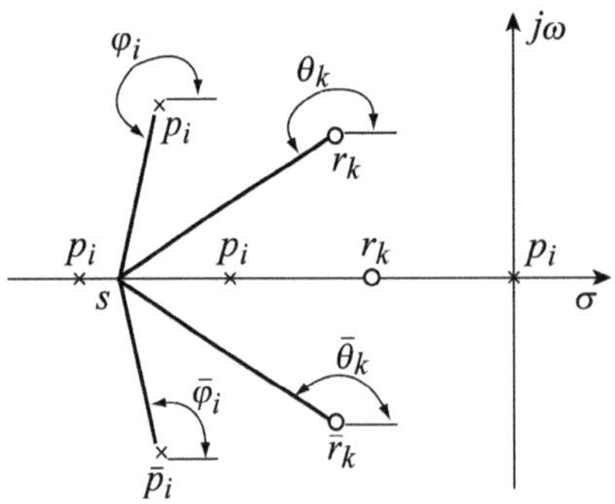

그림 8-4 실축 상의 궤적

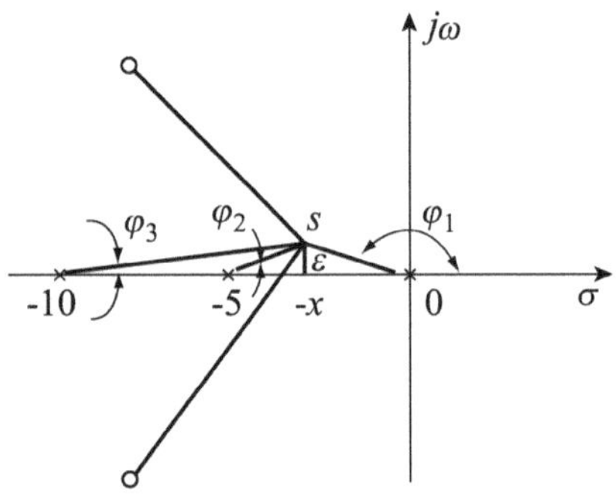

그림 8-5 실축으로부터 이탈하는 점의 결정 예

같이, 서로 다른 실근이 중근으로 되는 점을 구하여 얻을 수도 있지만, 여기서는 약간 다른 방법을 소개한다.

그림 8-5에 표시한 바와 같이, 실축 상의 극점이 0, -5, -10에 있는 것으로 한다. 실축 상에 없는 극점과 영점은 성질 ⑧의 경우와 같은 이유로 인해서 궤적에 영향을 주지 않는다. 지금, 그림 위의 $-x$점에서의 궤적이 실축을 이탈하여 미소거리 ϵ만큼 이동했다고 하자. 위상 조건은 이 경우,

$$\varphi_1 + \varphi_2 + \varphi_3 = \pi \tag{8.22}$$

이다. 그런데 ϵ이 아주 미소하다면

$$\varphi_2 \cong \tan\varphi_2 = \frac{\epsilon}{5-x}$$

φ_1, φ_3에 대해서도 마찬가지로

$$\varphi_3 = \frac{\epsilon}{10-x}, \quad \varphi_1 = \pi - \frac{\epsilon}{x}$$

을 얻는다. 식 (8.22)에 대입하면 ϵ을 소거할 수 있고

$$\frac{1}{5-x} + \frac{1}{10-x} - \frac{1}{x} = 0 \tag{8.23}$$

이 얻어진다. 이것을 풀면 (8.24)가 얻어진다.

$$x = 2.11 \tag{8.24}$$

그런데, 근궤적상의 분기점은 해석적 방법으로 다음과 같이 계산하는 것이 편리하다. 즉, 분기점이란 특성방정식

$$F(s) = 1 + G(s)H(s) = 1 + K\frac{q(s)}{p(s)} = 0$$

이 등식을 가진 점과 다름없으므로

$$\frac{d}{ds}F(s)=0 \text{ 또는 } \frac{d}{ds}K=0 \tag{8.25}$$

을 만족하는 s값 가운데에 분기점이 포함된다.

실축 상에 없는 극점과 영점에 의한 근궤적의 분기점도 식 (8.25)를 사용하여 구할 수가 있다.

⑩ 궤적이 허축과 교차하는 점은 계의 안정한계를 의미하고 루스(Routh) 등의 방법에 의해 안정한계를 주는 K의 값을 구할 수가 있다. 이 K를 식 (8.15)에 대입해서 방정식을 풀어 궤적이 허축과 교차하는 위치를 구할 수 있다.

⑪ 근궤적의 출발각과 도착각의 계산 예

개루프 전달함수의 극이 그림 8-6과 같이 분포하여 있는 경우를 예로 사용하여 극으로부터 출발하는 각도를 구하여 보자.

각각의 극점을 p_1, ⋯, p_5로 하고, $p_5=-5+5j$ 로부터 근궤적상 ϵ만큼 떨어진 점 s를 생각한다. 이 때 ϵ이 매우 작은 양이라고 하면

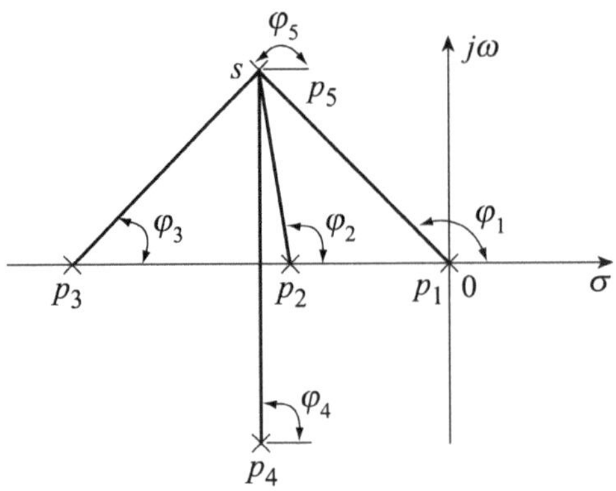

그림 8-6 극으로부터 출발하는 각도 $\sum\varphi_i=3\pi$

$$\varphi_1 = \angle(s - p_1) \cong \angle(-5 + 5j) = \frac{3}{4}\pi$$

로 된다. φ_2, φ_3, φ_4도 각각

$$\varphi_2 \cong \frac{\pi}{4}, \quad \varphi_3 \cong \frac{\pi}{4}, \quad \varphi_4 \cong \frac{\pi}{2}$$

이다. 위상 조건으로부터

$$\sum_{i=1}^{5} \varphi_i = \pi + 2l\pi \quad (l = 0, 1, 2, \cdots\cdots)$$

이고, 위에 표시한 바와 같이

$$\varphi_1 + \varphi_2 + \varphi_3 + \varphi_4 = 2\pi$$

이다. 따라서, $\varphi_5 = \pi$가 얻어지며, 이것은 궤적이 p_5로부터 출발하는 각도를 의미한다. 그런데, 이러한 각도를 계산하는데 다음과 같은 방법을 사용하면 편리하다.

먼저, 어떤 복소극에서 출발하는 근궤적의 출발각(departure angle)을 θ_D라 하면,

$$\theta_D = 180^\circ + Arg\, G(s)H'(s) \tag{8.26}$$

로 주어진다. 여기서, $Arg\, G(s)H'(s)$는 그 출발하는 복소극에서 계산된 $G(s)H(s)$의 위상각이며, 그 특정극에 대한 각의 기여는 무시한다. $\mathrm{Arg}\, G(s)H'(s)$는 spirule에 의해 간단히 정해진다. 예를 들면,

$$G(s)H(s) = K/\{s(s+3)(s^2+2s+2)\}, \quad K \geq 0$$

인 계에서 복소극 $-1+j$에서 출발하는 출발각은

$$\theta_D = 180° + Arg\,G(s)H'(s)$$

$$= 180° + Arg\frac{K}{s(s+3)(s+1+j)}\bigg|_{s=-1+j}$$

$$= 180° - \tan^{-1}(1/-1) - \tan^{-1}(1/2) - 90°$$

$$= 180° - 135° - 26.6° - 90° = -71.6° \cong 288.4°$$

이다. 다음, 어떤 복소영점에서 끝나는 근궤적의 도착각(arrival angle)을 θ_A라 하면

$$\theta_A = 180° - \mathrm{Arg}\,G(s)H''(s) \tag{8.27}$$

로 주어진다. 여기서, $\mathrm{Arg}\,G(s)H''(s)$는 복소영점에 있어서의 $G(s)H(s)$ 위상각이며, 그 영점 자체의 위상각에 대한 각의 기여는 무시한다. $Arg\,G(s)H''(s)$도 spirule에 의해 간단히 정해진다. 예를 들면

$$G(s)H(s) = K(s+j)(s-j)/\{s(s+1)\},\ \ K \geqq 0$$

인 계에서 복소영점 $s=j$에 도착되는 도착각은

$$\theta_A = 180°\ Arg\,G(s)H''(s)$$

$$= 180°\ Arg\frac{K(s+j)}{s(s+1)}\bigg|_{s=j}$$

$$= 180° - (-\tan^{-1}1) = 180° + 45° = 225°$$

8.4 근궤적의 예

8.3절에서 나타낸 제성질(諸性質)을 이용하여 근궤적의 개략을 그려보자.

예제 8-1

개루프 전달함수가

$$G(s)H(s)=\frac{K}{s(s+5)(s+10)} \tag{8.28}$$

라고 한다.

① 분모의 차수 $n=3$, 분자의 차수 $m=0$이므로, 따라서 분기의 수는 3개이다.

② 유한영역에는 $G(s)H(s)$의 영점은 없고, 3개의 분기는 전부 무한원점으로 발산하다.

③ 무한원점으로 발산하는 3개의 분기의 점근선이 실축과 이루는 각도는

$$\frac{1}{3}(\pi+2l\pi) \quad (l=0,\ 1,\ 2,\ \cdots\cdots,\ n-m-1=0,\ 1,\ 2)$$

따라서, $\pi/3$, π, $5\pi/3$이다.

④ 근을 단위 질점으로 하는 경우의 중심의 위치는

$$\frac{1}{3}(-5-10)=-5$$

이다. 이 경우, 영점의 개수가 0이고, 이것은 무한원점으로 발산하는 궤적의 점근선의 교점과 일치한다(그림 8-7 참조).

⑤ 실축상, $s<-10$, $-5<s<0$의 구간에서는 이 점의 오른쪽에 각각 3개, 1개의 극점이 있고, 이 구간에 근궤적이 존재한다.

⑥ 실축으로부터 궤적이 이탈하는 점의 위치는 근궤적의 성질 ⑨에 나타낸 바와 같이 -2.11이다. 이 때의 K의 값은 48.11로 된다.

⑦ $s^3+15s^2+50s+K=0$ (폐루프 특성방정식) (8.29)

이 방정식의 근이 전부 우반 평면 내에 존재하기 위한 K의 만족할만한 범위는 후르비쯔의 행렬식으로부터,

$$\begin{vmatrix} 15 & K \\ 1 & 50 \end{vmatrix} = 750 - K$$

로 되고,

$$0 < K < 750$$

를 얻는다. 안정한계는 이 식에 의해 $K=750$이고, 이 때의 근은

$$s = -15, \ \pm\sqrt{50}\,j$$

로 된다. 허축과 교차하는 것은 $\pm\sqrt{50}\,j$의 점이다. 이들의 점에 주의해서 근궤적의 개략을 그리면 그림 8-8과 같이 된다.

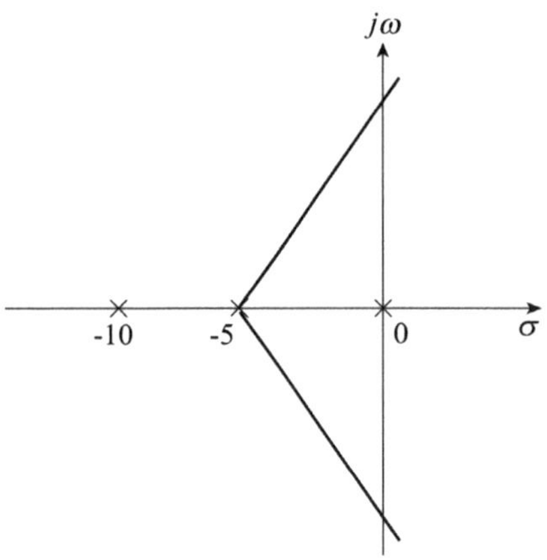

그림 8-7 점근선의 실축상의 궤적

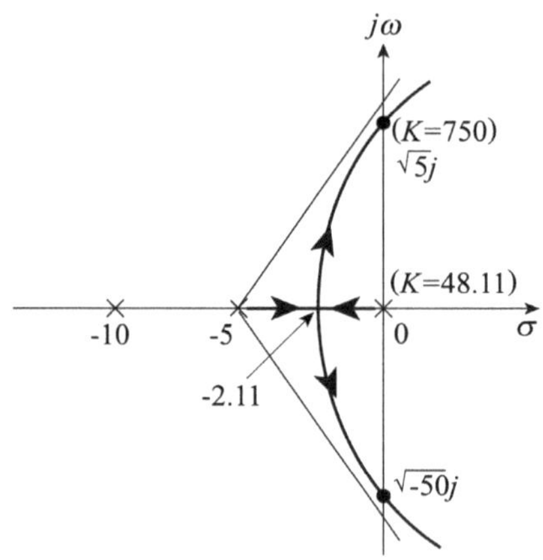

그림 8-8 $G(s)H(s)=\dfrac{K}{s(s+5)(s+10)}$의 근궤적

예제 8-2

개루프 전달 함수가

$$G(s)H(s) = \frac{K(s+2)}{s(s+1)(s^2+2s+2)} \tag{8.30}$$

로 주어질 때의 근궤적을 그려보자.

① 이 경우, 분모의 차수 $n=4$, 분자의 차수 $m=1$이고, 분기의 수는 4개로 된다. 0, -1, $-1-j$, $-1+j$에 있는 극으로부터 근궤적은 출발한다.

② 영점은 1개이고, 따라서 4-1=3개의 분기는 무한원점으로 발산한다.

③ 무한원점으로 발산하는 분기의 점근선이 실축과 이루는 각도는 예 1의 경우와 마찬가지로 $\pi/3$, π, $5\pi/3$가 된다.

④ 근을 단위 질점으로 하는 경우의 중심의 위치는 (8.31)과 같이 구해 시고,

$$\frac{1}{n}\sum_{i=1}^{n} p_i = \frac{1}{4}\{-1+(-1+j)+(-1-j)\} = -\frac{3}{4} \tag{8.31}$$

3개의 점근선의 교점은 다음과 같이 얻어진다.

$$\frac{1}{n-m}\left(\sum_{i=1}^{n} p_i - \sum_{k=1}^{m} r_k\right) = \frac{1}{3}\{-1+(-1+j)+(-1-j)+2\} = -\frac{1}{3}$$

⑤ 실축 상, $-1 < s < 0$, $s < -2$의 구간에서는 오른쪽에 있는 실축 상의 영점과 극점의 합이 각각 1개, 3개로 된다. 따라서, 실축 상의 궤적은 이 구간에 있다(그림 8-10 참조).

⑥ 실축으로부터 이탈하는 점, 실축에 교차하는 점의 좌표를 구한다. 원점으로부터 구하는 점까지의 거리를 x라 하면, 근궤적의 성질

⑨에 의해 x는

$$\frac{1}{1-x}-\frac{1}{x}-\frac{1}{2-x}=0$$

을 만족한다. 이것을 풀면,

$$x=2-\sqrt{2},\ 2+\sqrt{2}$$

가 얻어진다. 이것들은 각각 근궤적이 실축으로부터 이탈하는 점, 실축에 교차하는 점을 표시하고 있다. 이들의 점에 대응하는 K의 값은, 각각의 값 $s=-x$를 방정식

$$s^4+3s^3+4s^2+2s+K(s+2)=0 \tag{8.32}$$

에 대입해서 K를 풀면 다음과 같다.

$$K=20-14\sqrt{2},\ K=20+14\sqrt{2}$$

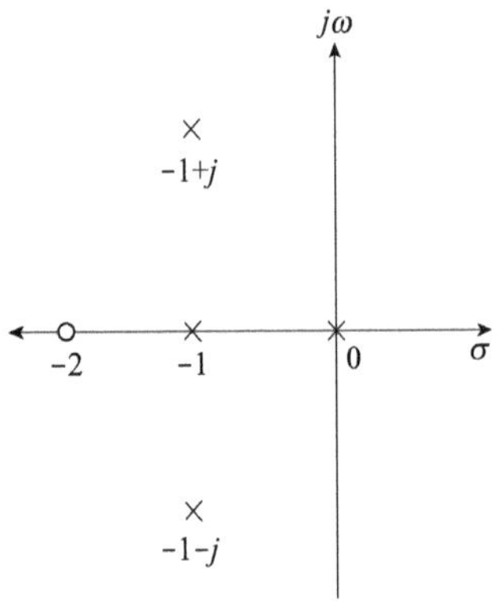

그림 8-9 $G(s)H(s)=\dfrac{K(s+2)}{s(s+1)(s^2+2s+2)}$

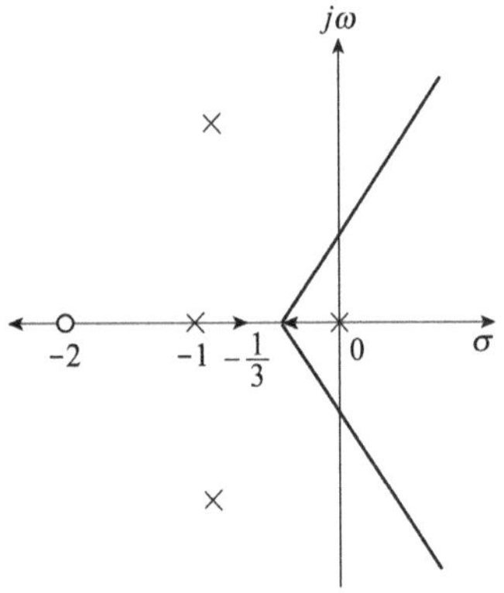

그림 8-10 실축 상의 궤적과 점근선의 교점

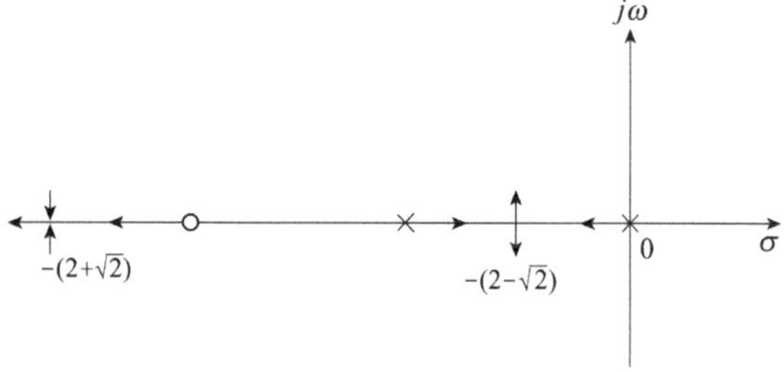

그림 8-11 실축으로부터 이탈하는 점과 교차하는 점

또, 두 근이, $-2+\sqrt{2}$에 있을 때, 다른 두 근의 실부를 X라고 하면, ④에서 구한 바와 같이 중심의 위치가 $-3/4$에 있게 되므로,

$$2(-2+\sqrt{2})+2X=-3$$

을 만족한다. 이것을 풀면,

$$X=-(\sqrt{2}-0.5)=-0.91$$

이 얻어진다.

또, 궤적이 실축과 재차 교차하는 시점에서 다른 두 근의 실부는 $X=1.914$를 만족하고 있다.

⑦ 극점 $-1+j$로부터 출발하는 궤적의 출발 각도를 구하자. 근궤적 상 s는 극 $-1+j$에 충분히 가깝게 취하여 그림 8-12에 표시한 바와 같이 φ_1, ⋯ φ_4, θ_1을 정하면 그림으로부터 직접

$$\varphi_1+\varphi_2+\varphi_3+\varphi_4-0_1=3\pi$$

$$\varphi_1=\frac{3}{4}\pi,\ \varphi_2=\frac{\pi}{2},\ \varphi_3=\frac{\pi}{2},\ \theta_1=\frac{\pi}{4}$$

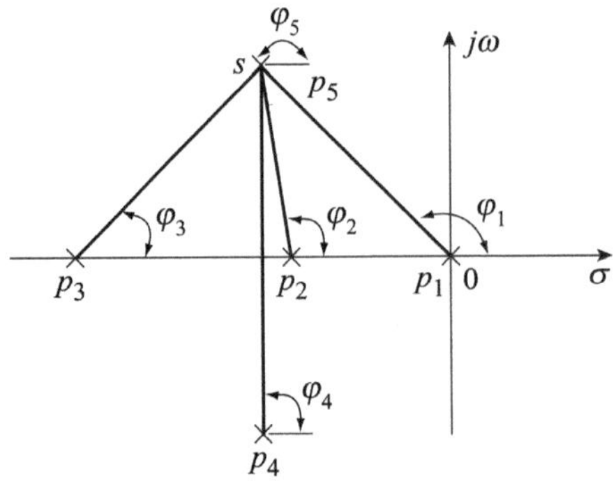

그림 8-12 극으로부터 출발하는 각도

를 얻는다. 위상 조건을 나타내는 식 (8.12)로부터

$$\theta_1 - \varphi_1 - \varphi_2 - \varphi_3 - \varphi_4 = \pi + 2l\pi \qquad (l = 0,\ 1,\ 2,\ \cdots)$$

가 성립하지 않으면 안되고, 이로부터 φ_4를 구하면

$$\varphi_4 = \frac{3}{2}\pi$$

로 된다 따라서, 근궤적은 극점 $-1+j$로부터 아래 방향으로 출발한다.

φ_4의 값은 식 (8.26)에 의해서도 쉽게 구해진다. 즉,

$$\theta_D = 180° + \mathrm{Arg}\, G(s)H'(s)$$

$$= 180° + \mathrm{Arg} \left.\frac{(s+2)}{s(s+1)(s+1+j)}\right|_{s=-1+j}$$

$$= 180° + \mathrm{Arg} \frac{(1+j)}{(-1+j)(j)(j2)}$$

$$= 180° + \tan\frac{1}{1} - \tan\frac{1}{-1} - 90° - 90°$$

$$= 180° + 45° - 135° - 90° - 90° = 270°$$

로 되어, $\theta_D = 270° = \frac{3}{2}\pi[\mathrm{rad}] = \varphi_4$이다.

⑧ 근궤적이 허축과 교차하는 점의 계산

식 (8.32)가 복소 우반 평면에 근을 갖지 않기 위해서는 후르비쯔의 행렬식 Δ_3이

$$\Delta_3 = \begin{vmatrix} 3 & K+2 & 0 \\ 1 & 4 & 2K \\ 0 & 3 & K+2 \end{vmatrix} = -K^2 - 10K + 20 > 0$$

을 만족하는 것이 필요충분조건이다. 이것으로부터 안정한계를 주는 K의 값이 구해진다.

$$K = 3\sqrt{5} - 5 = 1.708$$

이것을 식 (8.32)에 대입하면, 식 (8.32)는

$$(s^2 + \sqrt{5} - 1)(s^2 + 3s + 5 - \sqrt{5}) = 0$$

으로 되고, 이 때 근은

$$\pm 1.11j \ , \quad -1.50 \pm 0.717j$$

로 된다. 이들의 점을 고려해서 근궤적을 그리면 그림 8-13과 같은 궤적이 얻어진다.

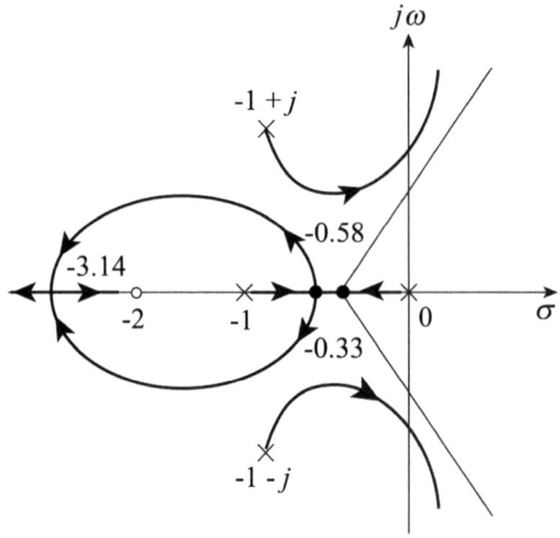

그림 8-13 $G(s)H(s) = \dfrac{K(s+2)}{s(s+1)(s^2+2s+2)}$ 의 근궤적

연 습 문 제

1. 다음의 일순 전달함수를 가진 제어계의 근궤적의 개략을 그려라.

   (1) $G(s)H(s)=\dfrac{K}{s}$　　(2) $G(s)H(s)=\dfrac{K}{s^2}$

   (3) $G(s)H(s)=\dfrac{K}{s+1}$　　(4) $G(s)H(s)=\dfrac{K}{(s+1)(s+2)}$

   (5) $G(s)H(s)=\dfrac{K}{(s+1)(s+2)(s+3)}$

2. 어떤 단위 피드백제어계의 개루프 전달함수가 $G(s)=\dfrac{K}{s(1+0,01s)(1+0,05s)}$ 일 때 이 계의 근궤적을 그려라.

3. 근궤적을 이용하여 다음의 일순 전달함수를 가진 제어계의 안정, 불안정을 논하라.

   (1) $G(s)H(s)=\dfrac{K(s-1)}{s(s+1)}$　　(2) $G(s)H(s)=\dfrac{K(s+1)}{s(s-1)}$

4. 다음의 일순 전달함수를 가진 두 직결 피드백계의 근궤적을 비교하여 제어성능에 어떤 차이가 있는지를 논하라.

$$G_1(s)=\frac{K}{s(s+1)},\qquad G_2(s)=\frac{K}{(s+2)(s+3)}$$

5. 다음의 일순 전달함수를 가진 제어계에 있어서 시정수 T가 0에서 ∞까지 변화할 때, 특성근이 그리는 궤적을 구하라.

$$G(s)H(s)=\frac{10}{s(Ts+1)}$$

9
CHAPTER

고전제어 기법에 의한 제어계 설계

9.1 서론

피드백제어계의 주요 관심사는 제어의 성능이다. 적절한 방법으로 설계된 피드백 제어계는 제어계의 안정성을 보장하며 목표 신호 등의 입력 신호에 대해 틀림없이 추종하는 등의 만족할 만한 응답을 얻을 수 있게 된다. 그리고 시스템의 매개변수 변화에 덜 민감하며, 정상상태오차를 최소화 하는 효과를 얻을 수 있을 뿐만 아니라, 원하지 않는 외란에 대한 영향도 줄일 수 있게 된다. 그렇지만 아무런 조정 없이 최적 성능을 갖는 피드백제어시스템을 구축하는 것은 어렵기 때문에 적절한 성능을 얻기 위해서는 시스템 매개변수를 조정할 필요가 있는데 단순히 매개변수를 조정하여 원하는 성능을 얻을 수 없는 경우도 종종 있다.

또한 시스템의 구조를 다시 조사하거나 적절한 구조를 얻기 위해서 시스템을 다시 설계할 필요성도 생기게 된다. 즉, 시스템의 구성을 재검토하고 새로운 설계나 계획을 통해 적절한 시스템을 얻을 수 있는 것이다. 따라서 제어시스템을 설계하기 위해서 시스템의 재구성, 새로운 계획, 적절한 소자 및 매개변수들의 선택에 관심을 가져야 함을 의미한다. 예를 들어, 성능지수가 어떤 규정된 값보다 작게 되기를 원할 경우 서로 상충되는 요구 조건과 종종 직면하게 된다. 이와 같은 두 성능 조건을 완화시키기가 불가능하면 어떠한 방법으로는지 시스템을 다른 형태로 변형시켜야 하며 이와 같은 제어시스템의 변환이나 조정을 보상(compensation)이라 한다. 즉, 보상이란 결함이나 부적당한 것을 보완하기 위해 시스템을 조정하는 것을 말한다.

시스템 응답을 개선하기 위해 제어시스템을 다시 설계할 때 피드백시스템의 구조 내에 새로운 소자가 추가된다. 이것이 바로 성능상의 결함을 해결하기 위해 보상해 주는 부수적인 소자나 장치이다. 보상하는 장치는 전기적, 기계적, 유압적 혹은 어떤 다른 형태의 장치나 회로를 말하며 이를 보상기(compensator)라 한다.

이 장에서는 단일 입출력 시스템에서 주로 사용되는 보상기의 형태인 PID 보상기의 설계 변수들이 시스템에 미치는 영향과 이 보상기의 설계법에 대해 알아본다.

9.2 비례·적분·미분(PID) 제어기

PID 제어기는 구조가 간단하고, 제어 성능이 우수하며, 제어 이득 조정이 비교적 쉬워 산업현장에서 약 80[%] 이상을 차지하는 제어 기법이다. 일반적으로는 비례제어, 적분제어, 미분제어를 단독으로 쓰거나 혹은 두 가지 이상을 결합한 형태로 사용한다. 본 절에서는 PID 제어기 설계법을 설명하고 응용 예를 통해 실용적 관점에서의 우수성을 설명한다.

1) **비례(P)제어** : PID 제어기에서 반드시 사용하는 가장 기본적인 제어. 이 제어만으로는 정상상태오차가 발생할 수 있다.
2) **적분(I)제어** : 정상상태오차를 없애는 데 사용. 잘못 조정하면 시스템이 불안해지고 반응이 느려진다.
3) **미분(D)제어** : 잘 활용하면 안정성에 기여하고, 예측 기능이 있어 응답속도를 빠르게 함. 시스템에 잡음 성분이 있을 때 미분값이 커지게 되어 나쁜 영향을 미친다.
4) **자동동조(auto-tuning)** : 제어기의 계수를 자동적으로 조정하는 행위. PID 자동동조로는 지글러-니콜스(Ziegler-Nichols) 동조법, 계전기(relay) 동조법 등이 있으며, 제어대상 시스템의 모델을 사용하지 않고 간단한 동조 과정을 거쳐 PID 계수를 결정한다.
5) **대상 모델이 주어질 경우의 계수 조정법** : 주파수 영역 설계법, 근궤적법, 과도응답법 등을 사용하여 반복 과정을 통해 설계할 수 있다.
6) **누적 방지(anti-windup)기법** : 구동기에 포화 특성이 있으면 적분 누적(integrator windup) 현상이 생겨 불안정하게 되는데, 이를 막는데 사용하는 기법이다.
7) **PID 제어기의 형태** : 병렬형이 기본형이지만 실제로 구현할 때에는 필요에 따라 직렬형으로 하거나 미분기 앞단에 필터를 부착하는 등 여러 가지로 변형된다.

그러나 PID 제어기에는 몇 가지 제약이 존재한다. 즉, 적용 대상이 단일 입출력 시스템에 한정된다는 것과, 다 입출력 시스템에 적용하려면 모델 분해 과정을 거쳐 여러 개의 단일 입출력 모델을 구하여야 한다는 것이다. 이에 대한 대안으로 현대제어 이론에 기반한 제어기 설계법이 있으며 이러한 특성 등을 사전에 주지할 필요가 있다.

9.2.1 비례(P) 제어기

기준신호와 피드백신호 사이의 차인 오차신호에 적당한 비례상수 이득을 곱해서 제어신호를 만들어내는 제어 기법을 말하며, 이 기법에 의한 제어기를 비례제어기 (proportional controller), 또는 영문 약자를 써서 P 제어기라 부른다. 이러한 비례 제어기를 갖는 피드백제어시스템의 일반적인 형태는 그림 9-1과 같다. 여기서 K는 비례 제어기 이득이 된다. 비례 제어기를 갖는 제어시스템은 구현이 쉬운 반면, 비례이득만의 조정으로 다양한 설계사양을 갖는 시스템의 성능을 개선시키기는 어렵다.

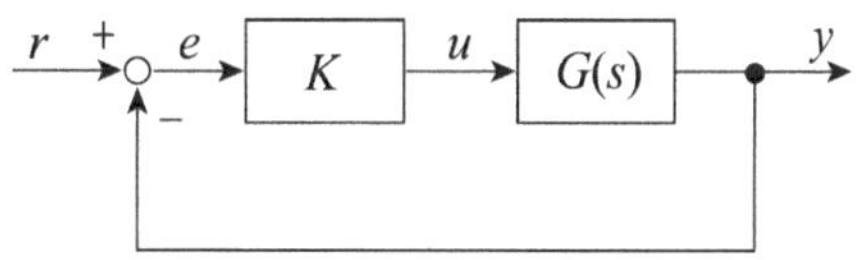

그림 9-1 비례 제어기에 의한 피드백제어시스템

예제 9-1

스프링-댐퍼 시스템 제어 문제 : 아래 그림과 같이 스프링과 댐퍼가 달려 있는 질량의 변위 y를 입력 r을 사용하여 조절하는 문제에 대해 생각해 보자.

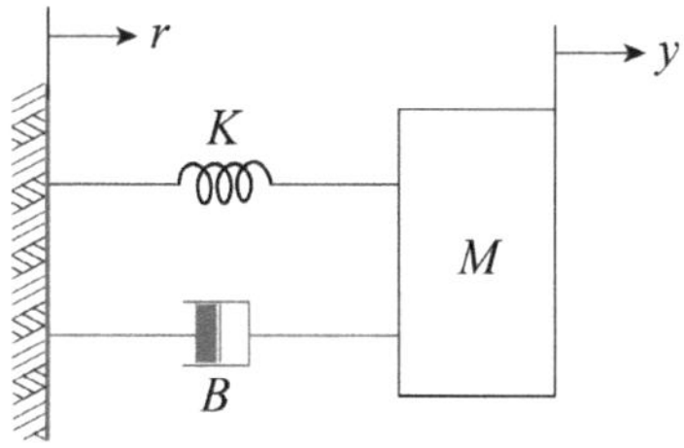

그림 9-2 스프링-댐퍼 시스템

➾ 개루프 전달함수 : $G(s) = \dfrac{Y(s)}{R(s)} = \dfrac{k}{ms^2 + bs + k}$

여기서, b : 댐퍼 점성마찰계수, k : 스프링 탄성계수이다.

➾ 폐루프 시스템의 특성방정식 : $1 + KG(s) = 0$

$$\Rightarrow ms^2 + bs + k + Kk = 0$$

➾ 비례제어의 효과 : 시스템의 탄성계수를 k에서 $(1+K)k$로 증가시키는 역할을 한다. 즉, 탄성계수가 Kk인 스프링을 시스템에 병렬로 더 연결한 것과 같은 효과를 얻게 된다.

➾ 개루프시스템의 계단응답 : $m=1, b=1, k=0.1$인 경우, 정상상태오차는 0이나 상승시간이 20[sec]로 상당히 느린 응답특성을 나타내고 있다. 응답특성을 좀더 고찰하기 위해 근궤적을 그리고 이것으로부터 이득과 성능과의 관계를 알아본다.

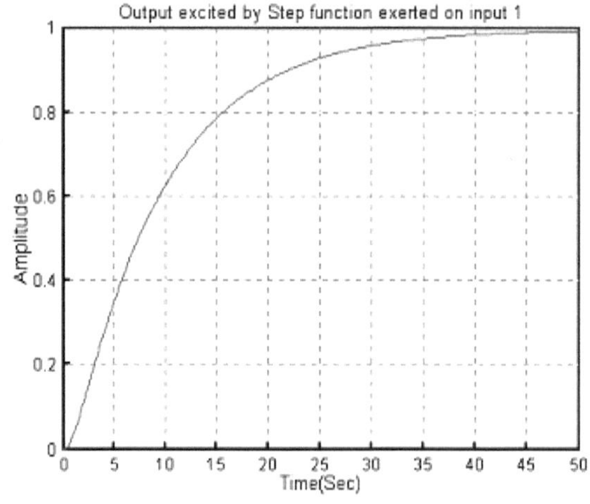

그림 9-3 스프링-댐퍼 시스템의 개루프 계단응답

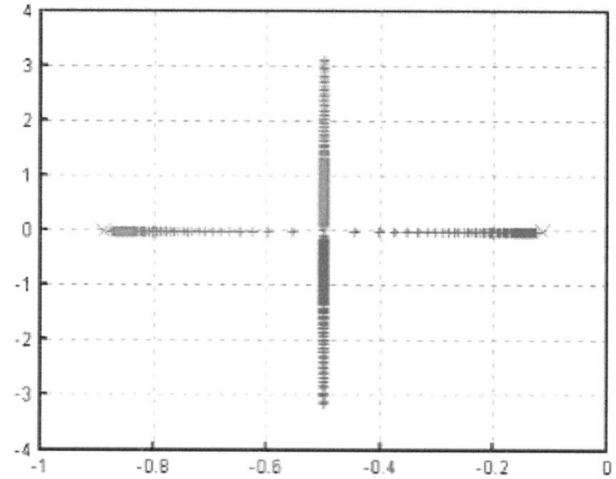

그림 9-4 P 제어기 피드백시스템의 근궤적

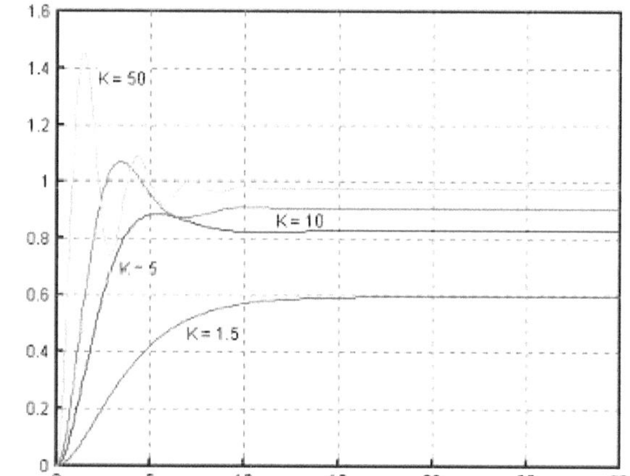

그림 9-5 P 제어기의 이득 변화에 따른 계단응답 특성

그림 9-4의 근궤적에서 근이 실수축을 벗어나는 경계점 $s = -0.5$에 해당하는 이득K의 값을 근궤적법에 의해 조사하면 1.5가 된다. 즉, $0 < K \leqq 1.5$일 때에는 폐루프 극점이 모두 실수축 위에 있으며 K의 값이 커짐에 따라 한 개의 근은 원점에서 멀어지고, 다른 한 개의 근은 원점 쪽으로 다가온다. 근이 실수축에서 벗어나게 되면 진동적인 응답 특성을 얻을 수밖에 없다는 것은 잘 아는 사실이다. 이것은 그림 9-5에 나타낸 폐루프시스템의 응답을 통해 확인할 수 있다.

여기서 주목할 것은 비례제어기의 이득 조정으로는 상승시간과 오버슈트 발생 사이의 상충문제를 해결할 수 없다는 것이다. 즉, 상승시간을 빠르게 하기 위해서는 큰 이득값이 필요하지만 큰 이득을 선택하게 되면 진동적인 응답 특성을 얻게 된다.

9.2.2 비례적분(PI) 제어기

오차신호를 적분하여 제어신호를 만들어내는 적분 제어를 비례 제어와 병렬로 연결하여 사용하는 제어 기법을 가리킨다. 이 기법에 의한 제어기를 비례적분 제어기(proportional-integral controller) PI 제어기라 부르며 이러한 제어기를 갖는 피드백제어시스템은 그림 9-6과 같은 구조를 갖는다.

PI 제어기의 전달함수는 다음 식과 같다.

$$C(s) = K_p + \frac{K_i}{s} \tag{9.1}$$

여기서, K_p는 비례계수, K_i는 적분계수라 한다. PI 제어기의 시간 영역에서의 표시는 다음과 같다.

$$u(t) = K_p e(t) + K_i \int_0^t e(\tau) d\tau \tag{9.2}$$

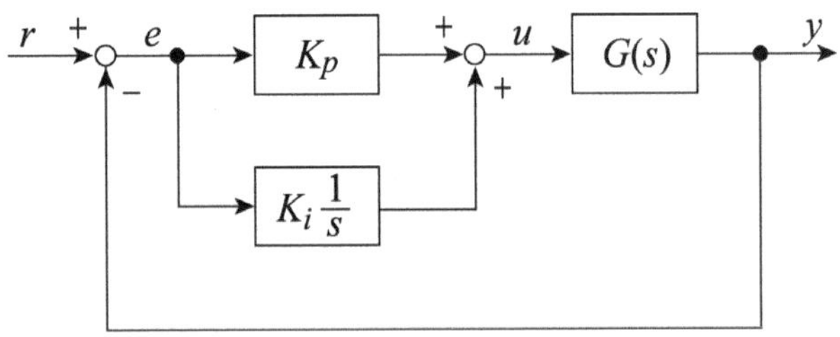

그림 9-6 PI 제어기에 의한 피드백제어시스템

예 다음과 같은 2차시스템을 제어대상으로 PI 제어기를 설계해 보자.

$$G(s) = \frac{\omega_n^2}{s(s+2\zeta\omega_n)}$$

여기서, ζ와 ω_n는 상수이고 $K_p = 1$, $K_i = 0$일 때 폐루프 시스템의 감쇠비와 고유진동수를 나타낸다. PI제어기 개루프 전달함수는

$$L(s) = G(s)C(s) = \frac{\omega_n^2(K_p s + K_i)}{s^2(s+2\zeta\omega_n)}$$

와 같고 PI제어기를 도입함으로써 $s = -K_i/K_p$에 있는 영점과 원점 $s = 0$에 있는 극점을 추가하는 결과를 가져온다. 즉,

(1) 시스템의 형(type)이 1차 증가하여 정상상태오차가 개선된다.

(2) K_p, K_i의 적절한 조합을 통해 만족할 만한 과도응답을 얻을 수 있다.

예제 9-2

항공기 자세제어에 있어서 PI 제어기를 도입하는 문제에 대해 고찰해보자. 항공기 승강타와 피치각(pitch angle) 사이의 전달함수가

$$G(s) = \frac{4500K}{s(s+361.2)}$$

와 같고, 여기서 $K = 181.17$로 한다.

■ **풀이** PI 제어기 개루프 전달함수 :

$$L(s) = G(s)C(s) = \frac{815265\,K_p(s+K_i/K_p)}{s^2(s+361.2)}$$

폐루프계 특성방정식 : $1+G(s)C(s)=0$

$$s^3+361.2\,s^2+815265\,K_p\,s+815265\,K_i \;=\; 0$$

안정성 판별 : (Routh-Hurwitz 안정성 판별법 이용)

$$0 < K_i < 361.2\,K_p$$

$s=-K_i/K_p$에 있는 $L(s)$의 영점이 s평면 좌반 평면에서 왼쪽으로 너무 멀리 있으면 불안정하게 된다. 따라서 $L(s)$의 주극점이 $s=-361.2$에 있으므로 K_i와 K_p의 값은 다음 조건을 만족하도록 선택한다.

$$\frac{K_i}{K_p} \ll 361.2$$

$K_i/K_p=10$으로 할 때의 근궤적을 조사하면 그림 9-7과 같다.

근사 개루프 전달함수 : 분자의 K_i/K_p항은 위 식의 조건을 만족시키면 무시할 수 있고 이럴 경우 개루프 전달함수는 다음과 같다.

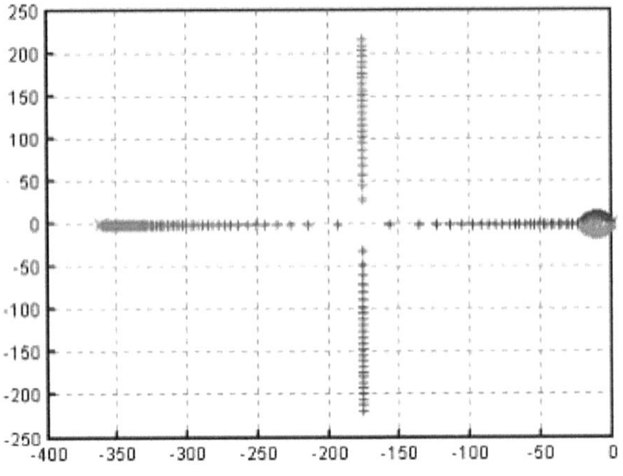

그림 9-7 $K_i/K_p=10$이고 K_p가 변할 때 근궤적

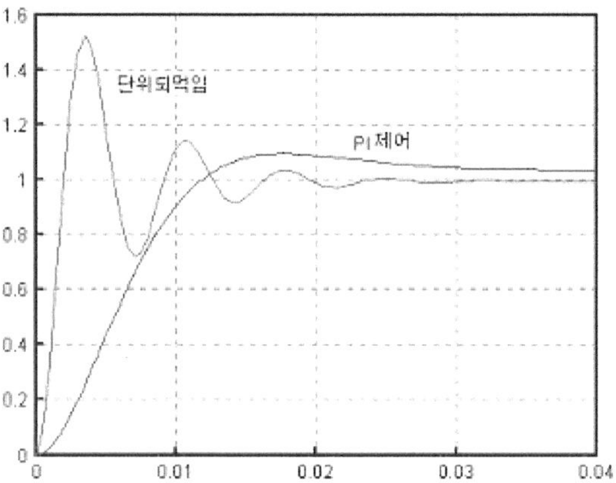

그림 9-8 PI 제어를 포함하는 시스템의 단위계단응답

$$L(s) \approx \frac{815265\,K_p}{s\,(s+361.2)}$$

만약 $\zeta = 0.707$ 로 잡으면, $K_p = \dfrac{(361.2/2\zeta)^2}{815265} = 0.08$ 이고,

$K_i = 0.4$ 이고 $K_p = 0.08$ 일 때 폐루프 전달함수는 다음과 같이 나타난다.

$$T(s) = \frac{L(s)}{1+L(s)} = \frac{65221.2\,(s+5)}{(s+5.145)(s+178.03+j178.03)(s+178.03-j178.03)}$$

시뮬레이션을 통해 PI 제어기 성능을 확인하도록 한다. 시뮬레이션 결과를 그림 9-8에 나타낸다. 그림 9-8로부터 알 수 있는 것은 PI 제어기를 쓰면 적절히 감쇠가 걸리면서 오버슈트가 10[%] 정도로 크게 줄어들지만, 상승시간과 정착시간을 길게 하기 때문에 응답속도가 늦어지게 된다.

9.2.3 비례미분(PD) 제어기

오차신호를 미분하여 제어신호를 만들어내는 미분 제어를 비례 제어에 병렬로 연결하여 사용하는 제어 기법이다. 이것을 비례미분 제어기(proportional-derivative controller), 또는 PD 제어기라 부른다.

그림 9-9는 PD 제어기를 포함한 피드백제어계의 구조를 나타내고 있다. 이때 PD 제어기 전달함수는 다음과 같이 표현되며

$$C(s) = K_p + K_d s \tag{9.3}$$

여기서, K_p는 비례계수, K_d는 미분계수이다. 이것을 시간 영역에서 나타내면 다음 식과 같다.

$$u(t) = K_p e(t) + K_d \frac{d}{dt} e(t) \tag{9.4}$$

다음의 2차계를 제어대상으로 PD 제어기를 설계해 보도록 한다.

$$G(s) = \frac{\omega_n^2}{s(s+2\zeta\omega_n)} \tag{9.5}$$

그러면 제어기를 포함한 개루프 전달함수는 식 (9.6)과 같이 나타낼 수 있다.

$$L(s) = G(s)C(s) = \frac{Y(s)}{E(s)} = \frac{\omega_n^2 (K_p + K_d s)}{s(s+2\zeta\omega_n)} \tag{9.6}$$

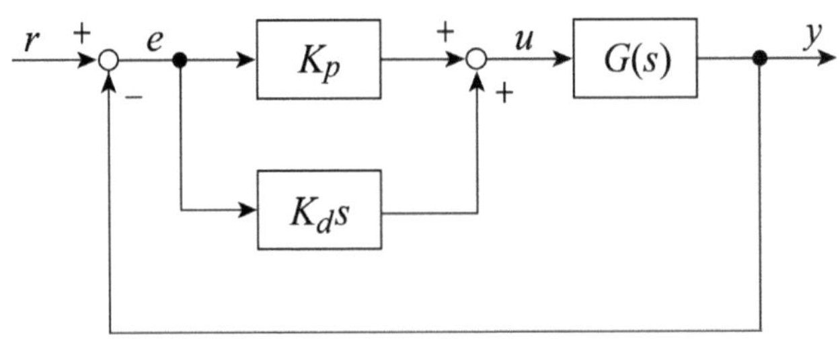

그림 9-9 PD 제어기를 포함하는 피드백제어시스템

이것은 앞서 설명하였듯이 제어대상에 영점 $s=-K_p/K_d$를 추가한 효과를 가져온다. 따라서 PD 제어에서 미분 제어는 오차신호의 변화를 억제하는 역할을 하기 때문에 감쇠비를 증가시키고 초과를 억제하는 데에 효과적이므로 과도응답 특성을 개선시킬 수 있다. 그러나. 시스템 형식이 증가하지 않기 때문에 정상상태응답 특성은 개선되지 않는다는 사실에 주의해야 한다.

예제 9-3

(항공기 자세제어) : 승강타와 피치각 사이의 전달함수가 다음 식으로 표현되는 항공기 자세제어 문제에 대해 고찰해 본다.

$$G(s)=\frac{4500K}{s(s+361.2)}$$

여기서, $K=181.17$이다.

■ **풀이** 그림 9-8의 단위 피드백시스템 특성에서 감쇠비는 0.2, 오버슈트는 52[%] 정도로 성능 개선이 필요하다는 것을 알 수 있다. 이를 위해 먼저 PD 제어기의 개루프 전달함수를 구해보면 다음 식과 같이 나타난다.

$$L(s)=\frac{Y(s)}{E(s)}=\frac{815265(K_p+K_d s)}{s(s+361.2)}$$

그러므로 폐루프 전달함수는 다음 식과 같이 표현된다.

$$T(s)=\frac{Y(s)}{R(s)}=\frac{L(s)}{1+L(s)}$$
$$=\frac{815265(K_p+K_d s)}{s^2+(361.2+815265K_p)s+815265K_p}$$

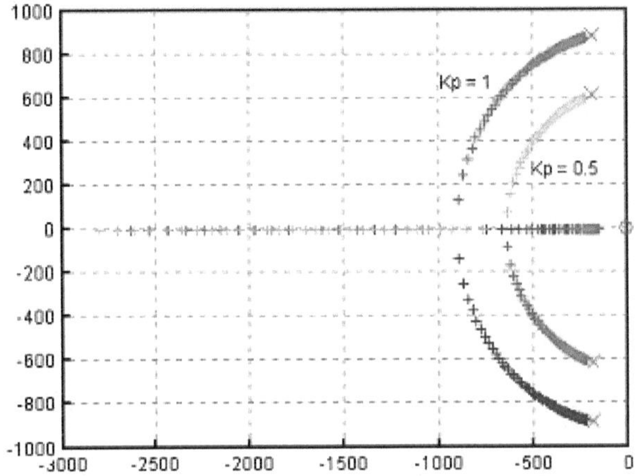

그림 9-10 K_p가 일정하고 K_d가 변할 때의 근궤적

이것을 기본으로 경사오차상수는

$$K_v = \lim_{s \to 0} sL(s) = \frac{815265\,K_p}{361.2} = 2257.1\,K_p$$

와 같이 구해지고, 단위경사 입력에 대한 정상상태오차는 $E_s = 1/K_v = 0.000443/K_p$ 이다.

키 값을 0.00043으로 하려면 $K_p = 1$로 선정하면 된다. 결국 폐루프시스템의 특성방정식은

$$s^2 + (361.2 + 815265\,K_d)s + 815265\,K_p = 0$$

이고 $K_p = 1$이면 감쇠비는 다음과 같이 계산된다.

$$\zeta = \frac{361.2 + 815265\,K_d}{2\sqrt{815265}} = 0.2 + 451.46\,K_d$$

이것은 보상되지 않은 시스템의 경우 감쇠비가 0.2였으나, PD 보상을 통해 감쇠비가 $451.46K_d$만큼 증가했다는 것을 의미하며 미분 특성의 도입해 의한 것이다.

여기서 K_d에 의한 시스템 특성이 어떻게 변하는지 확인하도록 한다. 먼저, $K_d \neq 0$일 때 근궤적을 조사해 본다. 근궤적을 조사하기 위해 특성방정식을 다음과 같이 변형시킨다.

$$1 + K_d\, G_{eq}(s) \;=\; 1 + K_d \frac{815265\, s}{s^2 + 361.2\, s + 815265\, K_p} \;=\; 0$$

K_p가 일정하고 K_d가 변할 때의 근궤적을 그림 9-10에 나타내었다.

근궤적에서는 K_d값이 증가하면 특성방정식의 근은 원호를 따라 실수축을 향하여 이동한다. 그리고 $K_d = 0.001772$일 때 임계감쇠 특성을 가지며 $K_d > 0.001772$일 때 과감쇠 특성을 갖는다. 즉 K_d값이 증가함에 따라 PD 제어기의 효과에 의해 감쇠 특성이 개선된다. 이것은 그림 9-11에 나타낸 단위계단응답을 통해 PD 제어기의 성능 개선 능력을 확인할 수 있다. 이때 PD 제어기($K_p = 1,\ K_d = 0.001772$)를 갖는 폐루프시스템의 계단응답은 PD 보상을 하지 않은 단위 피드백시스템의 경우에 비해 상당한 시스템 성능 개선 효과를 얻고 있음을 알 수 있다. 즉, 오버슈트가 4[%] 이내이며, 상승시간도 상당히 짧아졌음을 알 수 있다.

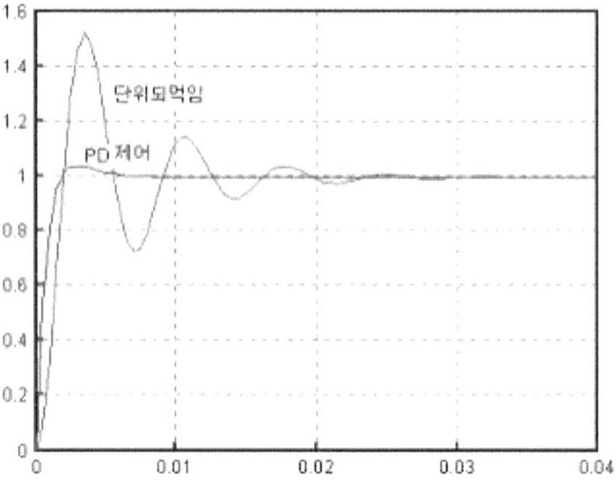

그림 9-11 자세제어시스템의 단위계단응답

9.2.4 PID(비례적분미분) 제어기

PID 제어기 설계 문제를 다루기 전에 위에서 설명한 제어기의 특징에 대해 살펴보기로 한다.

- **PD 제어기** : 시스템의 감쇠비를 증가시키고 상승시간을 빠르게 만들지만 정상상태응답을 개선하는 데에는 효과가 없다.
- **P I 제어기** : 감쇠비를 증가시키고 동시에 정상상태오차도 개선시키지만 상승시간이 느려지는 등 과도응답 개선에는 불리하다

이에 대해 PID 제어기는 비례(P), 적분(I), 미분(D) 제어의 세 부분을 병렬로 조합하여 제어기를 구성하기 때문에 정상상태 응답과 과도상태 응답을 모두 개선할 수 있게 된다.

먼저 PID 제어기의 전달함수는 식(9.7)과 같이 표현된다.

$$C(s) = \frac{U(s)}{E(s)} = K_p + K_d s + \frac{K_i}{s} \tag{9.7}$$

여기서, K_p, K_d, K_i는 비례계수, 미분계수, 적분계수이며 위 식을 시간함수로 표현하면

$$u(t) = K_p e(t) + K_d \frac{d}{dt} e(t) + K_i \int_0^t e(\tau) d\tau \tag{9.8}$$

와 같고 PID 제어기를 갖는 폐루프시스템의 블록선도는 그림 9-12와 같이 나타낼 수 있다.

여기서, PID 제어기의 일반적인 설계 과정에 대해 살펴본다.

① PID 제어기의 전달함수를 분해하여 나타내면, PID 제어기의 형태는 PI 제어기와 PD 제어기가 직렬로 접속된 구조로 되어 있음을 알 수 있다.

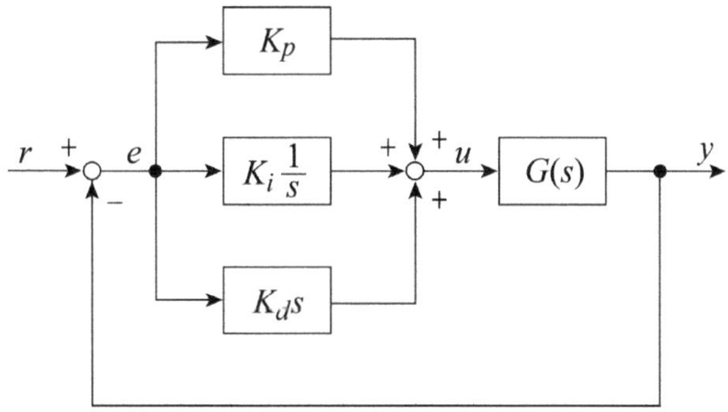

그림 9-12 PID제어기에 의한 피드백 제어시스템

$$C(s) = K_p + K_d s + \frac{K_i}{s} = (1 + K_{d1} s)\left(K_{p2} + \frac{K_{i2}}{s}\right)$$

여기서

$$\begin{aligned} K_p &= K_{p2} + K_{d1} K_{i2} \\ K_d &= K_{d1} K_{p2} \\ K_i &= K_{i2} \end{aligned} \tag{9.9}$$

② 위에서 K_{i2}와 K_{p2}로 이루어지는 PI 부분을 설계한다. 그래서 적분 제어에 의해 정상상태오차는 개선되므로 상승시간에 대한 요구를 만족하도록 K_{i2}와 K_{p2} 값을 택한다. 단 오버슈트가 크더라도 다음 단계에서 설계할 미분 제어에 의해 조절할 수 있으므로 상관하지 않는다.

③ 오버슈트를 감소시키기 위해 미분 제어기(D 부분)를 설계한다. 단계 ②에서 설계한 PI 부분을 포함하는 시스템이 감쇠비 요구 조건을 만족시킬 수 있도록 K_{d1}값을 조절하여 결정한다.

④ PID 계수 결정 : 단계 ②와 ③에 의해 K_{i2}, K_{p2}, K_{d1} 값이 정해지면 식 (9.9)의 관계를 써서 K_p, K_d, K_i를 구한다.

여기서 주의할 것은 PD 부분을 먼저 설계하고 다음에 PI 부분을 설계하는 것도 가능하다는 것이다.

직류 서보모터를 대상으로 위의 설계 과정에 따라 제어기를 설계해 보도록 한다.

예 제어대상인 직류 서보모터의 전달함수는 다음 식으로 표현되어 있다고 가정한다.

$$G(s) = \frac{K}{s(1+0.1s)(1+0.2s)}$$

여기서 서보모터 이득상수 $K = 100$ 이다.

먼저 단위 피드백시스템의 근궤적을 그려 시스템의 특성을 조사하도록 한다. K가 변할 때의 근궤적을 그림 9-13에 나타내었다. 이때, $K = 100$일 때 특성방정식의 두 개의 근이 $3.8 \pm j14.4$ 에 존재하므로 단위 피드백시스템은 불안정 하다는 것을 알 수 있다. 따라서 적절한 보상을 통해, 시스템을 안정화 시키고 시스템 특성도 개선할 필요가 있다.

앞서 설명하였듯이 PD 제어기와 PI 제어기는 2차시스템의 경우 계수 조정을 적절히 하게 되면 안정성 확보는 물론이고 성능 개선도 할 수 있다. 그러나 3차 시스템에 대해서는 안정성은 확보할 수 있으나 과도응답이나 정상상태응답 등의 성능

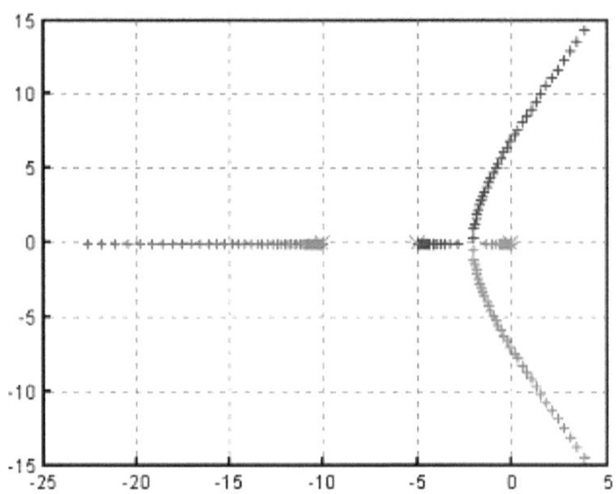

그림 9-13 시스템의 근궤적

목표를 동시에 만족시키기는 어렵다. 즉, 대상시스템이 3차로서 극점이 세개이기 때문에 설계변수가 두개인 PD나 PI 제어기로는 대상 시스템의 극점 두개만을 제어할 수 있고 나머지 하나에 대한 조절 능력이 없다. 따라서 주어진 전달함수의 3차시스템에 대해서는 PID 제어기가 적절하다는 것을 알 수 있다.

9.2.5 PID 제어기의 설계

PID 제어기를 포함한 시스템의 개루프 전달함수는 다음 식으로 표현된다.

$$L(s) = G(s)C(s) = \frac{5000(1+K_{d1}s)(K_{p2}s+K_{i2})}{s^2(s+5)(s+10)} \tag{9.10}$$

PID 제어기의 설계 순서에 따라 $K_{d1}=0$ 으로 두고 PID 제어기의 PI 부분을 먼저 설계한다. 이때, $K_{i2}/K_{p2}=0.1$ 로 선정하면 식 (9.10)은

$$L(s) = \frac{5000K_{p2}(s+0.1)}{s^2(s+5)(s+10)} \tag{9.11}$$

로 되고, 감쇠비가 0.707 이상이 되도록 하려면 $K_{p2}>0.0163$으로 해야 한다. 좀 더 빠른 상승시간을 실현시키기 위해서 $K_{p2}=0.07$로 선택하면 $K_{i2}=0.07$이 된다.

다음에는 D 부분을 설계한다. 오버슈트 값을 줄이도록 $K_{d1}=0.5$로 선정한다. 이상의 값들을 이용하면 식 (9.17)의 관계로부터 PID 계수를 결정할 수 있으며 각각의 계수값은 다음과 같이 결정된다.

$$K_p = 0.0735,\ K_i = 0.007,\ K_d = 0.035 \tag{9.12}$$

식 (9.12)의 계수값을 갖는 폐루프시스템의 계단응답을 그림 9-14에 나타낸다. 각각의 시스템 성능은 오버슈트 7[%], 상승시간 $t_r \approx 0.17$[초], 정착시간 $t_s \approx 0.90$[초] 등으로 매우 만족스러운 특성을 나타내고 있음을 확인할 수 있다.

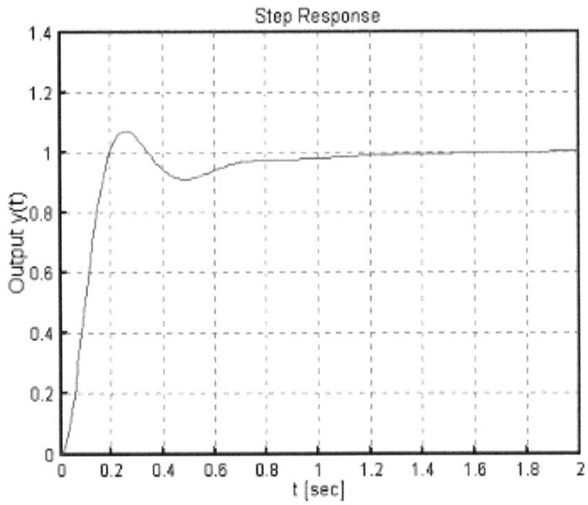

그림 9-14 PID제어기에 의한 피드백시스템의 계단응답

9.2.6 PID 계수 조정법

PID 제어기의 계수조정법 중 대표적인 것이 지글러-니콜스(Ziegler-Nichols) 조정법이다. 제어대상의 특성에 따라

(1) 계단응답법

(2) 임계진동법

으로 나눈다. 지글러-니콜스 조정법은 1942년에 지글러(Ziegler)와 니콜스(Nichols)가 제안한 것으로 제어대상 플랜트가 나타내는 과도응답의 형태로부터 PID제어기의 계수들을 정하는 방법이다. 이 방법은 실제의 제어대상 시스템에서 간단한 몇 가지의 사전 실험을 하고, 이 실험 결과로부터 PID 계수를 간단한 공식에 의해 결정할 수 있다.

이 조정법들은 모두 많은 경험과 실험에 의해 얻어진 방법들로서 계단응답에서 최대 오버슈트가 약 25[%] 정도로 나타나는 대체로 무난한 성능을 보인다. 그렇지만 최적의 성능을 보장하는 방법은 아니므로 설계 뒤에는 반드시 성능 검증과 필요에 따라 계수 조정 작업을 추가로 수행해야 함을 유의해야 한다.

(1) 계단응답법

- **방법** : 대상 플랜트에 단위계단 입력을 넣은 후에 그 출력 응답을 구하고, 이 단위계단응답 곡선으로부터 어떤 특성 계수를 구하여 이 계수로부터 PID 계수를 선정한다.

- **적용 범위** : 대상 플랜트에 적분기가 포함되어 있지 않고 주극점이 복소근이 아닌 안정한 시스템에만 적용할 수 있다.

- **S자 응답 곡선** : 이러한 대상 시스템의 계단응답은 그림 9-15와 같은 S자 형태로 주어진다. 이때, 지연시간(delay time) L, 시정수 T, 직류이득 K의 세 가지 계수는 S자 모양의 응답 곡선의 변곡점에서 접선을 그어서 각각 결정한다.

- 1차시간지연 시스템으로 근사화 하면 다음 식과 같이 각각의 계수값들로 부터 표현된다.

- **PID 계수 조정법** : PID 제어기의 각각의 계수값은 표 9-1의 관계로부터 결정된다.

- **설계된 PID 제어기** : 결국 설계되어진 PID 제어기는 다음 식으로 표현된다.

$$\frac{Y(s)}{U(s)} = K\frac{e^{-Ls}}{Ts+1} \tag{9.13}$$

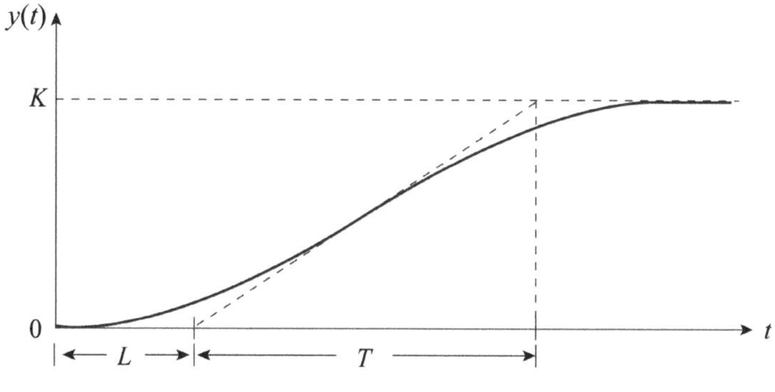

그림 9-15 S자 모양의 응답 곡선

표 9-1 지글러-니콜스 계수 조정법(첫째 방법)

제어기의 종류	K_p	T_i	T_d
P	$\frac{T}{KL}$	∞	0
PI	$\frac{0.9\,T}{KL}$	$\frac{L}{0.3}$	0
PID	$\frac{1.2\,T}{KL}$	$2L$	$0.5L$

$$\begin{aligned} C(s) &= K_p\left(1+\frac{1}{T_i s}+T_d s\right) \\ &= \frac{1.2\,T}{KL}\left(1+\frac{1}{2Ls}+0.5Ls\right) \\ &= \frac{0.6\,T}{K}\frac{(s+1/L)^2}{s} \end{aligned} \tag{9.14}$$

여기서 계수 조정 시 주의할 사항에 대해 정리한다.

① **재조정법** : 만일 최대 오버슈트가 클 경우에는 L값을 더 크게 하여 PID계수를 재조정하면 오버슈트량을 적절히 줄일 수 있다. (L이 커질수록 제어기의 이중 영점이 허수축에 가까워지면서 폐루프 극점이 허수축에 가까워지기 때문) 그러나 대신에 상승시간은 느려지게 된다.

① 이 방법은 1차 주극점으로 근사화할 수 있는 안정한 플랜트에만 적용할 수 있기 때문에 적용 범위가 매우 제한되는 약점이 있다.

(2) 임계진동법

- **적용 범위** : 대상 시스템이 원점에 극점을 갖거나 불안정한 경우에도 적용할 수 있다.

- **방법** : 대상 플랜트에 비례 제어기만을 적용하여 비례계수 K_p값을 0부터 증가시키면서 출력에 지속진동 (sustained oscillation)이 나타날 때의 임계이득(critical gain) K_{cr}과 임계주기(critical period)P_{cr}로부터 PID 계수를 조정하는

방법이다. 만약 K_p의 값을 증가시켜도 이러한 진동을 보이지 않는 경우에는 이 방법을 사용할 수 없다.

- **PID 계수 조정법** : PID 제어기의 각각의 계수값은 표 9-2의 관계로부터 결정된다.
- **설계된 제어기 전달함수** : 결국 설계되어진 PID 제어기는 다음 식으로 표현된다.

$$\begin{aligned} C(s) &= K_p\left(1+\frac{1}{T_i s}+T_d s\right) \\ &= 0.6K_{cr}\left(1+\frac{1}{0.5P_{cr}s}+0.125P_{cr}s\right) \\ &= 0.075K_{cr}P_{cr}\frac{(s+4/P_{cr})^2}{s} \end{aligned} \tag{9.15}$$

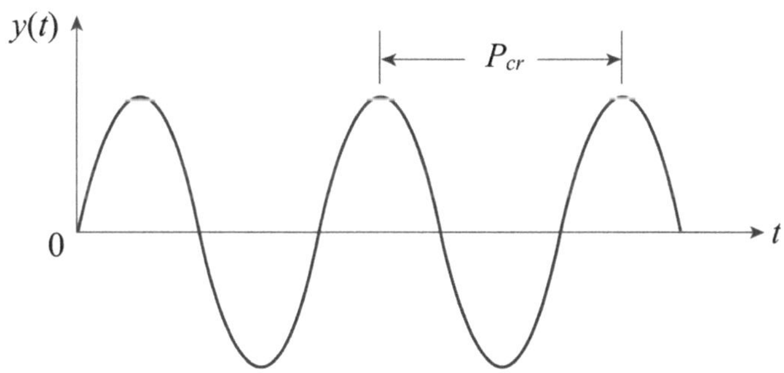

그림 9-16 지속 진동을 나타내는 응답 곡선

표 9-2 지글러-니콜스 계수조정법(둘째 방법)

제어기의 종류	K_p	T_i	T_d
P	$0.5K_{cr}$	∞	0
PI	$0.45K_{cr}$	$\frac{1}{1.2}P_{cr}$	0
PID	$0.6K_{cr}$	$0.5P_{cr}$	$0.125P_{cr}$

만일 초과가 클 경우에는 임계주기 P_{cr} 값을 더 크게 하여 PID 계수를 조정하면, 폐루프 극점이 허수축에 가까워지면서 상승시간을 느리게 하는 대신에 초과를 적절히 줄일 수 있다.

예제 9-4

(지글러-니콜스 조정법)

■ **풀이** 제어대상 플랜트는 적분기를 포함하고 있어서 지글러-니콜스의 첫째 방법을 적용할 수 없으므로 둘째 방법을 사용하기로 한다.

P 제어기만을 사용할 경우($T_i = \infty, T_d = 0$) 폐루프 전달함수는 다음 식으로 표현된다.

$$\frac{Y(s)}{R(s)} = \frac{K_p}{s(s+1)(s+5)+K_p}$$

설계 방법에 따라 지속 진동 계단응답을 갖는 임계이득을 결정하는데 개루프 전달함수에 대한 근궤적으로부터 임계이득을 찾을 수 있다. 이 근궤적에서 허수축 교점 좌표는 $s = 0 \pm j\ 2.292$이므로 이에 해당하는 이득 K_p = 30.0870이 된다. P 제어기만을 적용한 경우이므로 표 9-2에서 K_{cr} =30.0870이 된다. 이때 지속 진동 계단응답을 구하면 그림 9-19와 같다.

이것으로부터 임계주기는 P_{cr} = 4.37-1.57 = 2.84[초]와 같이 구할 수 있다. 결국 PID 제어기 동조계수는 표 9-2로부터 구할 수 있으며 다음과 같이 주어진다.

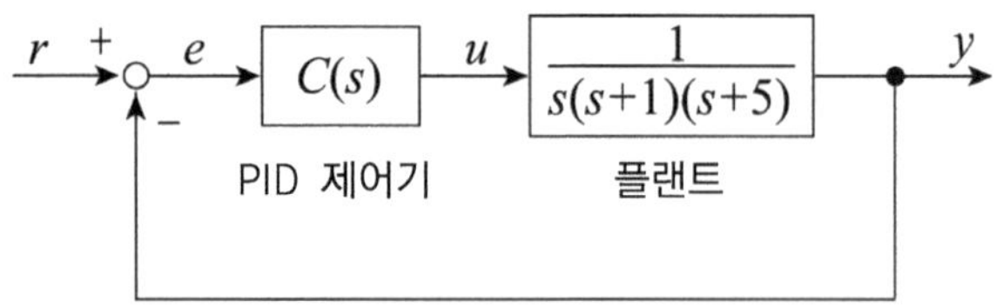

그림 9-17 PID 제어시스템

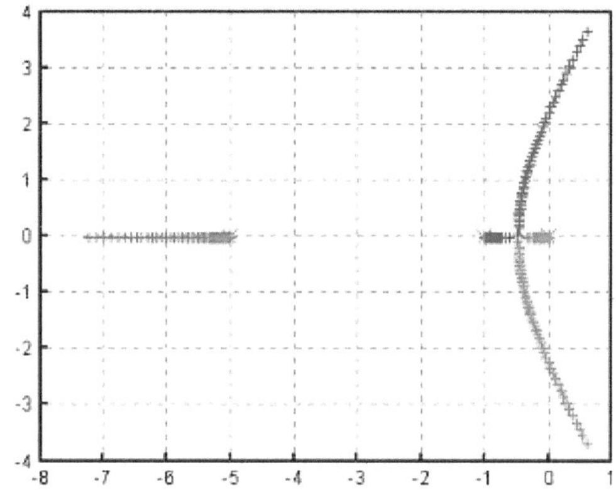

그림 9-18 K_{cr} 을 구하기 위한 근궤적

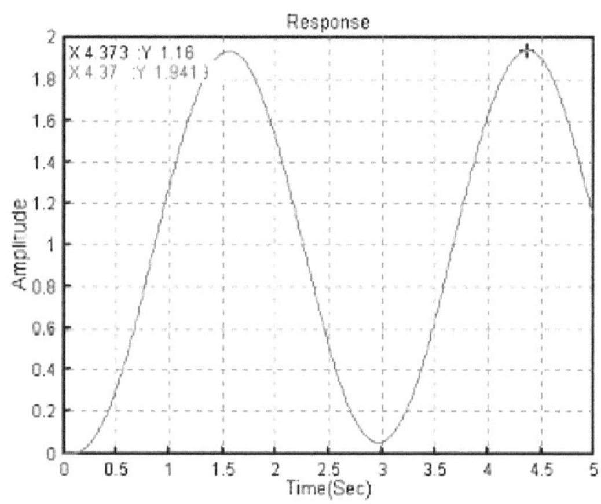

그림 9-19 지속진동 출력

$$K_p = 18.0522,\ \ T_i = 1.4,\ \ T_d = 0.35$$

이것으로부터 PID 제어기의 전달함수는 다음과 같이 표현된다.

$$C(s) \ = \ \frac{6.3183\,s^2 + 18.0522\,s + 12.8944}{s}$$

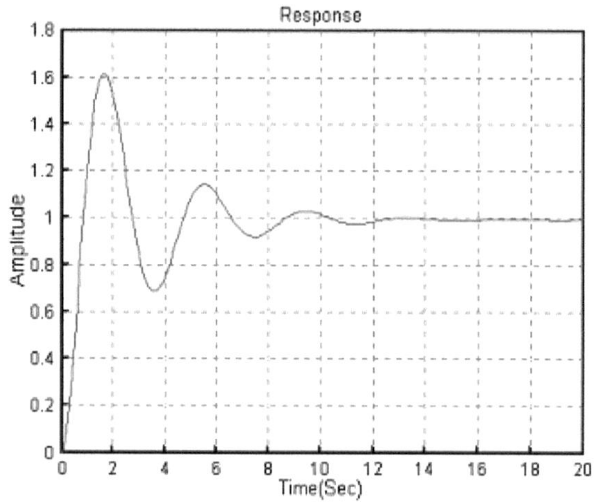

그림 9-20 결과 시스템의 단위계단응답 곡선

따라서 PID 제어시스템의 계단응답은 그림 9-20과 같다. 여기서 오버슈트는 약 62[%]로써 계수 재조정이 필요하다는 것을 알 수 있다. 그러므로 임계주기 P_{cr}값을 증가시켜 $P_{cr}=5$로 하여 설계하면 이때의 초과는 약 25[%]로써 당초보다 상당히 줄어들게 된다.

연 습 문 제

1. 전달함수 $G(s)=\dfrac{K}{(s+3)}$를 갖는 음의 피드백 제어시스템이 주어졌다. 계단입력에 대해 정상상태오차를 0으로 하기 위해 $G_c(s)=\dfrac{s+a}{s}$와 같은 보상기를 선택하였다. 계단입력에 대해 약 5[%]의 오버슈터트 및 약 1[초]의 정착시간을 가지도록 a 및 K를 선택하라.

2. 제어대상이 $G(s)=\dfrac{400}{s(s+40)}$과 같이 주어지며 $G_c(s)=K_1+\dfrac{K_2}{s}$와 같은 PI 보상기를 선택하였다. 경사 입력에 대한 정상상태오차는 0이다. (a) 20[%]의 오버슈트를 가지는 계단응답을 얻기를 원한다. $K_2=1$로 두고 적당한 K_1을 구하라. (b) 보상시스템의 정착시간은 얼마인가.

10
CHAPTER

오일쿨러시스템의 제어계 설계

10.1 서론
10.2 오일쿨러시스템
10.3 제어대상의 수학적 모델링과 동특성 해석
10.4 제어기 설계
10.5 제어계의 특성 해석
10.6 제어장치 및 실험 시스템의 구성
10.7 실험 결과 및 고찰

10.1 서론

본 장에는 지금까지 학습한 자동제어 이론을 바탕으로 오일쿨러시스템의 온도제어계 설계에 대해 설명한다. 우선 오일쿨러시스템의 개요와 온도제어 방식에 대해 설명하고 제어대상의 수학적 모델링을 실시한다. 실험적 방법을 통해 전달함수를 도출하고, 도출된 전달함수의 특성을 분석한다. 전달함수를 바탕으로 고전제어 기법에 의한 PI 제어기를 설계하며 설계된 제어계의 안정성 및 제어 성능을 해석한 후에 제어장치 및 실험시스템을 구성하여 실험을 실시하고 그 결과를 고찰한다.

오일쿨러시스템은 냉매의 질량유량을 가변하는 제어 방식에 따라 크게 핫가스 바이패스(hot-gat bypass) 방식과 압축기 가변속 제어 방식으로 구분된다. 온도제어 정도 측면에 있어서는 두 방식 모두 유사한 성능을 가지지만 에너지 절약 측면에서

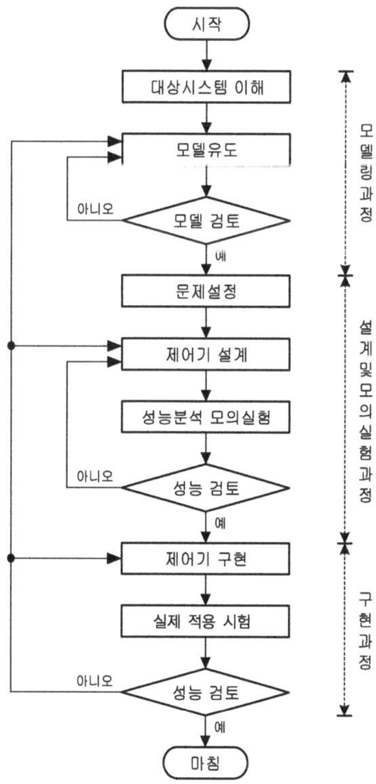

그림 10-1 자동제어계 설계 흐름도

는 압축기 가변속 제어 방식이 훨씬 유리하다. 따라서 우리는 압축기 가변속 제어 방식에 대한 제어기를 설계하기로 한다.

제어기 설계에 있어서는 우선 제어대상의 동특성을 명확히 파악하는 작업이 선행되어야 한다. 제어대상인 오일쿨러시스템은 기본 냉동사이클을 구성하는 압축기, 응축기, 증발기, 팽창기구가 냉매가 흐를 수 있는 관(pipe)을 매개로 상호 연결되어 있어서 각 구성 요소별 입력과 출력에 관한 전달함수 모델링이 용이하지 않다. 따라서 우리가 직접적으로 제어하고자 하는 제어변수와 이 제어변수들을 가변시킬 수 있는 조작변수 사이의 입출력 관계를 실험으로 구하여 전달함수를 구하였다.

한편 제어기는 PI 제어기로 단순화 하여 설계하였다. 제어대상의 특성이 1차지연요소로 시정수가 비교적 큰 시스템에 해당하므로 PI 제어기로도 소정의 설계 사양을 만족하는 제어기 설계가 가능하였다. 그림 10-1에 제어계 설계의 전체 흐름을 나타내었다.

10.2 오일쿨러시스템

10.2.1 오일쿨러시스템의 개요

오일쿨러시스템은 오일을 이용하여 대상을 냉각하는 시스템으로 본 절에서는 공작기계(machine tool)용 오일쿨러(oil cooler)에 대해 설명한다.

그림 10-2는 공작기계를 포함한 오일쿨러시스템의 개념도이다. 공작물의 가공 과정에서 발생한 열은 오일쿨러에서 냉각된 오일에 의해 흡수된다. 온도가 상승된 오일은 저장탱크와 펌프를 거쳐 다시 오일쿨러로 보내져 일정 온도로 재 냉각되는 순환 과정을 되풀이 하게 된다. 오일쿨러는 기본 냉동사이클로 구성된다.

그림 10-3은 오일쿨러의 기본 냉동사이클로 압축기에서 토출된 냉매 증기가 응축기를 통해 열교환 되고, 열교환된 액체 냉매가 팽창밸브에서의 교축 작용을 통해 액체와 기체가 혼합된 혼합가스 상태로 된다. 냉매는 증발기를 통과하면서 과열증기로 되고 증발기에서의 열교환을 통해 오일을 냉각하게 된다.

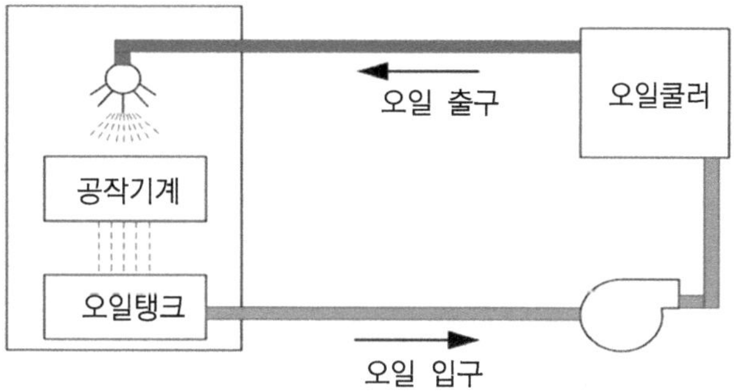

그림 10-2 오일쿨러시스템의 개념도

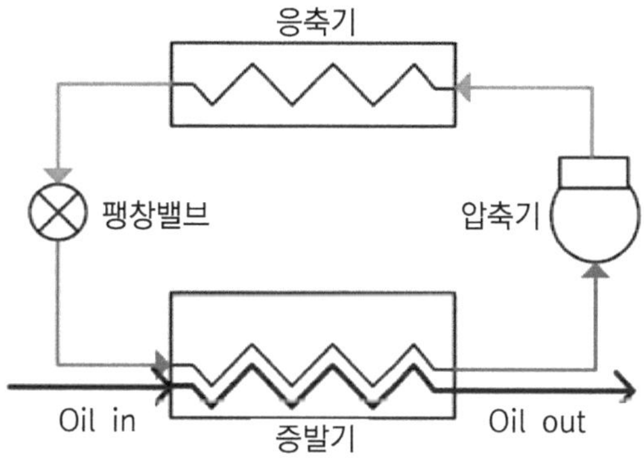

그림 10-3 기본 냉동사이클

일반적으로 공작기계용 오일쿨러시스템에서는 가공되는 재료의 열탄성계수를 고려하여 오일쿨러의 출구온도를 일정하게 제어한다. 압축기 가변속 제어 방식인 경우에는 과열도도 동시에 제어하게 된다.

10.2.2 오일쿨러시스템의 온도제어 방식

오일쿨러 온도제어 방식은 질량유량을 가변하는 방법과 제어 과정에서 발생하는 제어편차를 줄이는 제어 로직의 종류 등에 따라 다양하게 구분된다. 우선 냉매의

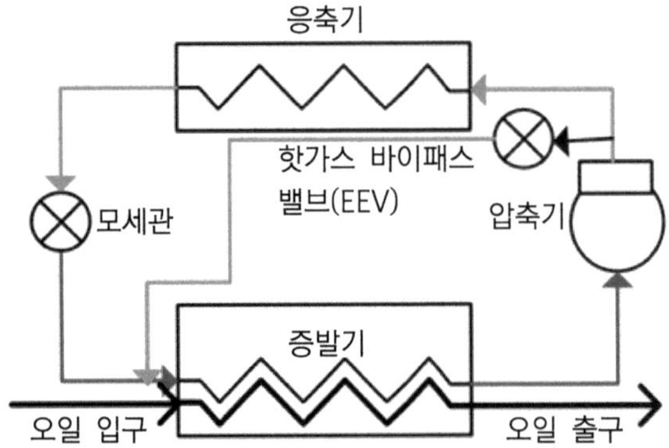

그림 10-4 핫가스 바이패스 방식

질량유량을 가변하는 방법에 따라 구분하면 핫가스 바이패스 방식과 압축기 가변속 방식을 대표적으로 들 수 있다. 그림 10-4는 핫가스 바이패스 방식의 제어 원리를 나타낸 개념도이다.

핫가스 바이패스 방식은 제어변수인 냉각기 출구온도를 핫가스 바이패스 밸브인 EEV(Electronic Expansion Valve) 개도 가변에 의해 제어한다. 부분부하 운전시에는 압축기 출구 측의 핫가스를 증발기 입구 측으로 바이패스시켜 증발기의 냉각능력을 강제적으로 조절함으로써 냉각기의 출구온도를 제어하게 된다. 이 방식은 기존의 냉동 사이클에 개도 제어가 가능한 밸브 하나만을 추가함으로써 구현이 가능하고, 제어변수도 출구온도 하나만을 갖는 단일 입출력(SISO) 제어시스템이다. 따라서 제어기 설계 및 시스템 구성이 용이하며, 저가 구현이 가능하고 비교적 고정도 온도제어가 가능하다는 장점이 있는 반면, 압축기 회전수가 일정하게 운전되므로 부분부하 시 에너지 절약이 원천적으로 불가능하다는 단점이 있다.

그림 10-5는 압축기 가변속 제어 방식의 개념도이다. 압축기 가변속 제어 방식은 부분부하 시 압축기 회전수를 가변시켜 냉매의 질량유량을 조절함으로써 냉각기의 출구온도를 제어하는 방식이다.

이 방식에서는 급격한 냉매 질량유량 변동으로 인해 증발기의 과열도가 급상승 또는 급하강 하는 현상을 방지하고, 최적 COP를 달성할 수 있는 운전점에서 오일쿨러를 작동시키기 위해 과열도도 동시에 제어한다. 과열도가 0[℃] 이하일 경우, 액체 냉매의 유입으로 인한 압축기의 손상 위험이 있으며, 10[℃] 이상일 때는

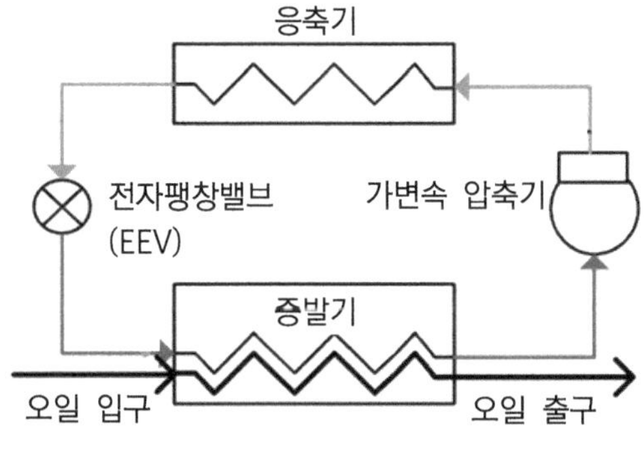

그림 10-5 압축기 가변속 방식

COP(Coefficient Of Performance)가 낮아지고 더욱 상승하게 되면 윤활 불량 등으로 인한 압축기 손상을 초래할 수 있다. 이 방식은 부분부하 시 압축기의 회전수를 낮춤으로써 에너지 절약이 가능하고, 정밀한 온도제어가 가능하다는 장점이 있는 반면, 압축기 회전수와 전자팽창밸브 개도를 동시에 제어해야 하는 다변수 제어시스템으로 제어기 설계 및 구성이 어려우며 인버터 사용으로 인해 초기 비용 증가와 시스템이 복잡해지는 단점이 있다.

오일쿨러 온도제어시스템에 자주 적용되는 제어로는 On/Off제어, PI제어, 퍼지제어가 대표적이다. 이 가운데 On/Off제어와 퍼지제어는 제어대상에 대한 수학적 모델 없이도 제어가 가능하다. 이에 비해 PI제어는 전달함수 모델에 기반하여 제어기를 설계하는 것이 일반적이다.

각 제어 방식의 특징으로는 우선 On/Off제어는 제어대상에 대해서 제어량을 목표로 하는 값에 일치시키도록 조작하는데 목표값을 증가시키거나 감소시키는 두 가지 정보에 의해서 제어하는 방식이다. 시스템은 비교적 간단하지만 정밀한 제어가 어렵다는 단점이 있다. 그림 10-6은 On/Off제어시 제어응답을 나타낸 것으로 목표값에 정밀하게 추종하지 못하고 주기적 진동(cyclic) 응답이 발생하는 것을 볼 수 있다. 특히 이 방법은 제어 정도를 높이고자 하면 제어 간극을 좁게 설정해야 하고 이렇게 되면 cyclic이 더욱 심해져 압축기의 기동과 정지를 빈번히 해야 하는 관계로 에너지 소비가 많고 압축기의 수명을 단축시키는 문제점을 갖고 있다.

퍼지제어는 퍼지이론에 근거해 제어하는 것으로 인간의 판단 등, 애매성을 포함한 제어 알고리즘을 if-then형식으로 표현하고, 퍼지 추론을 이용하여 최종 출력값을 결정하는 방법이다. 퍼지제어기의 구조는 그림 10-7과 같으며 이론의 자세한 내용은 생략한다. PID제어는 비례-적분-미분 제어기로서, 실제 산업현장에서 많이 사용되는 제어기법이다. 그림 10-8과 같은 폐루프 시스템을 고려해보면, 제어기로 입

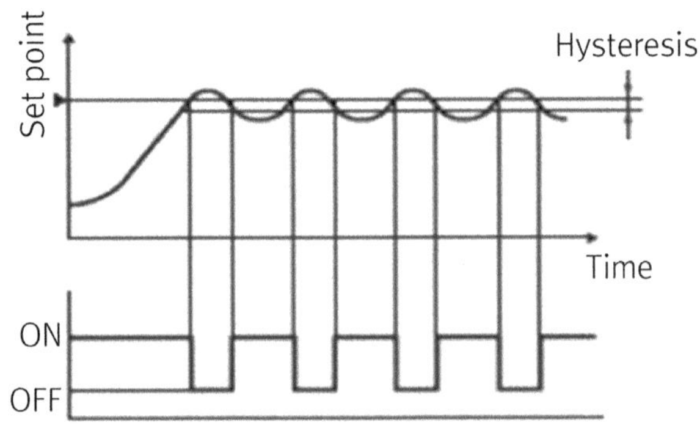

그림 10-6 On/Off 제어 방식

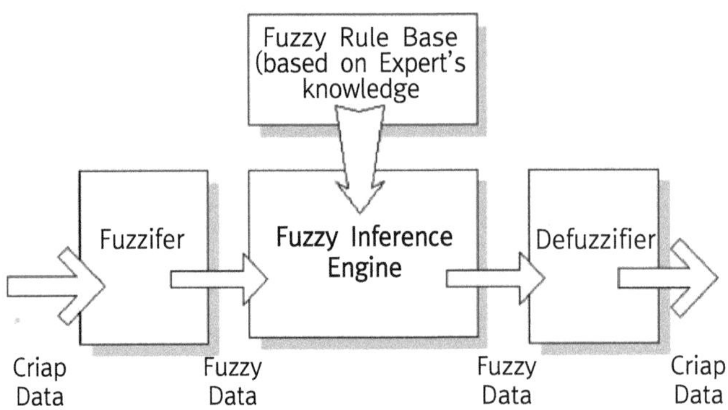

그림 10-7 퍼지 제어기의 구조

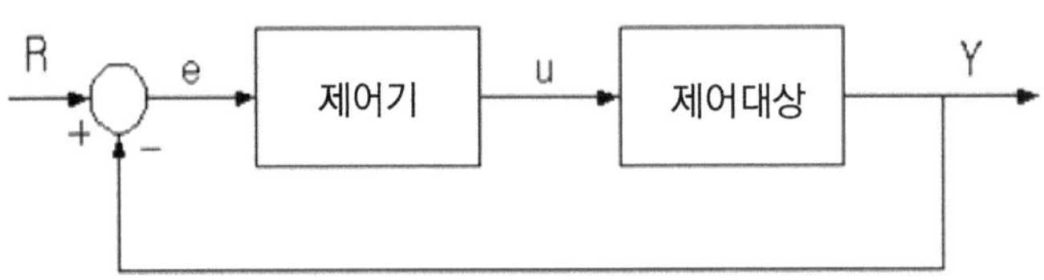

그림 10-8 폐루프 제어시스템

력되는 값은 제어대상의 출력값과 제어대상에서 출력해야 하는 값의 차인 오차신호 $e(t)$이다. PID제어기는 이 오차신호를 0으로 만들기 위해 수학적으로 다음 식 (10.1)과 같이 처리하여 조작량 $u(t)$를 계산한다.

$$u(t) = K_p e(t) + K_i \int e(t)dt + K_d \frac{de(t)}{dt} \tag{10.1}$$

여기서 K_p는 오차신호에 곱해지는 비례계수이며, K_i는 오차신호를 적분한 값에 곱해지는 적분계수, 그리고 K_d는 오차신호를 미분한 값에 곱해지는 미분계수이다. 결국 PID 제어기를 설계한다는 것은 주어진 설계사양과 안정성을 만족하도록 식 (10.1)의 K_p, K_i, K_d를 적절히 결정하는 과정을 말한다.

10.2.3 오일쿨러시스템의 제어 목적

최근 공작기계 분야에서는 고속화, 고정밀화가 한층 요구되고 있다. 공작기계의 고속화는 공직기계의 스핀들 회전 속도와 공작물의 이송 속도를 동시에 증가시키므로 기계 부품과 가공 재료 사이의 급격한 마찰을 유발하여 공작물 가공 부위에 유해한 열 발생을 소래아세 된나.

이는 공작물 재료의 열변형을 증대시켜 가공 정밀도를 저하시키는 주된 원인으로 작용한다. 따라서 공작기계에서는 공작물의 가공 정밀도 향상을 위해 열 부하를 신속히 제거하기 위한 냉각기가 필수이며 이를 위해 오일쿨러를 이용한다. 공작기계에 분사되는 오일은 온도가 일정해야 한다. 따라서 우리는 PI제어 이론을 바탕으로 한 압축기 가변속 제어 방식을 통해 오일 출구온도를 25[℃], 과열도를 일정한 값으로 제어하고자 한다.

10.3 제어대상의 수학적 모델링과 동특성 해석

제어기를 설계하기 위해서는 제어대상의 물리적 특성을 물리법칙 또는 실험적 방법을 통해 수학적 표현으로 나타내어야 한다. 먼저 시스템의 특성을 파악하여 입력과 출력에 해당하는 변수를 결정한 다음, 수학적 모델을 결정하고 모델의 적합성을 검토해야 한다. 본 절에서는 전달함수 모델을 이용한다. 그림 10-9에 제어대상의 수학적 모델링의 개념도를 보인다.

10.3.1 실험적 방법에 의한 전달함수 도출

전달함수는 식 (10.2)와 같이 라플라스 변환된 입력함수와 출력함수의 비로 정의할 수 있으며 이때의 초기값은 모두 0이다.

$$G(s) = \frac{Y(s)}{U(s)} \; (\text{초기값} = 0) \tag{10.2}$$

실험적인 방법은 조작변수의 변화를 주어 이때의 제어변수의 변화응답을 통해 전달함수를 구할 수 있다. 오일쿨러시스템의 경우 1차지연요소의 응답을 보이므로 이 응답을 통해 전달함수 표준형에서 특성 파라미터 값인 τ(시정수)와 K(DC게인)를 구함으로써 전달함수를 도출할 수 있다.

그림 10-10과 같은 응답을 실험적으로 구하여 이때의 시정수는 최종값의 63.2[%]에 도달하는 시간으로부터 구하고, K는 출력값의 변화량을 입력값의 변화량으로 나누어서 구한다.

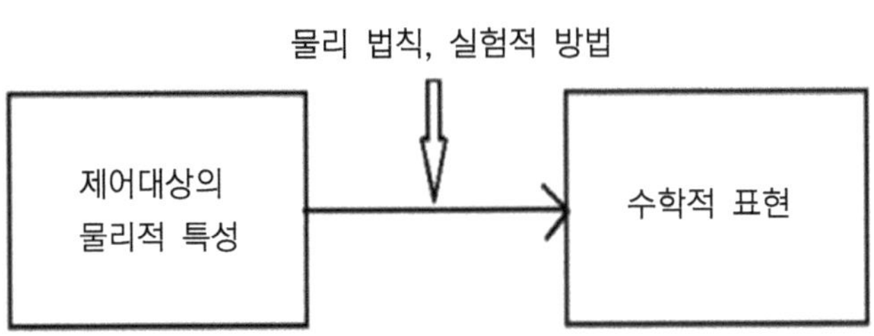

그림 10-9 제어대상의 수학적 모델링

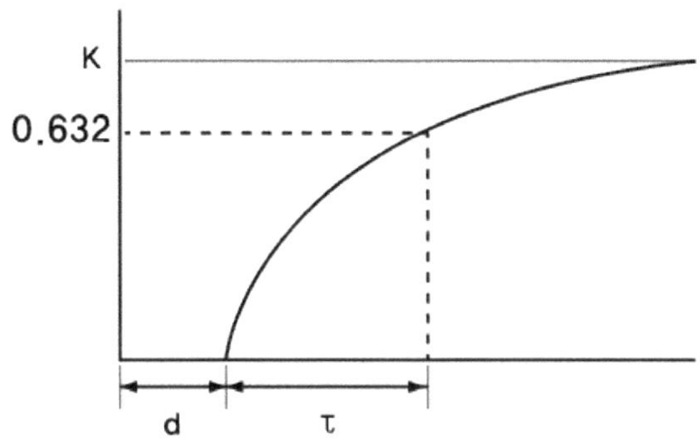

그림 10-10 부동작 시간을 갖는1차지연요소의 특성 파라미터

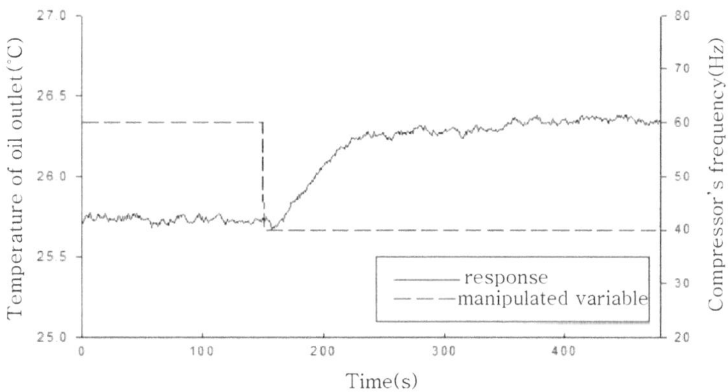

그림 10-11 압축기 회전수 변화에 대한 오일 출구온도 응답

그림 10-11은 압축기 회전수 변화에 대한 오일 출구온도 응답을 나타낸 것이다. 압축기 회전수를 60[Hz]에서 40[Hz]로 변화시킨 경우의 실험 응답을 통해 아래와 같이 전달함수를 도출할 수 있다.

1차지연요소의 표준형은 식 (10.3)과 같으므로 그림 10.11의 응답 특성으로부터

$$G(s) = \frac{K}{\tau s + 1} \tag{10.3}$$

시정수(τ)와 DC게인(K)을 다음 식과 같이 구할 수 있다.

$$K = \frac{26.34 - 25.73}{40 - 60} = -0.0305, \ \tau = 47 \qquad (10.4)$$

위와 같은 특성 파라미터를 이용해 전달함수를 식 (10.5)와 같이 나타낼 수 있다.

$$G(s) = \frac{\triangle 오일출구온도변화량}{\triangle 주파수변화량} = \frac{-0.0305}{47s+1} \qquad (10.5)$$

오일쿨러시스템도 위와 동일한 방법으로 압축기 전달함수와 EEV 전달함수를 각각 구하였으며, 그 값은 식 (10.6)과 같다.

$$\begin{aligned} G_c(s) &= \frac{\triangle 오일출구온도변화량}{\triangle 주파수변화량} = \frac{-0.0307}{55s+1} \\ G_e(s) &= \frac{\triangle 과열도변화량}{\triangle EEV 개도변화량} = \frac{-0.1}{25s+1} \end{aligned} \qquad (10.6)$$

이제 그림 10-12의 제어대상 G_C와 G_e에 대한 모델이 얻어졌으므로 다음 단계에서는 이 제어대상의 특성에 대해 좀 더 살펴보고 제어기 설계법에 관해 설명하고자 한다.

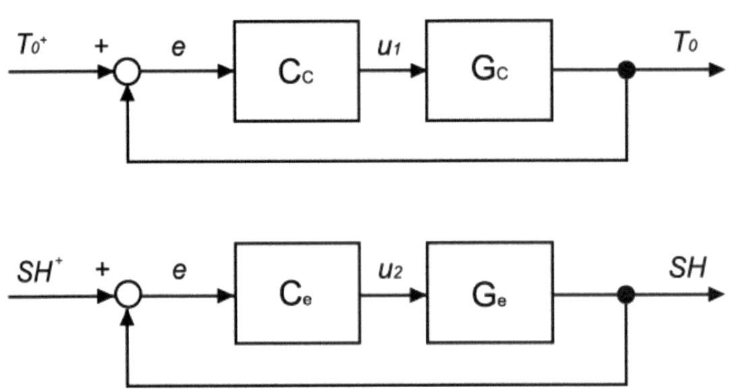

그림 10-12 출구온도 및 과열도 제어 시스템

10.3.2 수학적 해석에 의한 제어대상의 특성 분석

전달함수의 특성 파라미터 값을 통해 수학적으로 제어대상의 동특성을 분석해 볼 수 있다. DC 게인값은 그 응답의 최종값을 나타낸다. 따라서 압축기 전달함수의 경우 K=-0.0307이므로 제어기가 없는 경우의 인디셜응답은 -0.0307 값으로 수렴할 것이다. 또한 시정수가 55[sec]이므로 최종값인 -0.0307의 63.2[%]에 도달하는 시간은 대략 55[sec]가 될 것임을 미루어 짐작할 수 있다. 또한 최종 수렴값의 오차범위 ±2[%] 이내의 정착시간은 표 5-1에 4τ로 나타낼 수 있으므로 대략 220[sec]임을 알 수 있다. 같은 방법으로 EEV전달함수의 경우는 최종값인 -0.1의 63.2[%]에 도달하는 시간은 25[sec], 4τ에 해당하는 정착시간은 100[sec]임을 알 수 있다.

10.3.3 Matlab에 의한 제어대상의 특성 분석

Matlab을 이용하면 제어대상의 특성을 보다 쉽게 알 수 있다. 식(10.6)으로 표현된 압축기와 EEV에 대한 전달함수의 인디셜응답을 Matlab을 통해 구하면 그림 10-13과 같다. 그래프를 통해 압축기 전달함수의 최종값은 -0.0307, 정착시간은 220[sec], EEV 전달함수의 최종값은 -0.1, 정착시간은 100[sec]임을 알 수 있다. 이 값은 수학적으로 해석한 특성과 일치함을 알 수 있다.

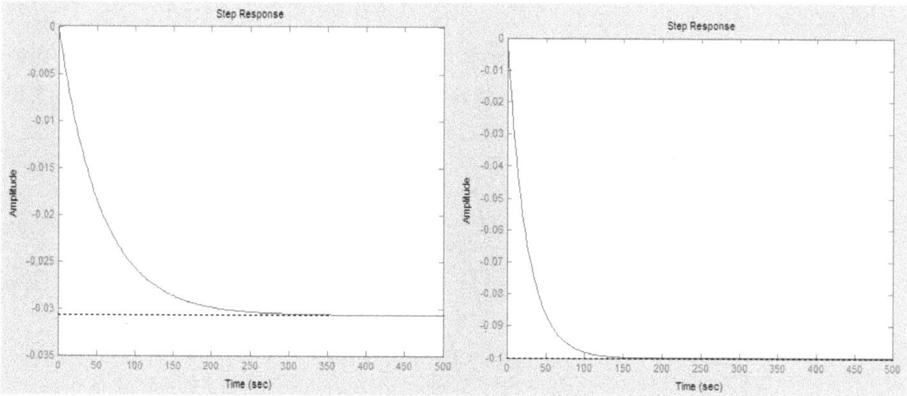

(a) 압축기 (b) EEV

그림 10-13 압축기 전달함수와 EEV전달함수의 인디셜 응답

10.4 제어기 설계

제어기는 10.1.2절의 PI제어 이론은 사용하며, 따라서 제어기 설계는 주어진 설계사양과 안정성을 만족하도록 비례게인 K_p와 적분게인 K_i를 결정하는 문제로 귀착되어진다. 우리는 10.2절에서 구한 제어대상의 전달함수를 기반으로 하여 특정 지표 최적화 기법과 Matlab을 이용한 게인 튜닝의 두 가지 방법으로 그림 10-12의 두 제어기 C_c와 C_e를 설계한다.

10.4.1 특정 지표 최적화 기법에 의한 PI 제어기 설계

(1) 최적화 기법과 평가함수

최적화 기법은 시스템의 입력, 출력, 상태변수 및 오차 등으로 특정한 성능지표(평가함수)를 최소화 하거나 최대화 하는 방향으로 제어입력을 결정하는 방법이다. 최적화 기법에 의한 게인 결정은 시뮬레이션으로 구현된 PI 제어시스템에 임의의 입력을 인가해 출력과의 오차를 계산하고, 적용하고자 하는 평가함수 값을 구한다. 게인을 지속적으로 변경시켜 가면서 동일하게 시뮬레이션한 후, 평가함수 값이 최소로 되는 게인을 최종적으로 결정하게 된다.

대표적인 평가함수로는 적분제곱오차(Integrated Square Error; ISE), 적분절대오차(Integrated Absolute Error; IAE), 적분시간절대오차(Integrated Time Absolute Error; ITAE)가 있으며 시스템의 특성에 맞는 평가함수를 결정해 이를 최소화 하는 게인을 결정하게 된다. 이 가운데 IAE 평가함수를 이용한 게인 결정에 대해 설명한다.

$$\begin{aligned} ISE &= \int_0^\infty e^2(t)dt \\ IAE &= \int_0^\infty |e(t)|dt \\ ITAE &= \int_0^\infty t|e(t)|dt \end{aligned} \tag{10.7}$$

(2) 특정 지표 최적화 기법에 의한 PI제어기 설계

최적화 기법을 이용한 게인은 그림 10-14와 같은 순서도에 따른 LabVIEW 시뮬레이션을 통해 쉽게 구해진다. 시뮬레이션 과정은 우선 K_p와 K_i의 초기값을 설정한다. 오일의 출구온도와 설정온도의 차 e와 K_p, K_i의 초기값에 따른 조작량 u를 계산하고, 이를 통하여 초기 T_1을 구한다. 여기에 외란 d를 인가하면 초기 출력값인 T가 구해진다. K_p와 K_i를 반복적으로 증가시키면서 e의 누적값을 구한다. 이때 각 평가함수를 최소화 하면서 시스템의 동작 한계에 맞는 K_p와 K_i를 구한다. d는 주파수 0.0025[Hz], 진폭 0.02의 sin파형의 주기적인 외란과, 200[sec]에서 209[sec]까지 10[sec]간 크기 4의 단일펄스 외란을 사용한다. 평가함수는 IAE를 사용하였으며 시뮬레이션 결과 결정된 게인은 압축기의 경우, $K_p = 30$, $K_i = 1.2$이며 EEV의 경우, $K_p = 21$, $K_i = 0.5$가 얻어졌다.

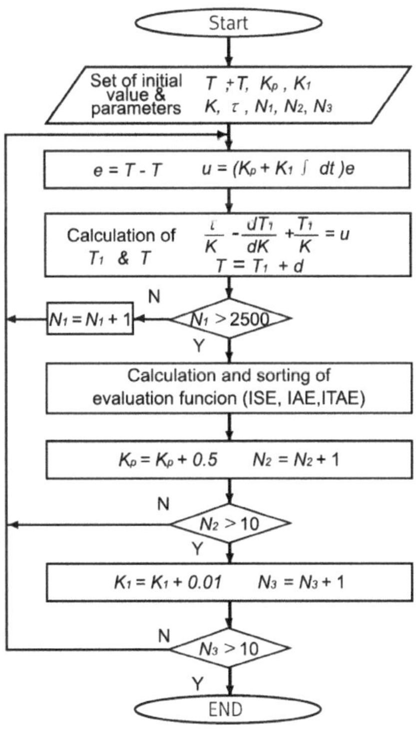

그림 10-14 특정 지표 최적화 기법의 시뮬레이션 순서도

10.4.2 Matlab에 의한 PI 제어기 설계

Matlab에 의한 설계 방법은 Matlab 내의 Simulink를 통해 그림 10-15와 같이 블록선도를 작성한 후, PID controler 블록을 더블 클릭해 Tune 버튼을 누르면 그림 10-16과 같은 PI튜너 창이 나타난다.

먼저 그래프 아래쪽에 있는 위상여유(phase margin) 바를 적당한 영역으로 선택하고, 다음 대역폭(bandwidth) 바를 좌우로 움직이면 위상여유가 고정된 상태에서 그래프 우측의 제어성능(performance and robustness) 창에 과도현상의 시간 및 크기 지표인 정착시간과 오버슈트의 크기가 변하는 것을 확인할 수 있다.

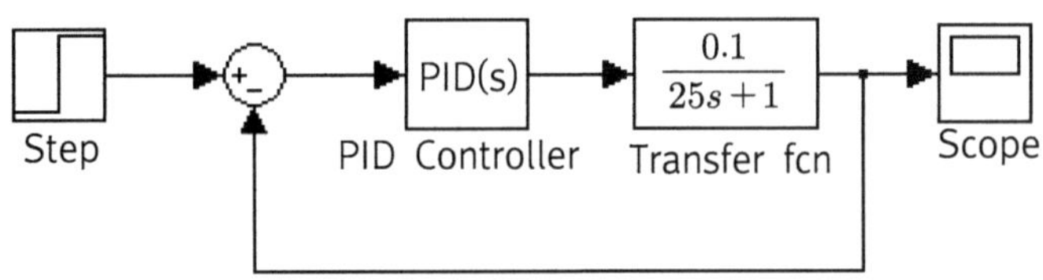

그림 10-15 Simulink 상에서의 블록선도

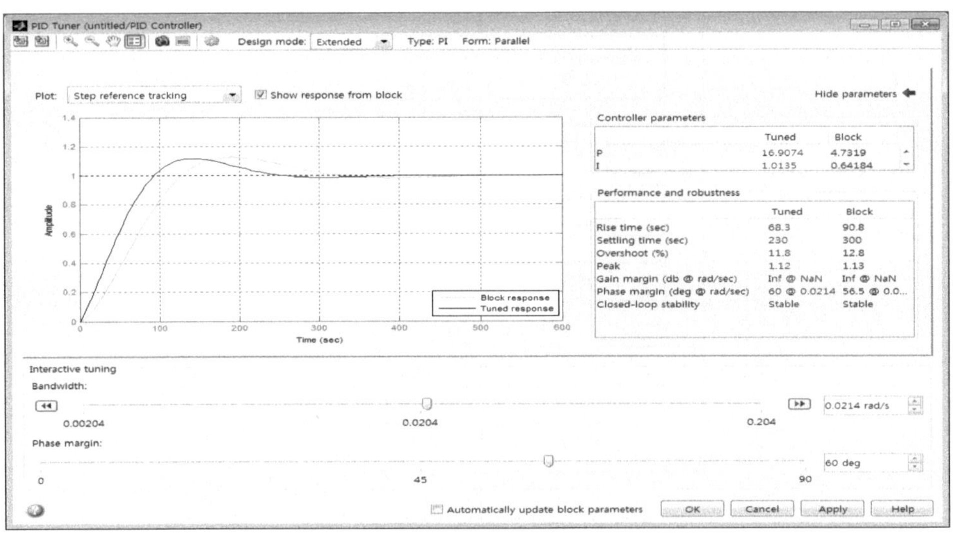

그림 10-16 Matlab PI튜너 창

원하는성능 지표값이 얻어지도록 대역폭의 바를 조정하게 되면 최종적으로 그래프 우측 상단의 제어게인(controller parameters) 창에 튜닝된 제어기의 게인값이 얻어지게 된다.

PI튜너를 이용해 위상여유를 60[°], 오버슈트가 10[%] 이내인 게인을 결정해 보자. 위상여유를 60[°]에 위치시키고 오버슈트 10[%]가 얻어지도록 대역폭 바를 조절하면 이때의 제어기의 게인은 압축기의 경우, $K_p = 5.6$, $K_i = 0.58$이며 EEV의 경우, $K_p = 1.7$, $K_i = 0.39$가 얻어진다.

10.5 제어계의 특성 해석

10.5.1 안정성 해석

안정성은 제어계의 설계에 있어서 가장 먼저 고려해야할 주요 항목이다. 따라서 설계된 제어계가 안정하지 않으면 제어계를 다시 설계해야 한다. 본 절에서는 앞서 설계한 PI제어계의 절대안정성과 상대안정성을 각각 확인해 보기로 한다.

(1) 절대안정성

절대안정성을 루스의 안정성 판별법으로 판별해 보자. 안정성 판별을 위해서는 우리가 설계한 제어계의 특성방정식을 우선 알아야 한다. Matlab으로 설계한 제어계의 특성방정식은 다음 식과 같다.

$$F_c(s) = 55s^2 + 1.172s + 0.0178,\ \ F_e(s) = 25s^2 + 1.17s + 0.039 \qquad (10.8)$$

또한 특정 지표 최적화 기법으로 설계한 제어계의 특성방정식은 다음 식과 같다.

$$F_c(s) = 55s^2 + 1.921s + 0.0368,\ \ F_e(s) = 25s^2 + 3.1s + 0.05 \qquad (10.9)$$

이들 제어계가 안정하기 위한 필요충분조건은 다음과 같다.

① 계수 $a_0, a_1, \cdots, a_n$이 모두 존재하고 같은 부호일 것

② 다음과 같은 루스 배열의 제1열 요소의 부호가 모두 동일할 것

위의 특성방정식은 ①조건을 만족한다. ②조건을 확인하기 위해 식 (7.7)의 루스 배열을 확인한다.

먼저 Matlab게인을 적용한 압축기 제어계의 특성방정식에 대한 루스 배열을 계산해보자.

$$F_c(s) = 55s^2 + 1.172s + 0.0178$$

s^2	55	0.0178
s^1	1.172	0
s^0	$\dfrac{1.172 \times 0.0178 - 55 \times 0}{1.172} = 0.0178$	

이 배열의 제1열 요소의 부호는 전부 (+)이므로, 특성방정식의 근은 모두 s평면의 좌반면에 존재하여 이 계는 안정하게 된다. Matlab게인을 적용한 EEV 제어계의 루스 배열을 계산해 보면

$$F_e(s) = 25s^2 + 1.17s + 0.039$$

s^2	25	0.039
s^1	1.17	0
s^0	0.039	

와 같이 되므로 역시 같은 이유로 이 제어계가 안정함을 알 수 있다. 특정 지표 최적화 기법에 의한 게인으로 설계한 제어계의 경우, 압축기 및 EEV 제어계에 대해 동일한 방법을 적용해 보면,

$$F_c(s) = 55s^2 + 1.921s + 0.0368$$

$$\begin{array}{l|ll} s^2 & 55 & 0.0368 \\ s^1 & 1.921 & 0 \\ s^0 & 0.0368 & \end{array}$$

$$F_e(s) = 25s^2 + 3.1s + 0.05$$

$$\begin{array}{l|ll} s^2 & 55 & 0.05 \\ s^1 & 3.1 & 0 \\ s^0 & 0.05 & \end{array}$$

와 같이 되어 설계한 모든 제어계가 안정함을 확인할 수 있다.

(2) 상대안정성

설계한 제어계가 절대안정성 판별을 통해 안정하다는 사실을 알게 되었다. 이번에는 상대적으로 얼마나 안정한지 상대안정성을 보드 선도를 통해 확인해 보기로 한다.

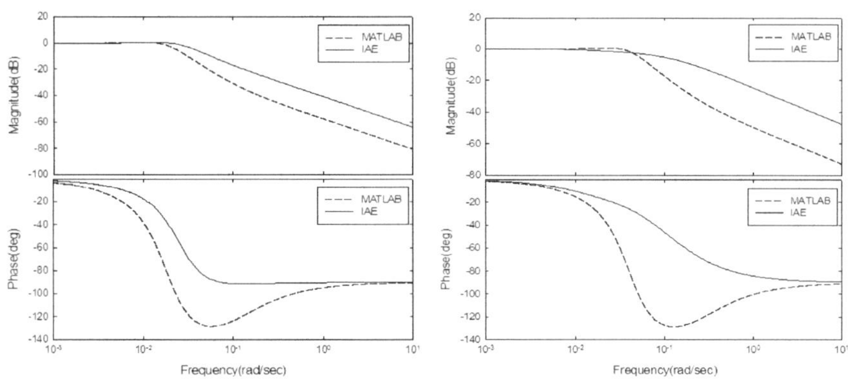

그림 10-17 제어계의 보드 선도

그림 10-17은 우리가 설계한 제어계의 보드 선도로서 좌측은 압축기 제어계의 보드선도, 우측은 EEV제어계의 보드 선도이다. 선도에서 점선은 Matlab에 의한 게인을 적용한 경우이고, 실선은 특정 지표의 최적화 기법을 적용한 경우이다. 보드 선도를 확인해 보면 위상교차주파수가 없는 것을 볼 수 있다. 따라서 설계한 모든 계의 게인여유는 ∞임을 알 수 있다. 그러나 게인교차주파수는 제어계에 따라 달리 존재한다.

선도로부터 Matlab에 의한 게인을 적용한 경우의 압축기 제어계의 위상여유는 119.9[°], EEV 제어계의 위상여유는 119.6[°]이다. 특정 지표 최적화 기법에 의한 게인을 적용한 경우의 압축기 제어계의 위상여유는 137.6[°], EEV 제어계의 위상여유는 ∞이다.

이상의 결과로부터 특정 지표 최적화 기법에 의한 게인을 적용한 제어계가 Matlab에 의한 게인을 적용한 제어계보다 위상여유가 상대적으로 더 큰 것을 확인할 수 있다. 즉, 이것은 전자의 제어계가 후자의 제어계 보다 상대적으로 더 안정하다는 것을 의미한다.

10.5.2 제어 성능 해석

제어 성능 해석은 제어기가 포함된 폐루프 전달함수의 인디셜응답으로 확인할 수 있다. Matlab Simulink에서 그림 10-15와 같이 블록선도를 작성한 후 스코프(scope) 블록을 더블클릭하면 인디셜응답을 볼 수 있다.

그림 10-18은 Matlab과 최적화 기법으로 결정된 게인을 갖는 압축기와 EEV의 두 제어계의 인디셜응답을 보기 쉽도록 한 그래프에 동시에 나타낸 것이다. 좌측은 압축기 제어계의 응답이며, 우측은 EEV 제어계의 응답이다. 그래프에서 실선은 IAE, 점선은 Matlab 튜너에 의한 게인을 갖는 경우를 나타내고 있다.

인디셜 응답의 성능 지표로는 대표적으로 오버슈트, 상승시간, 정착시간, 정상상태 오차가 있다. 성능 지표를 분석해 보면 정상상태오차는 모든 계에서 0이다. 오버슈트는 압축기 제어계에서 특정 지표 최적화 게인이 8[%], Matlab에 의한 게인이 10[%]이며 EEV 제어계에서는 특정 지표 최적화 게인은 0[%], Matlab에 의한 게인은 10[%]임을 확인할 수 있다. 정착시간은 압축기 제어계의 경우 특정 지표 최적화

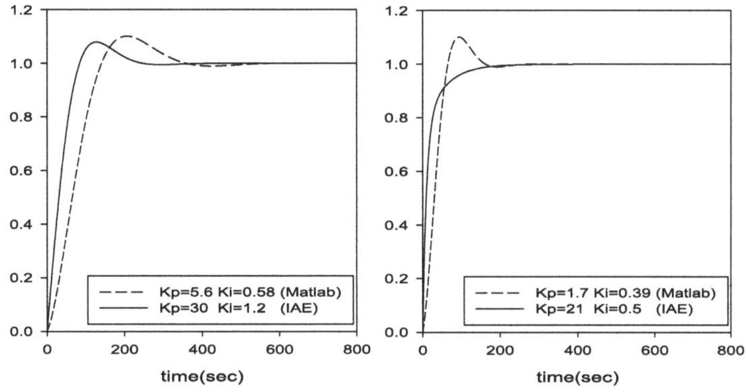

(a) (b)

그림 10-18 제어계의 인디셜 응답

게인이 약 200[sec], Matlab에 의한 게인이 약 400[sec] 정도로 특정 지표 최적화 게인이 200[sec]정도 빠른 것을 볼 수 있고, EEV 제어계의 경우는 정착시간은 약 200[sec]로 동일한 것을 볼 수 있다. 인디셜응답의 각 지표를 비교해 봄으로써 각 제어계의 동특성을 해석해 볼 수 있다.

10.6 제어장치 및 실험 시스템의 구성

앞서 우리는 제어대상의 전달함수를 도출하였고, 도출된 전달함수를 통해 PI제어기를 설계하였다. 또한 이렇게 설계된 제어계에 대해 Matlab을 이용하여 안정성과 제어 성능도 확인하였다. 이 절에서는 설계한 제어기를 실제 오일쿨러시스템에 적용하기 위한 제어장치 및 실험 시스템의 구성에 대해 살펴보도록 한다.

10.6.1 하드웨어의 구성

실험장치는 기본 냉동 사이클의 구성요소인 압축기, 응축기, 팽창밸브, 증발기로 구성된 오일쿨러와 열 부하를 대신할 전기히터로 구성한다. 조작기는 스텝모터드라이버와 V/f = 일정 타입의 인버터이며, 각각 EEV의 개도와 압축기의 회전수를 제어한다. 제어장치로는 LabVIEW DAQ 시스템을 사용한다. 온도를 검출할 센서는 열전대(termocouple)를 사용한다. 센서 부착 위치는 먼저 오일 출구온도 제어를 위해 오일 출구측 온도를 측정하며 과열도 측정을 위해 증발기 입·출구 온도 또한 측정한다. 다른 조건을 일정하게 하기 위하여 외기온도와 오일 입구온도 또한 측정한다.

그림 10-19에 실험을 위해 제작한 실제 장치 모습과 이를 간략하게 도식화한 제어장치 개념도를 각각 나타내었다.

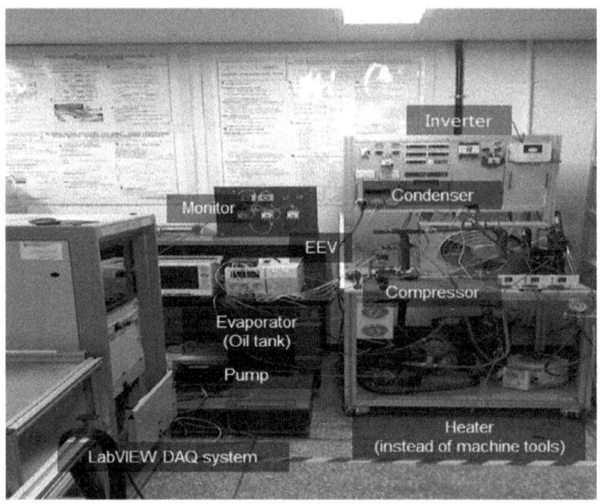

(a)

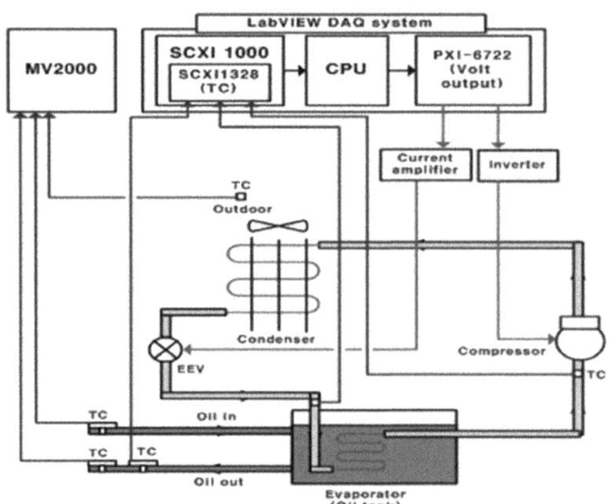

(b)

그림 10-19 오일쿨러 실험장치 및 제어시스템

10.6.2 소프트웨어의 구성

제어를 위해서는 제어 이론을 적용시킬 마이크로프로세서(microprocessor)가 있어야 하며, 우리는 PI제어 이론을 LabVIEW에 적용시켜 본다.

LabVIEW는 프로그램 환경이 크게 프런트 패널과 블록 다이어그램으로 구성되어 있다. 프런트 패널에서는 각 게인값의 설정, 제어 시작 등의 사용자 조작을 할 수 있고, 그래프 및 수치를 통해 출력값을 확인할 수 있다. 실험을 할 때 프런트 패널의 그래프를 보면서 제어가 잘 진행되고 있는지의 유무를 쉽게 확인할 수 있다. 블록 다이어그램은 실제 프로그램을 코딩하는 곳으로 전용 소프트웨어에 준비된 함수를 나타내는 블록 다이어그램과 와이어를 통해 프로그래밍 작업을 진행할 수 있다.

그림 10-20은 실제 작성된 오일쿨러 제어 프로그램이다. 프런트 패널 좌측에는 제어의 시작과 중지를 지시할 수 있는 스위치를 제작하였고, 우측에는 오일 출구온도와 과열도를 실시간으로 볼 수 있는 그래프 창을 설계하였다. 좌측 중간(스위치 옆)에 게인 입력 칸을 작성하여 우리가 설계한 게인을 입력하면 게인이 제어 프로그램에 반영되어 오일쿨러를 제어하도록 하였다.

설계한 PI 제어기를 어떤 방법으로 프로그래밍에 반영하는지 살펴보자. 프로그래밍을 할 때 가장 중요한 것은 PI 제어기의 연속계 조작량을 이산계로 변환하는 과

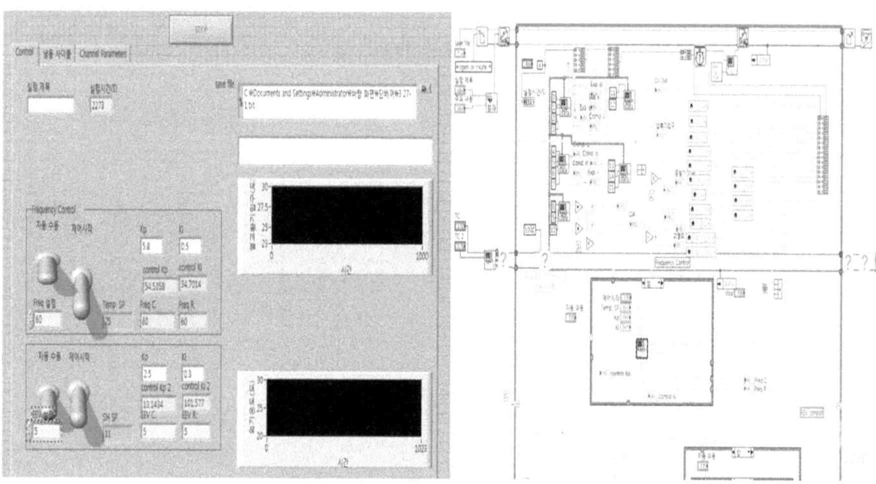

그림 10-20 LabVIEW 시스템의 프런트 패널과 블록 다이어그램

정이다. 연속계의 PI 제어기로부터 얻어지는 조작량에 관한 식은 다음 식과 같다.

$$u(t) = K_p e(t) + K_i \int_0^{\infty} e(t) dt \tag{10.10}$$

이 식을 이산계의 식으로 고치면 다음 식과 같이 된다.

$$u_k = K_p e_k + K_i T_s \sum_{k=1}^{n} e_k \tag{10.11}$$

따라서 비례에 관한 항은 오차에 비례게인을 곱한 것으로 프로그래밍하고, 샘플링타임은 $T_s = 1$로 설정하여 오차의 합에 적분게인을 곱한 것으로 적분에 관한 항을 프로그래밍할 수 있다. 그림 10-21과 10-22는 식 (10.11)을 바탕으로 프로그래밍한 LabVIEW 블록 다이어그램이다.

그림 10-21에서 인버터의 주파수를 최소 40[Hz], 최대 90[Hz]로, 그림 10-22에서 EEV 스텝을 최소 100[step], 최대 479[step]으로 설정한 것은 프로그래밍을 통해 장치가 실제로 출력할 수 있는 동작 한계를 넘지 않도록 하기 위함이다. 이러한 값들은 0~10[V]의 전압신호로 변환되어 인버터와 스텝모터 드라이버로 각각 입력된다.

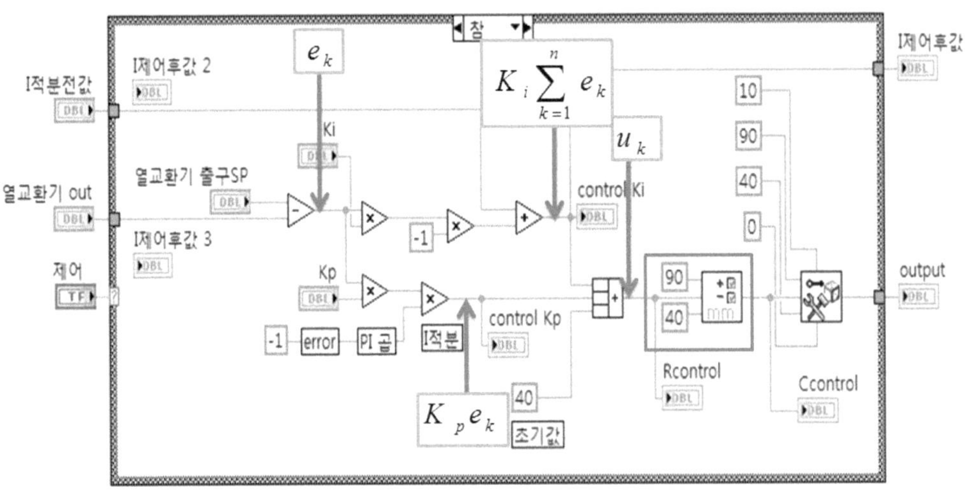

그림 10-21 압축기 PI제어 블록 다이어그램

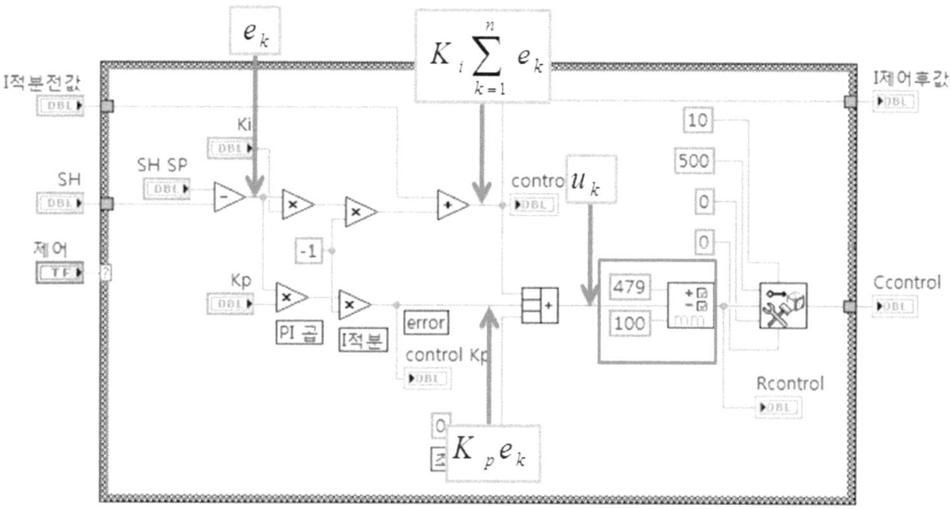

그림 10-22 EEV PI제어 블록 다이어그램

10.6.3 조작기 및 검출기

(1) 인버터

인버터는 엄밀히 정의하면, 직류를 교류로 변환시키는 역변환 장치를 말한다. 하지만 실제 통용되는 주파수 변환장치로서의 인버터는 직류를 교류로 변환시키는 엄밀한 의미의 인버터를 내부에 당연히 포함하면서 아울러 교류를 직류로 변환시키는 컨버터부, 그리고 제어를 담당하는 제어부를 동시에 포함하고 있다.

그림 10-23에 인버터의 구성을 나타내었다. 상용 교류 전원으로부터 공급된 일정 전압 일정 주파수(CVCF) 전력을 입력받아 정류부에서 우선 직류 전원으로 변환시킨 후, V/f = 일정 제어 원리에 따라 인버터부의 스위칭 소자를 통해 다시 가변전압 가변 주파수(VVVF)로 변환시켜 전동기에 공급하고 있다. 우리는 이 인버터를 사용하여 다양한 주파수를 출력할 수 있다. 증기압축식 왕복동 압축기의 경우에는 대부분 유도전동기를 내부에 장착하여 그 회전력으로 냉매를 압축한다. 유도전동기의 회전수는 근사적으로 입력 전원의 주파수에 비례하게 되므로 가변 주파수를 통해 압축기의 회전수를 변경, 냉매의 질량유량을 조절함으로써 오일쿨러의 출구온

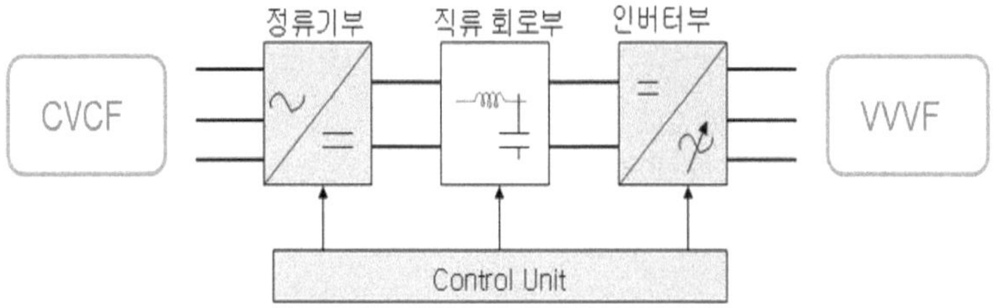

그림 10-23 인버터 내부 구성

인버터 형명		LS인버터 037iG5A-2
입력전원	정격전압	3상, 200~230 [VAC]
	정격주파수	50~60 [Hz]
출력특성	정격용량	6.1 [kVA]
	정격전류	16 [A]
	출력전압	3상, 200~230 [V]
	출력주파수	400 [Hz]
제어	제어방식	V/F 제어
	주파수설정 분해능	디지털 지령 : 0.01 [Hz] 아날로그 지령 : 0.06 [Hz]
운전	주파수 설정	디지털 방식 : 로더 아날로그 방식 : **0~10 [V]** , -10~10 [V], 0~20 [mA], **4~20 [mA]**
사용환경	주위온도	-10 ~ 50
	주위환경	부식성, 인화성가스 없을 것 먼지가 없을 것

그림 10-24 인버터 외관 및 주요 사양

도를 제어할 수 있게 된다. 오일쿨러시스템의 제어장치에서 출력되는 0~10[V]의 전압이 인버터의 원격 제어입력 단자에 입력되면 프로그램에 의해 40~90[Hz]의 가변 주파수가 출력되어 압축기의 유도전동기 속도를 제어함으로써 최종적으로 오일쿨러의 출구온도를 제어하게 된다.

그림 10-24는 사용된 인버터의 외관과 주요 사양을 나타내고 있다.

(2) EEV(전자식 팽창밸브)

EEV(Electronic Expansion Valve)는 내부에 장착된 스텝모터의 회전량에 의해유량이 통과하는 밸브의 개도량을 조절하는 전자식 팽창밸브로서 정밀한 과열도 제어 등에 널리 사용되고 있다. EEV는 밸브 개도량의 크기를 제어함으로써 증발압력을 조절하여 과열도를 제어하는 원리이다. 이러한 EEV 개도제어는 모터 구동 회로인 스텝모터 드라이버에 의해 행해지며, 0~10[V]의 제어신호를 입력받아 0~500[step]을 출력하게 된다. 스텝모터에서는 입력된 스텝 수에 비례하는 회전량으로 회전하게 되며 이를 통해 밸브 개도를 0~100[%]까지 제어하게 된다. 그림 10-25에 EEV 외관, 드라이브 및 주요 사양을 나타내었다.

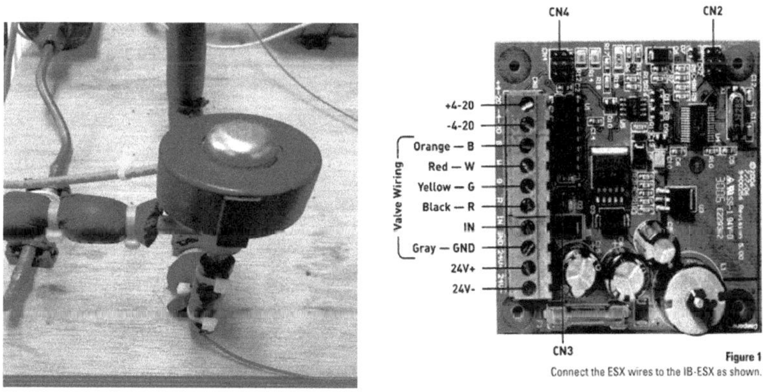

모델명	ESX14
장치설명	4상, 24극, 쌍극
적합한 냉매	R22, R134a 등
고정자 전압	12 [VDC] 10%
전압	최소 0 [V] 최대 10 [V]
최대작동압력	44.8 [bar]
유체 온도	-40 ~ 70
주위 온도	-30 ~ 60
구동 특성	1-2 Phase Drive

그림 10-25 EEV 외관, 드라이브 및 주요 사양

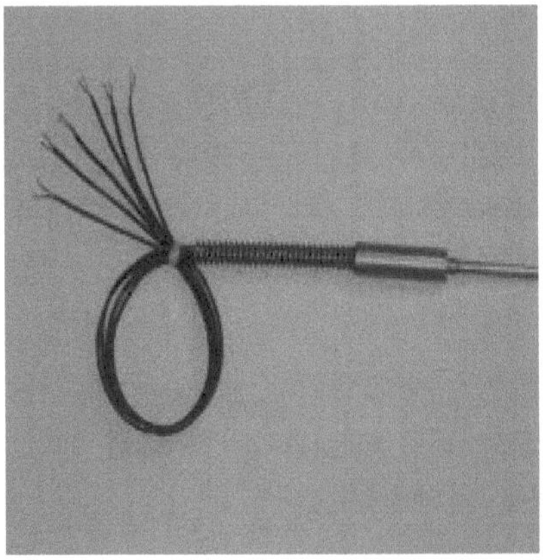

그림 10-26 K타입 열전대

(3) 열전대(Thermocouple)

2종의 다른 금속선의 양단을 접합하여 폐회로를 만들면 온도차에 의한 열전류가 흘러 양 금속 간에는 열기전력이 발생하는 원리를 이용해 온도를 측정하는 검출기이다. 열전대는 사용된 2종의 금속 종류에 따라 다양한 제품들이 출시되어 있고 그 성능도 다르다. 오일쿨러시스템에서 사용된 열전대는 K-Type으로 (+)쪽에 크롬(Cr)을 약 10[%] 포함한 Ni-Cr합금(Chromel)과 (-)쪽에 Al, Mn을 조금 포함한 Ni합금(Alumel)을 사용한 열전대이다.

그림 10-26에 사용한 열전대 모습을 나타내었다.

10.7 실험 결과 및 고찰

10.7.1 실험 방법

(1) 기동 실험

기동실험은 외기온도를 27[℃]로 유지시키고, 1.2[kW]의 열 부하를 인가한 상태에서 오일 출구온도가 29[℃]일 때 오일쿨러 출구온도 지령값을 25[℃]가 되도록 기동시켜 출구온도와 과열도 응답을 보는 실험이다. 이 실험을 통해 제어계의 정착시간과 오버슈트가 어느 정도 발생하는지 등을 알 수 있다.

(2) 지령값 변경 실험

지령값 변경 실험은 외기온도를 27[℃]로 유지시키고 1.2[kW]의 열 부하를 인가한 상태에서 오일출구가 25[℃]로 정상상태에 도달했을 때 순간적으로 지령값을 24[℃]로 변경시켰을 경우의 응답을 확인하는 실험이다. 실험을 통해 도중에 지령값이 변경되더라도 주어진 목표값에 얼마나 빨리 수렴하는지 또한 그때의 오버슈트는 어느 정도인지 등을 알아볼 수 있다. 지령값의 변경 크기는 오일쿨러가 사용되는 실제 환경이나 실험장치의 능력을 고려하여 결정한다.

(3) 부하 변경 실험

부하 변경 실험은 외기온도를 27[℃]로 유지시키고 1.2[kW]의 열 부하를 인가한 상태에서 오일출구가 25[℃]로 정상상태에 도달했을 때, 순간적으로 열부하를 1.5[kW]로 변경시켰을 경우의 응답을 보는 실험이다. 실험을 통해 도중에 부하 변경과 같은 외란이 침입하더라도 얼마나 빨리 주어진 목표값에 수렴하는지 그 때의 오버슈트는 어느 정도인지 등을 알아볼 수 있다. 열부하 변경값의 크기는 오일쿨러가 사용되는 실제 환경이나 실험장치의 능력을 고려하여 결정한다.

10.7.2 실험 결과 및 고찰

그림 10-27, 10-28, 10-29는 기동실험, 지령값 변경 실험, 부하 변경 실험에 대한 결과를 각각 나타낸다. 각 실험에 대한 오일 출구온도 응답과 과열도 응답이 IAE 및 Matlab으로 결정한 게인별로 구분되어 나타나 있다.

실험 결과로부터 오버슈트와 정착시간 면에서 특정 지표 최적화 기법이 더 좋은 성능을 보임을 알 수 있다. 이번 실험을 고찰해 보면 먼저 상대 안정성 평가를 통해 특정 지표 최적화 기법에 의한 게인이 Matlab에 의한 게인보다 상대적으로 더 안정함을 알 수 있었다.

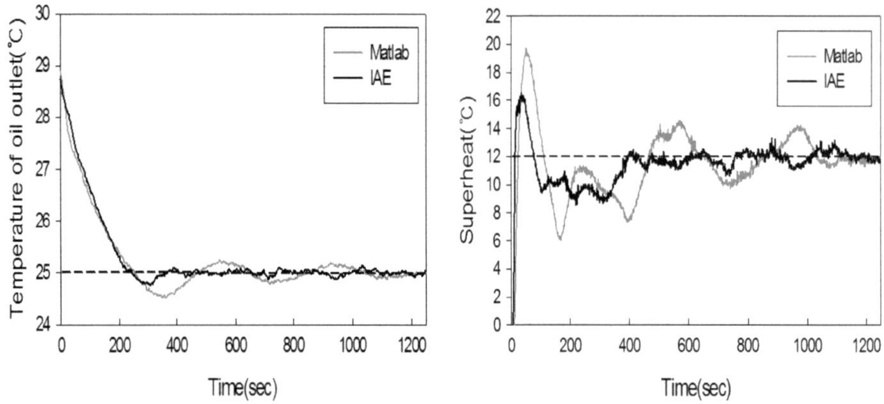

(a) (b)

그림 10-27 기동 실험시 오일 출구온도와 과열도

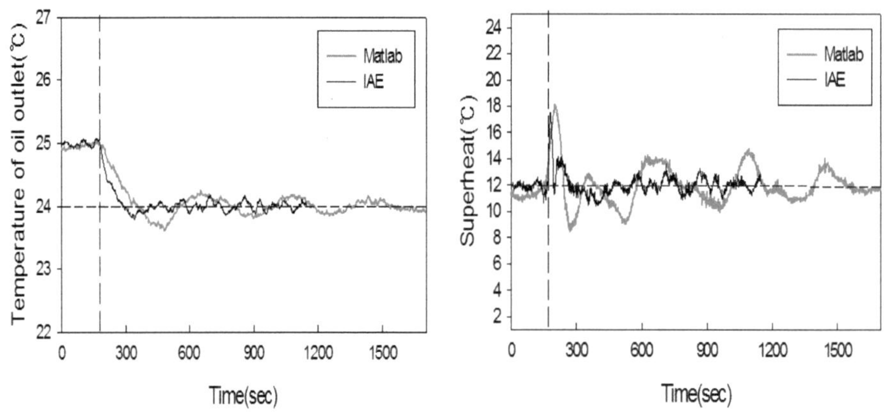

(a) (b)

그림 10-28 지령값 변경 실험시 오일 출구온도와 과열도

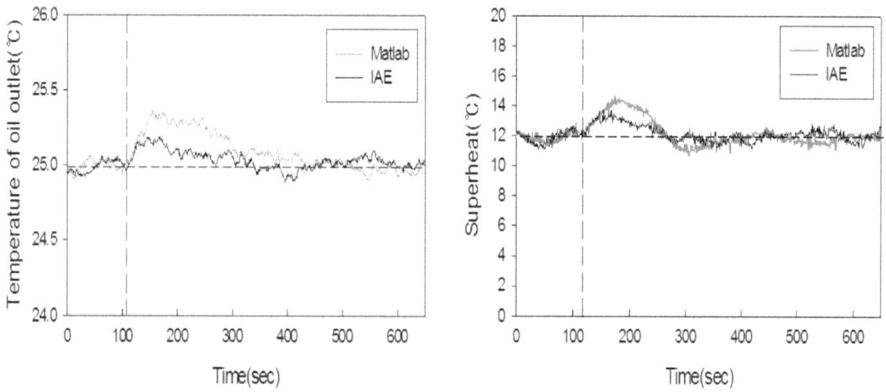

(a) (b)

그림 10-29 부하 변경 실험시 오일 출구온도와 과열도

또한 인디셜응답을 통해 제어계의 특성을 분석하였고, 분석 결과 특정 지표 최적화 기법이 오버슈트나 정착시간 면에서 더 우수할 것으로 예측되었다. 실험 결과 정상상태오차는 두 가지 게인 결정 방법에 따른 큰 차이가 없었으나 정착시간과 오버슈트는 특정 지표 최적화 기법에 의한 게인이 더 우수한 성능을 보임을 알 수 있다. 이는 시뮬레이션 등을 통한 제어계의 특성 분석과 실험결과가 일치함을 보여주고 있다.

찾아보기

(ㅎ)

냉동공조시스템의 자동제어기초

2013년 8월 5일 초판 인쇄
2023년 9월 1일 2 쇄 발행

저　　자 정석권 · 정영미
발 행 인 송기수
발 행 처 도서출판 GS인터비전
편 집 처 도서출판 GS인터비전
인　　쇄 트윈벨미디어
등록번호 제 25100-2016-000050호
I S B N 978-89-97231-52-2 (93550)

주　　소 서울 은평구 증산로15길 69 2층
전　　화 02-976-7898
팩　　스 02-6468-7898
홈페이지 gsintervision.kr
E-Mail gsinter7@gmail.com

정가 27,000원